普通高等教育“十四五”规划教材

# 海岸与海洋灾害

张金凤　臧志鹏　陈同庆

编著

上海科学技术出版社

## 内容提要

本书在简要介绍海洋动力、海洋生物、海洋与大气相互作用等基本概念的基础上，主要阐释海洋气象灾害、水文灾害、地质灾害、生态灾害的基本概念、基本规律与时空分布特征，介绍海岸与海洋灾害预报及海岸防护的基本方法。

本书配有数字交互资源，便于读者随时查看课件、视频和课后习题解析。本书可作为海洋及相关学科学生教材，也可作为相关专业科技人员参考用书。

图书在版编目（CIP）数据

海岸与海洋灾害 / 张金凤，臧志鹏，陈同庆编著
. -- 上海 : 上海科学技术出版社，2021.7
普通高等教育“十四五”规划教材
ISBN 978-7-5478-5333-7

Ⅰ. ①海… Ⅱ. ①张… ②臧… ③陈… Ⅲ. ①海岸带－自然灾害－防治－高等学校－教材 Ⅳ. ①P732

中国版本图书馆CIP数据核字(2021)第076226号

---

海岸与海洋灾害
张金凤 臧志鹏 陈同庆 编著

上海世纪出版(集团)有限公司
上 海 科 学 技 术 出 版 社 出版、发行
(上海钦州南路71号 邮政编码200235 www.sstp.cn)
常熟市兴达印刷有限公司印刷
开本 787×1092 1/16 印张 11.75
字数：250千字
2021年7月第1版 2021年7月第1次印刷
ISBN 978-7-5478-5333-7/P·45
定价：58.00元

---

Preface

# 前　言

我国是世界上遭受海洋灾害影响最严重的国家之一。随着海洋经济的快速发展，沿海地区海洋灾害风险日益突出，海洋防灾减灾形势十分严峻。根据《2019年中国海洋灾害公报》，2019年，各类海洋灾害给我国沿海地区社会经济发展和海洋生态保护带来了诸多不利影响，造成直接经济损失共117.03亿元，其中风暴潮灾害造成的直接经济损失最高，占总损失的99%；死亡(含失踪)22人，全部由海浪灾害造成。单次海洋灾害过程中，2019年"利奇马"台风风暴潮造成的直接经济损失最严重，达102.88亿元。

2019年11月29日，中共中央政治局就我国应急管理体系和能力建设进行第十九次集体学习。习近平总书记在主持学习时指出，应急管理是国家治理体系和治理能力的重要组成部分，要发挥我国应急管理体系的特色和优势，积极推进我国应急管理体系和能力现代化。习近平总书记的重要指示为做好海洋防灾减灾工作提供了根本遵循。

本书基于天津大学张金凤教授主讲的《海岸与海洋灾害》专业选修课讲义改编而成，针对海岸与海洋灾害领域的基本概念和相关研究进展进行了梳理和汇总，以供相关专业高年级本科生学习之用。全书共8章：第1章引论介绍海洋科学的基本范畴和海岸与海洋灾害的概况；第2章介绍海岸与海洋基本知识和基础理论；第3章介绍海洋气象灾害，主要介绍风暴潮、海冰和海雾等灾害的基本成因、分类和危害等；第4章介绍海洋水文灾害，主要介绍灾害性海浪的灾害等级、分布规律及灾害评估等；第5章介绍海洋地质灾害，主要介绍海洋地震及其次生灾害海啸、海岸侵蚀与坍塌、海平面上升、结构物局部冲刷、海床液化、海底沙波与沙脊等灾害；第6章介绍海洋生态灾害，主要介绍赤潮、海上溢油、咸潮入侵等的特征和规律；第7章介绍海岸与海洋灾害预测与监控，主要介绍风暴潮和海冰灾害的预报流程、预报方法等；第8章介绍海岸防护与海洋防灾体系，主要介绍海岸硬防护、软防护结构和我国及世界各国的海洋防灾管理体系。

通过《海岸与海洋灾害》课程的学习，可初步认识海岸与海洋灾害的特征和成因等,了解海岸与海洋灾害预报和评估方法,从而可以更加科学地面对和处理突发海岸与海洋灾害事件,更加合理地开展应急灾害管理与防御,为保障沿海地区社会经济可持续发展、支撑海洋强国建设发挥积极作用。

本书由张金凤、臧志鹏、陈同庆撰写,由张金凤统稿。唐千姿、荆一戈、许振、贾家喻为本书的编写付出了辛勤劳动。张庆河教授对于本书的编写提供了指导。

由于作者的学识和水平所限,难免存在疏漏、不妥或错误之处,诚恳希望读者指正。

作者

2021 年 6 月

# 本书配套数字交互资源使用说明

针对本书配套数字资源的使用方式和资源分布，特做如下说明：

插图图题或层次标题后有加“ ”标识的，提供视频等数字资源，读者可持移动设备扫描教材封底二维码，即可观看。

具体扫描对象位置和数字资源对应关系参见下表。

| 数字资源位置 | 数字资源类型 | 数字资源名称 | 页码 |
| --- | --- | --- | --- |
| 1.1.1 节 | 视频 | 有待探索的海洋 | 1 |
| 1.1.2 节 | 视频 | 水下滑翔机 | 2 |
| | 视频 | 海洋观测平台 | 2 |
| 1.2.2 节 | 视频 | 我国海岸与海洋灾害 | 4 |
| 1.2.3 节 | 视频 | 美国 2017 年飓风情况 | 5 |
| | 视频 | 飓风“萨莉”袭击美国南部 | 5 |
| | 视频 | 日本 9.0 级大地震 | 5 |
| 2.2.1 节 | 视频 | 海岸基本概念 | 10 |
| 2.2.2 节 | 视频 | 红树林 | 13 |
| 2.3 节 | 视频 | 海洋环流可视化演示 | 14 |
| | 视频 | 海洋环流 | 14 |
| 2.3.1 节 | 视频 | 海流的成因 | 14 |
| 2.3.2 节 | 视频 | 层流→湍流全过程 | 18 |
| 2.3.2 节 | 视频 | 潮汐现象 | 19 |
| 2.3.3 节 | 视频 | 山东省试点现代化海洋牧场建设 | 21 |
| 2.3.4 节 | 视频 | 黑潮 | 23 |
| 2.3.4 节 | 视频 | 中国第 34 次南极考察获得南极绕极流核心区域数据 | 24 |
| 2.4 节 | 视频 | 波浪 | 25 |

（续表）

| 数字资源位置 | 数字资源类型 | 数字资源名称 | 页码 |
|---|---|---|---|
| 2.5 节 | 视频 | 潮汐的形成 | 33 |
| | 视频 | 潮汐能 | 33 |
| 2.6.2 节 | 视频 | 海洋与大气相互作用形成飓风 | 44 |
| 2.6.3 节 | 视频 | 厄尔尼诺的成因 | 44 |
| | 视频 | 厄尔尼诺的危害 | 44 |
| 2.7 节 | 视频 | 丰富的海洋资源 | 50 |
| 3.1.1 节 | Gif | 风暴潮破坏岸堤 | 52 |
| | 视频 | 风暴潮的概念与分类 | 52 |
| 3.1.3 节 | 视频 | 全球风暴潮灾害概况 | 54 |
| 3.1.4 节 | 视频 | 中国风暴潮灾害时间空间变化特征 | 58 |
| 3.2.1 节 | 视频 | 海冰基本概念 | 61 |
| 3.2.2 节 | 视频 | 2010 年渤海海冰灾害报道 | 65 |
| 3.3.1 节 | 视频 | 海雾基本概念 | 66 |
| 4.1.1 节 | 视频 | 海浪灾害 | 71 |
| 图 4.2 | 视频 | “桑美”台风 | 75 |
| 5.1.2 节 | 视频 | 日本海啸传播模拟 | 91 |
| 5.1.2 节 | 视频 | 2004 年印度洋海啸 | 93 |
| 5.1.2 节 | 视频 | 2011 年日本地震海啸 | 94 |
| 5.2 节 | 视频 | 加拿大海岸坍塌 | 100 |
| 5.3.1 节 | 视频 | 海平面上升——人类不得不面对的海洋灾害 | 101 |
| 5.4.3 节 | 视频 | 海底管道冲刷数值模拟<br>单桩基础冲刷数值模拟 | 111 |
| 6.1.1 节 | 视频 | 海洋的红色噩梦——赤潮 | 126 |
| 6.1.2 节 | 视频 | 赤潮的危害与防御 | 129 |
| 6.2 节 | 视频 | 国家重大海上溢油事故等级标准 | 139 |
| 6.2.2 节 | 视频 | 墨西哥湾漏油事故 | 140 |
| 6.2.3 节 | 视频 | 海上溢油危害 | 142 |
| 7.1 节 | 视频 | 国家海洋预报台某次风暴潮预报 | 153 |
| 7.1.3 节 | 视频 | 某风暴潮预警系统演示 | 156 |
| 7.2.1 节 | 视频 | 海冰观测 | 159 |
| 7.2.3 节 | 视频 | 海洋卫星发射升空 | 162 |

Contents

# 目　录


## 第1章　引论　1

1.1　海洋科学 …… 1
- 1.1.1　海洋科学研究对象 …… 1
- 1.1.2　海洋科学研究特点 …… 2

1.2　海岸与海洋灾害概述 …… 3
- 1.2.1　基本概念 …… 3
- 1.2.2　我国海岸与海洋灾害概述 …… 4
- 1.2.3　世界海岸与海洋灾害概述 …… 5

## 第2章　海岸与海洋基础知识　7

2.1　海洋 …… 7

2.2　海岸 …… 10
- 2.2.1　基本概念 …… 10
- 2.2.2　海岸类型 …… 11

2.3　海洋环流 …… 14
- 2.3.1　海流的成因及表示方法 …… 14
- 2.3.2　海流运动方程 …… 15
- 2.3.3　风海流理论 …… 20
- 2.3.4　世界大洋环流分布 …… 22

2.4　海洋波动 …… 25
- 2.4.1　波浪的基本性质 …… 25
- 2.4.2　波浪理论简介 …… 27

2.5　潮汐与潮流 …… 33
- 2.5.1　潮汐 …… 33
- 2.5.2　潮流 …… 39

2.6 海洋和大气 …… 40
2.6.1 海洋在气候系统中的地位 …… 40
2.6.2 海洋-大气相互作用的基本特征 …… 42
2.6.3 ENSO 及其对大气环流的影响 …… 44
2.7 海洋生物 …… 46
2.7.1 海洋生物概况 …… 46
2.7.2 海洋环境特点 …… 46
2.7.3 海洋生物环境分区 …… 48

第3章 海洋气象灾害 52

3.1 风暴潮 …… 52
3.1.1 基本概念 …… 52
3.1.2 风暴潮灾害的评价指标 …… 53
3.1.3 全球风暴潮灾害概述 …… 54
3.1.4 我国风暴潮灾害概述 …… 55
3.2 海冰 …… 61
3.2.1 基本概念 …… 61
3.2.2 海冰分布规律 …… 64
3.3 海雾 …… 66
3.3.1 基本概念 …… 66
3.3.2 海雾分布规律 …… 67

第4章 海洋水文灾害 71

4.1 基本概念 …… 71
4.1.1 灾害性海浪 …… 71
4.1.2 风浪等级 …… 72
4.2 海浪灾害概况 …… 73
4.3 灾害性海浪的分布规律 …… 76
4.3.1 空间分布 …… 76
4.3.2 时间分布 …… 78
4.4 灾害性海浪风险评估 …… 80

## 第5章 海洋地质灾害 86

5.1 海洋地震及其次生灾害海啸 …… 86
5.1.1 地震 …… 86
5.1.2 地震次生灾害——海啸 …… 90
5.2 海岸侵蚀与坍塌 …… 95
5.2.1 海岸侵蚀 …… 95
5.2.2 海岸坍塌 …… 98
5.3 海平面上升 …… 101
5.3.1 海平面上升的原因 …… 101
5.3.2 海平面上升的灾害效应 …… 102
5.3.3 海平面上升率研究 …… 105
5.4 结构物局部冲刷 …… 107
5.4.1 冲刷现象概述 …… 107
5.4.2 典型构筑物局部冲刷 …… 108
5.4.3 基础冲刷研究基本方法 …… 111
5.4.4 基础冲刷的工程防护 …… 112
5.5 海床液化 …… 113
5.5.1 沙土液化的概念和机理 …… 113
5.5.2 沙土液化的影响因素 …… 114
5.5.3 沙土液化的工程评价及防治措施 …… 116
5.6 海底沙波与沙脊 …… 118
5.6.1 海底沙波 …… 118
5.6.2 海底沙脊 …… 120
5.6.3 海底活动性沙质底形的工程危害性 …… 122

## 第6章 海洋生态灾害 126

6.1 赤潮 …… 126
6.1.1 赤潮概述 …… 126
6.1.2 赤潮灾害爆发机制 …… 128
6.1.3 赤潮灾害类型与强度划分 …… 129
6.1.4 中国沿海赤潮灾害时空分布 …… 132
6.1.5 赤潮的危害 …… 135
6.2 海上溢油 …… 136

6.2.1 海上溢油概况 …… 136
6.2.2 海上溢油事故概况 …… 138
6.2.3 海上溢油的危害 …… 141
6.2.4 海上溢油的处理措施 …… 142
6.3 咸潮入侵 …… 145
6.3.1 基本概念 …… 145
6.3.2 影响咸潮的环境因素 …… 146
6.3.3 咸潮的危害及防治 …… 148
6.4 其他灾害类型 …… 149
6.4.1 湿地滩涂缩减 …… 149
6.4.2 海水入侵与土壤盐渍化 …… 149

第7章 海岸与海洋灾害预测与监控 153

7.1 风暴潮预报 …… 153
7.1.1 风暴潮预报所需的资料 …… 153
7.1.2 风暴潮的经验预报方法 …… 155
7.1.3 风暴潮数值预报 …… 156
7.2 海冰预报 …… 159
7.2.1 海冰预报所需的资料 …… 159
7.2.2 海冰的经验统计预报方法 …… 160
7.2.3 海冰数值预报 …… 161

第8章 海岸防护与海洋防灾管理体系 165

8.1 海岸防护 …… 165
8.1.1 海岸硬防护 …… 165
8.1.2 海岸软防护 …… 170
8.2 海洋防灾管理体系 …… 174

第1章 Chapter 1

# 引　　论

海洋是地球系统的重要组成部分，海洋科学是地球科学体系的重要分支，本章从海洋科学研究开始介绍，最后引出海岸与海洋灾害。

## 1.1　海洋科学

### 1.1.1　海洋科学研究对象

地球科学就是以人类之家——地球为研究对象的科学体系，从不同角度对地球内外不同圈层和范围进行研究而形成的各个学科，则是地球科学体系的分支和组成部分。由于地球科学系统本身的复杂性，有的分支学科会不断深入发展，有的则会逐渐分化而成为相对独立的学科。与此同时，基于地球各部分之间存在的客观联系，特别是不同学科或方法的互相借鉴、交叉与渗透，会不断形成一些新的交叉或边缘学科，地球科学便形成了众多的分支及相关学科，组成了一个复杂的科学体系。目前观点认为，地球科学主要包括地理学、地质学、大气科学、海洋科学、水文科学、固体地球物理学，而环境科学和测绘学也与地球科学有着极为密切的关系。

其中，海洋科学是研究地球上海洋的自然现象、性质及其变化规律，以及与开发和利用海洋有关的知识体系。海洋科学的研究对象，既有占地球表面近71%的海洋(其中包括海洋中的水及溶解或悬浮于海水中的物质和生存于海洋中的生物)，也有海洋的底边界(包括海洋沉积和海底岩石圈)和海洋的侧边界(包括河口、海岸带)，还有海洋的上边界(海面上的大气边界层)等。它的研究内容既包括海水的运动规律和海洋中的物理、化学、生物过程及其相互作用的基础理论，也包括海洋资源开发、利用及有关海洋军事活动所迫切需要的应用研究。这些研究与力学、物理学、化学、生物学、地质学、大气科学及水文科学等均有密切关系，而海洋环境保护和污染监测与治理还涉及环境科学、管理科学和法学等。世界大洋虽然广漠但又互相连通，从而具有统一性与整体性。海洋中各种自然过程相互作用具有的复杂性、人为影响日趋多样性、主要研究方法和手段的相互借鉴相辅相成等，这些共同促使海洋科学发展成为一个综合性很强的科学体系。

海洋科学研究对象具有以下主要特点：

(1) 特殊性与复杂性。在太阳系中，除地球之外，尚未发现其他星球上有海洋。全球

海洋的总面积约为 $3.6\times10^8\ km^2$，豹是陆地面积的 2.5 倍。在总体积 $13.7\times10^8\ km^3$ 的海水中，水占 96.5%。水与其他液态物质相比，具有许多独特的物理性质，如极大的比热容、介电常数和溶解能力，极小的黏滞性和压缩性等。海水由于溶解了多种物质，性质更特殊，这不仅影响着海水自身的理化性质，还导致了海洋生物与陆地生物的诸多差异。陆地生物几乎集中栖息于地表上下数十米的范围内，海洋生物的分布则从海面到海底，范围可达 1 万 m。海洋中有近 20 万种动物、1 万多种植物，还有细菌和真菌等，再加上与之有关的非生命环境，形成了一个有机界与无机界相互作用与联系的复杂系统——海洋生态系统。

(2) 作为一个物理系统，海洋中水—气—冰三态的转化无时无刻不在进行，这也是在其他星球上所未发现的。海洋每年蒸发约 $44\times10^8$ t 淡水，可使大气水分 10～15 天完成一次更新，这势必影响海水密度等诸多物理性质的变化，进而制约海水的运动及海洋水团的形成与消长。从固结于旋转地球坐标系中来观察，海水的运动还受制于海面风应力、天体引力、重力和地球自转偏向力等，各种因素的共同作用必然导致海洋中的各种物理过程更趋复杂，即不仅有力学、热学等物理过程，也有大、中、小各种空间或时间特征尺度的过程，导致海水无时无刻不在运动变化。

(3) 海洋作为一个自然系统，具有多层次耦合的特点。地球海洋充满了各种各样的"矛盾"，如海陆分布不均匀、海洋的连通与阻隔等。海洋水平尺度之大远逾数万千米，而铅直向尺度之小，平均水深只有 3 795 m，两者差别很大。其他"矛盾"，如蒸发与降水、结冰与融冰、海水的增温与降温、下沉与上升、物质的溶解与析出、沉降与悬浮、淤积与冲刷、海侵与海退、潮位的涨与落、波浪的生与消、大陆的裂离与聚合、大洋地壳的扩张与潜没、海洋生态系平衡的维系与破坏等，它们相辅相成，共同组成了这个复杂的统一体。当然，这个统一体可以分成许多子系统，而许多子系统之间，如海洋与大气，海水与海岸、海底，海洋生物与化学过程等，大多有相互耦合关系，并且与全球构造运动及某些天文因素等密切相关。这些自然过程通过各种形式的能量或物质循环，相互影响和制约，从而结合在一起构成了一个全球规模的、多层次的、复杂的海洋自然系统。

### 1.1.2 海洋科学研究特点

海洋科学的任务，就是借助现场观测、物理实验和数值实验手段，通过分析、综合、归纳、演绎及科学抽象等方法，研究这一系统的结构和功能，以便认识海洋，揭示规律，既可使之服务于人类，又能保证可持续发展。海洋科学研究也有其显著的特点：

(1) 海洋科学研究明显依赖于直接的观测。这些观测应该是在自然条件下进行长期的，且最好是周密计划的、连续的、系统而多层次的、有区域代表性的海洋考察。直接观测的资料既为实验研究和数学研究的模式提供可靠的借鉴，也可对实验和数学方法研究的结果予以验证。事实上，使用先进的科考船、测试仪器和技术设施所进行的直接观测，的确推动了海洋科学的发展。特别是 20 世纪 60 年代以来，几乎所有的重大进展都与此密切相关。

(2) 信息论、控制论、系统论等方法，在海洋科学研究中越来越显示其价值。这是因为，实施直接的海洋观测既艰苦危险又耗资费时，并且获取的信息再多，若相对于海洋整体和全局而言仍属局部和片断，据此来直接研究海洋现象、过程与动态，仍是远远不够的。借助于信息论、控制论、系统论的观点和方法，对已有的资料信息进行加工，通过系统功能模拟模型进行研究则是可取的，事实上也取得了较好的结果。

(3) 学科分支细化与相互交叉、渗透并重，而综合与整体化研究的趋势日趋明显。海洋科学在其发展过程中，学科分支越来越细，研究也随之愈深。然而，越深入地研究就越会发现，各分支学科之间又是相互交叉渗透、彼此依存和促进的。因而，着眼于整体，从相互耦合与相互联系中去揭示整个系统的特征与规律的观点与方法论，日趋兴盛发展。现代海洋科学研究及海洋科学理论体系的整体化，已是大势所趋、普遍认同。

海洋科学体系既有基础性科学，也有应用与技术研究，还包括管理与开发的研究。基础性科学的分支学科体系有物理海洋学、化学海洋学、生物海洋学、海洋地质学、环境海洋学、海气相互作用及区域海洋学等。应用与技术研究的分支有卫星海洋学、渔场海洋学、军事海洋学、航海海洋学、海洋生物技术、海洋环境预报、工程环境海洋学，以及海洋声学、光学与遥感探测技术等。管理与开发研究方面的分支有海洋资源、海洋环境功能区划、海洋法学、海洋监测与环境评价、海洋污染治理、海域管理等。

## 1.2 海岸与海洋灾害概述

### 1.2.1 基本概念

海洋灾害是指源于海洋的自然灾害，是由于海洋自然环境或气象要素发生异常或激烈变化而在海上或海岸发生的灾害。海洋灾害主要包括风暴潮灾害、海浪灾害、海冰灾害、海雾灾害、台(飓)风灾害、地震海啸灾害、赤潮、海水入侵、溢油灾害等。海洋灾害不仅威胁海上及海岸环境，还威胁着沿岸城乡经济和人民生命财产安全。

海洋灾害有多种分类方法。沿海海洋灾害按其性质可分为四大类:海洋气象(环境)灾害、海洋水文灾害、海洋地质灾害和海洋生态灾害。

1) 海洋气象(环境)灾害

海洋气象(环境)灾害是指海洋自然环境发生异常或激烈变化而引发的海洋灾害，如风暴潮、海冰、海雾等。

2) 海洋水文灾害

海洋水文灾害主要是海浪灾害，亦称灾害性海浪灾害，主要是由沿海台风、寒潮大风引起的大浪造成。灾害性海浪分为台风浪和寒潮大浪。

3) 海洋地质灾害

海洋地质灾害可理解为发生在海域的地质灾害，以及发生在海岸带的因海洋营力、海陆营力共同作用所造成的地质灾害的总称。海洋地质灾害主要是指海岸带、近海由内外力地质作用引起的海洋灾害，包括海洋地震灾害及次生灾害(如海啸等)、海岸侵蚀、海平面上升、海湾淤积等。

4）海洋生态灾害

海洋生态灾害主要指由入海的陆源污染物增加引发的赤潮、海域污染、工程失误，以及海上油井和船舶漏油、溢油等事故造成的海岸带和近海生态环境恶化。海上生态灾害主要指赤潮、绿潮（浒苔）等，以及海上溢油、湿地滩涂面积缩小、海水入侵与土壤盐渍化等。

### 1.2.2 我国海岸与海洋灾害概述

我国海岸线漫长，沿海地区是国内经济最发达地带之一，以占全国13.6%的国土面积创造了占全国60%以上的社会财富，是创造国家财富的重要地区，对全国经济发展起着主导作用。但是，濒临我国的西北太平洋及渤海、黄海、东海和南海的海洋环境条件复杂多变，沿海地区又处于海洋与大陆的交汇地带，是海洋灾害袭击的前沿，因此沿海地区一向是我国海洋灾害频繁发生和最严重的地带，同时也是世界上最严重的灾害带之一。

海洋灾害在我国自然灾害总损失中占有很大比例，且造成的损失呈明显上升趋势。20世纪80年代，海洋灾害造成的经济损失每年达10多亿元至数十一亿元，90年代每年因海洋灾害造成的直接经济损失甚至超过100亿元。据统计，自20世纪80年代以来，海洋灾害经济损失年均增长率为30%。图1-1给出了2009—2018年海洋灾害经济损失和人员死亡情况统计。海洋灾害已成为制约我国海洋经济和沿海经济持续稳定发展的重要因素。

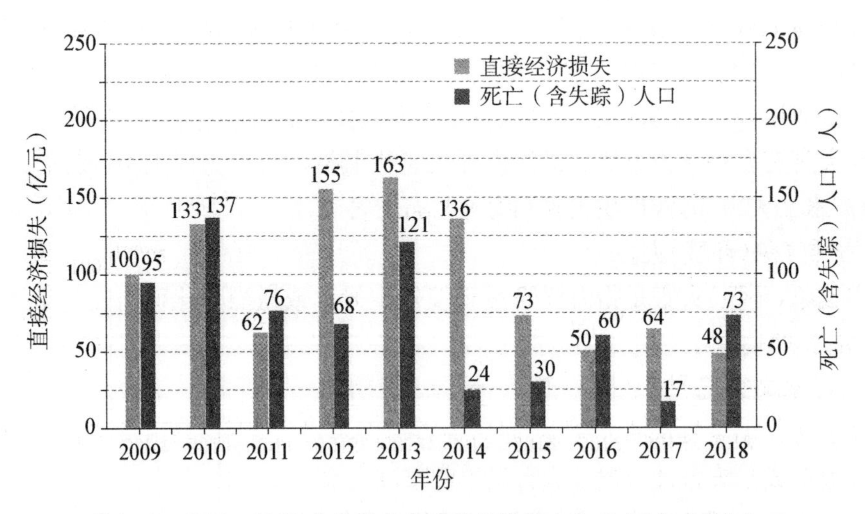


图1-1　2009—2018年海洋灾害直接经济损失和死亡（含失踪）人口

影响我国沿海城市的海洋灾害依次为风暴潮灾害、赤潮、巨浪和海冰。我国海洋灾害的主要特点：①风暴潮灾害特别是台风风暴潮影响范围广、灾情严重、损失巨大。②渤海、黄海区域灾害种类较多，其主要灾害为海冰灾害、温带风暴潮灾害及赤潮灾害，台风风暴潮灾害发生次数较少，也有一定数量的海浪灾害。由于所处的地理环境所致，海冰灾害和温带风暴潮灾害是渤海、黄海北部海域独有的海洋灾害类型。③近海污染日益加重，赤潮灾害有所衍生，特别是2000年以后赤潮的发生范围更广，中国东部几乎所有的海湾都已经被不同程度地污染，东海海域为赤潮高发区，较大面积赤潮集中在浙江沿海海域。④大型海洋溢油事件有上升趋势，形势严峻。⑤海啸灾害发生次数少。

### 1.2.3 世界海岸与海洋灾害概述

由于受到海洋影响，世界上很多国家的自然灾害都很严重。例如，仅形成于热带海洋上的台风(在大西洋和印度洋称为飓风)引发的暴雨洪水、风暴潮、风暴巨浪及台风本身的大风灾害，就造成了全球自然灾害生命损失的60%。台风每年造成上百亿美元的经济损失，约为全部自然灾害经济损失的1/3。因此，海洋是全球自然灾害最主要的来源。

太平洋是世界上最不平静的海洋。太平洋西北部以其台风灾害多而闻名，据统计，全球热带海洋上每年大约发生80多个台风，其中3/4左右发生在北半球的海洋上，而靠近我国的西北太平洋则占了全球台风总数的38%，居全球8个台风发生区之首。其中对我国影响严重，并酿成灾害的每年有近20个，登陆我国的平均每年7个，约为美国的4倍、日本的2倍、俄罗斯等国的30多倍。台风登陆后一般可深入陆地500余千米，有时达1000多千米。因此，往往一次台风即可造成数十亿元乃至上百亿元的经济损失。以美国为例，美国年均飓风损失51亿美元，死亡20人；洪水损失52亿美元，死亡80多人。其中，1926年迈阿密飓风为美国近代发生的最严重的飓风，总损失900亿美元，而1992年的安德鲁飓风损失了350亿美元。

海洋地质灾害也是威胁世界各国的重要的海洋灾害之一。其中，2011年3月11日，日本发生9.0级强震，并引发大海啸，海啸浪高在10～30 m，最大浪高40.5 m，是迄今为止日本国内有记录以来显示的最高海啸高度，此次地震及其引发的海啸已确认造成13232人死亡、14554人失踪。

## 思 考 题

1. 如何认识地球科学体系？
2. 什么是海洋科学？海洋的本质是什么？研究海洋科学有什么意义？
3. 沿海海洋灾害按其性质划分主要可以分为哪几类？每一类都有哪些常见灾害？
4. 影响我国沿海城市的海洋灾害主要有哪些？各有什么特点？
5. 世界海洋灾害最主要的特征是什么？

## 参考文献

[1] 冯士筰,李凤岐,李少菁.海洋科学导论[M].北京:高等教育出版社,1999.

[2] 自然资源部海洋预警监测司.2018年中国海洋灾害公报[M].北京:自然资源部海洋预警监测司,2019.

[3] 宋学家.我国风暴潮灾害及其应急管理研究[J].中国应急管理,2009(8):12-19.

[4] 孙颖士,邓松岭.近年海洋灾害对我国沿海渔业的影响[J].中国水产,2009(9):18-20.

[5] 黄金池.中国风暴潮灾害研究综述[J].水利发展研究,2002(12):64-66.

[6] 张平,孔昊,王代锋,等.海平面上升叠加风暴潮对2050年中国海洋经济的影响研究[J].海洋环境科学,2017(1):132-138.

[7] 金雪,殷克东,孟昭苏.中国沿海地区风暴潮灾害损失监测预警研究进展[J].海洋环境科学,2017,36(1):149-154.

[8] 冯爱青,高江波,吴绍洪,等.气候变化背景下中国风暴潮灾害风险及适应对策研究进展[J].地理科学进展,2016,35(11):1411-1419.

[9] 窦勇,高金伟,时晓婷,等.2000—2013年中国南部近海赤潮发生规律及影响因素研究[J].水生态学杂志,2015,36(3):31-37.

[10] 洛昊,马明辉,梁斌,等.中国近海赤潮基本特征与减灾对策[J].海洋通报,2013,32(5):595-600.

[11] 武浩,夏芸,许映军,等.2004年以来中国渤海海冰灾害时空特征分析[J].自然灾害学报,2016,25(5):81-87.

[12] 袁本坤.我国的海冰灾害风险及其应对策略研究[C]//中国海洋学会2019海洋学术(国际)双年会论文集.三亚,2019:62-67.

[13] 左常圣,范文静,邓丽静,等.近60年渤黄海海冰灾害演变特征与经济损失浅析[J].海洋经济,2019,9(2):50-55.

[14] 黄强,景惠敏,胡培.中国东南沿海邻近海沟潜在海啸危险性研究[J].海洋环境科学,2019,38(4):594-601.

[15] 刘希洋,蔡勤禹.近二十年中国海洋灾害史研究的进展与问题[J].海洋湖沼通报,2019(6):157-165.

[16] 王喜年.全球海洋的风暴潮灾害概况[J].海洋预报,1993(1):30-36.

[17] 聂源,李铖,李琪.国内外风暴潮预报研究进展[J].地球,2013,000(007):312-313.

Chapter 2

# 第2章 海岸与海洋基础知识

对海岸与海洋灾害的认识、模拟、预测、预警及防护等，首先要进行相关基础知识的学习。本章主要是给出海岸与海洋、海洋环流、海洋波动、潮汐与潮流、海洋与大气、海洋生物等基础知识，为后续海洋灾害的生成机理、生成过程及预防措施的研究提供基础。

## 2.1 海洋

地球上互相连通的广阔水域构成统一的世界海洋。根据海洋要素特点及形态特征，可将其分为主要部分和附属部分。主要部分为洋，附属部分为海、海湾和海峡。洋，或称大洋，是海洋的主体部分，一般远离大陆，面积广阔，约占海洋总面积的90.3%，其深度大，一般大于2000 m，海洋要素如盐度、温度等不受大陆影响，盐度平均为35‰，且年变化小，具有独立的潮汐系统和强大的洋流系统。

世界大洋通常被分为四大部分，即太平洋、大西洋、印度洋和北冰洋，各大洋的面积、容积和深度见表2-1。太平洋是面积最大、最深的大洋，其北侧以白令海峡与北冰洋相接；东边以通过南美洲最南端合恩角的经线(67°16′W)与大西洋分界；西侧以经过塔斯马尼亚岛的经线(146°51′E)与印度洋分界。印度洋与大西洋的界线是经过非洲南端厄加勒斯角的经线(20°E)。大西洋与北冰洋的界线是从斯堪的纳维亚半岛的诺尔辰角经冰岛，

表2-1 世界各大洋的面积、容积和深度

| 名称 | 包括附属海 | | | | | | 不含附属海 | | | | | |
|---|---|---|---|---|---|---|---|---|---|---|---|---|
| | 面积 | | 容积 | | 深度(m) | | 面积 | | 容积 | | 深度(m) | |
| | ($\times 10^6$ km$^2$) | (%) | ($\times 10^6$ km$^3$) | (%) | 平均 | 最大 | ($\times 10^6$ km$^2$) | (%) | ($\times 10^6$ km$^3$) | (%) | 平均 | 最大 |
| 太平洋 | 179.679 | 49.8 | 723.699 | 52.8 | 4028 | 11034 | 165.246 | 45.8 | 707.555 | 51.6 | 4282 | 11034 |
| 大西洋 | 93.363 | 25.9 | 337.699 | 24.6 | 3627 | 9218 | 82.422 | 22.8 | 323.613 | 23.6 | 3925 | 9218 |
| 印度洋 | 74.917 | 20.7 | 291.945 | 21.3 | 3897 | 7450 | 73.443 | 20.3 | 291.030 | 21.3 | 3963 | 7450 |
| 北冰洋 | 13.100 | 3.6 | 16.980 | 1.3 | 1296 | 5449 | 5.030 | 1.4 | 10.970 | 0.8 | 2179 | 5449 |
| 世界海洋 | 361.059 | 100 | 1370.323 | 100 | 3682 | 11034 | 326.141 | 90.3 | 1333.168 | 97.3 | 3795 | 11034 |

过丹麦海峡至格陵兰岛南端的连线。北冰洋大致以北极为中心，被亚欧和北美洲所环抱，是世界最小、最浅、最寒冷的大洋。

太平洋、大西洋和印度洋靠近南极洲的那片水域，在海洋学上具有特殊意义。它具有自成体系的环流系统和独特的水团结构，既是世界大洋底层水团的主要形成区，也对大洋环流起着重要作用。因此，从海洋学(而不是地理学)的角度，一般把三大洋在南极洲附近连成一片的水域称为南大洋或南极海域。联合国教科文组织(United Nations Educational, Scientific and Cultural Organization, UNESCO)下属的政府间海洋学委员会(Intergovernmental Oceanographic Commission, IOC)在1970年的会议上，将南大洋定义为"从南极大陆到南纬40°为止的海域，或者从南极大陆起到亚热带辐合线明显时的连续海域"。

海是海洋的边缘部分，据国际水道测量局的材料，全世界共有54个海，其面积只占世界海洋总面积的9.7%。海的深度较小，平均深度一般在2000 m以内；其温度和盐度等海洋水文要素受大陆影响很大，并有明显的季节变化；水色低，透明度小；没有独立的潮汐和洋流系统，潮波多是由大洋传入，但潮汐涨落往往比大洋显著，海流有自己的环流形式。

按照海所处的位置可将其分为陆间海、内海和边缘海。陆间海是指位于大陆之间的海，面积和深度都较大，如地中海和加勒比海等。内海是伸入大陆内部的海，面积较小，其水文特征受周围大陆的强烈影响，如渤海和波罗的海等。陆间海和内海一般只有狭窄的水道与大洋相通，其物理性质和化学成分与大洋有明显差别。边缘海位于大陆边缘，以半岛、岛屿或群岛与大洋分隔，但水流交换通畅，如东海、日本海等。

海湾是洋或海延伸进大陆且深度逐渐减小的水域，一般以入口处海角之间的连线或入口处的等深线作为与洋或海的分界。海湾中的海水可以与毗邻海洋自由沟通，故其海洋状况与邻接海洋很相似，但在海湾中常出现最大潮差，如我国杭州湾最大潮差可达8.9 m。

需要指出的是，由于历史上形成的习惯叫法，有些海和海湾的名称被混淆了，有的海被称作湾，如波斯湾、墨西哥湾等；有的湾则被称作海，如阿拉伯海等。世界上主要的海和海湾见表2-2，其中面积最大、最深的海是珊瑚海。海峡是两端连接海洋的狭窄水道。海峡最主要的特征是流急，特别是潮流速度快。海流有的上、下分层流入、流出，如直布罗陀海峡等；有的分左、右侧流入或流出，如渤海海峡等。海峡往往受不同海区水团和环流的影响，故其海洋状况通常比较复杂。

表2-2 世界主要的海和海湾

| 洋 | 海或海湾 | 面积($\times 10^4$ km$^2$) | 容积($\times 10^4$ km$^3$) | 深度(m) | |
|---|---|---|---|---|---|
| | | | | 平均 | 最大 |
| 太平洋 | 白令海 | 230.4 | 368.3 | 1598 | 4115 |
| | 鄂霍茨克海 | 159.0 | 136.5 | 777 | 3372 |
| | 日本海 | 101.0 | 171.3 | 1752 | 4036 |

（续表）

| 洋 | 海或海湾 | 面积 ($\times 10^4\ km^2$) | 容积 ($\times 10^4\ km^3$) | 深度(m) | |
|---|---|---|---|---|---|
| | | | | 平均 | 最大 |
| 太平洋 | 黄海 | 40.0 | 1.7 | 44 | 140 |
| | 东海 | 77.0 | 285.0 | 370 | 2717 |
| | 南海 | 360.0 | 424.2 | 1212 | 5517 |
| | 爪哇海 | 48.0 | 22.0 | 45 | 100 |
| | 苏禄海 | 34.8 | 55.3 | 1591 | 5119 |
| | 苏拉威西海 | 43.5 | 158.6 | 3645 | 8547 |
| | 班达海 | 69.5 | 212.9 | 3064 | 7260 |
| | 珊瑚海 | 479.1 | 1147.0 | 2394 | 9140 |
| | 塔斯曼海 | 230.0 | — | — | 5943 |
| | 阿拉斯加湾 | 132.7 | 322.6 | 2431 | 5659 |
| | 加利福尼亚湾 | 17.7 | 14.5 | 818 | 3127 |
| 印度洋 | 红海 | 45.0 | 25.1 | 558 | 2514 |
| | 阿拉伯海 | 386.0 | 1007.0 | 2734 | 5203 |
| | 安达曼海 | 60.2 | 66.0 | 1096 | 4189 |
| | 帝汶海 | 61.5 | 25.0 | 406 | 3310 |
| | 阿拉弗拉海 | 103.7 | 20.4 | 197 | 3680 |
| | 波斯湾 | 24.1 | — | 40 | 102 |
| | 大澳大利亚湾 | 48.4 | 45.9 | 950 | 5080 |
| | 孟加拉湾 | 217.2 | 561.6 | 258 | 5258 |
| 大西洋 | 波罗的海 | 42.0 | 3.3 | 86 | 459 |
| | 北海 | 57.0 | 5.2 | 96 | 433 |
| | 地中海 | 250.0 | 375.4 | 1498 | 5092 |
| | 黑海 | 42.3 | 53.7 | 1271 | 2245 |
| | 加勒比海 | 275.4 | 686.0 | 2491 | 7680 |
| | 墨西哥湾 | 154.3 | 233.2 | 1512 | 4023 |
| | 比斯开湾 | 19.4 | 33.2 | 1715 | 5311 |
| | 几内亚湾 | 153.3 | 459.2 | 2996 | 6363 |
| 北冰洋 | 格陵兰海 | 120.5 | 174.0 | 1444 | 4846 |
| | 楚科奇海 | 58.2 | 5.1 | 88 | 160 |
| | 东西伯利亚海 | 90.1 | 5.3 | 58 | 155 |
| | 拉普捷夫海 | 65.0 | 33.8 | 519 | 3385 |
| | 喀拉海 | 88.3 | 10.4 | 127 | 620 |
| | 巴伦支海 | 140.5 | 32.2 | 229 | 600 |
| | 挪威海 | 138.3 | 240.8 | 1742 | 3970 |

## 2.2 海岸

### 2.2.1 基本概念

海岸线是指海与陆相互交汇的界线，但在实际海岸中，很多情况下并没有明显的固定界线。海水随潮汐有涨有落，加之有波浪作用，海与陆的分界线是时时变化的。为便于研究，我国国家标准将多年大潮高潮时的海陆分界线定为海岸线。即便如此，高潮位时的海面很难有平静的状态。在风浪和涌浪的作用下，海水向岸冲上一定距离，海水常在它到达的陆域边缘留下痕迹。因此，为便于观测，测绘部门将平均大潮高潮时水陆分界的痕迹线定为海岸线，依照此方法可以较明确地将海岸线标识出来。

在波浪、潮汐、地壳运动、气候变化等动力因素综合作用下，海岸线两侧具有一定宽度的条形地带不断发生变化，这个地带称为海岸带。海岸带的具体范围尚无统一规定，我国《全国海岸带和海涂资源综合调查简明规程》规定：一般岸段，自海岸线向陆地延伸 10 km 左右，向海扩展到 10～15 m 等深线。

海岸是指海洋和陆地相互作用的地带，包括遭受波浪为主的海水动力作用的广阔范围，即从波浪所能作用到的海底，向陆延至风暴浪所能达到的地带。从海岸地貌学角度讲，海岸是指现在海陆之间正在相互作用和过去曾经相互作用过的地带，因此，除包括现在的海岸带外，还包括上升或下降的古海岸带。

现代海岸带从组成上可将其划分为潮上带、潮间带和潮下带，如图 2－1 所示。潮上带或称滨海陆地，指平均大潮高潮位以上至风暴浪所能作用的区域。在此范围内有海蚀崖、沿岸沙堤及潟湖低地等，它们大部分时间暴露在海水面以上，只在特大风暴时才被海水淹没。潮间带，指平均大潮高潮位和低潮位之间的地带，主要包括海滩或潮滩，其高潮时被淹，低潮时露出。潮下带或称水下岸坡，指平均大潮低潮位以下到海浪作用开始掀起海底泥沙处，即水深大约是二分之一波长的位置。

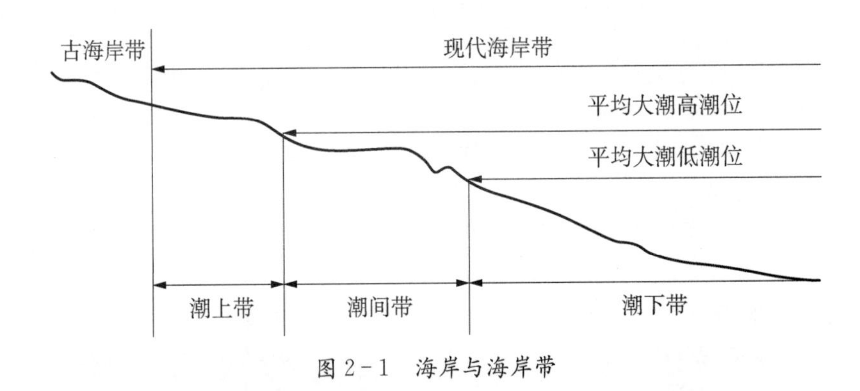


图 2－1　海岸与海岸带

### 2.2.2　海岸类型

按照岸滩的物质组成可将海岸分为基岩海岸、沙质海岸、淤泥质海岸和生物海岸。

1）基岩海岸

基岩海岸主要由岩石组成。基岩海岸一般岸线曲折、湾岬相间、岸坡陡峭、滩沙狭窄。我国基岩海岸总长达5 000 km以上，占大陆岸线总长的1/4以上，主要分布在山东半岛、辽东半岛及杭州湾以南的浙、闽、台、粤、桂、琼等省。

基岩海岸常会在波浪、水流等作用下出现一些海蚀地貌。在海浪长期侵蚀作用下，基岩不断崩塌后退，形成高出海面的陡崖，称为海蚀崖。当波浪冲击基岩海岸时，由于岩层抗蚀力的差异，海岸的后退通常是不均匀的。海岸岩层抗蚀能力越强则后退越慢，这些地方以岬角、海蚀柱形式残留下来；而抗蚀能力较弱的岩层则被切割后退形成岬角与岬角之间的海湾。海蚀穴是海浪沿着岩石节理或较为松软的岩石侵蚀而成的，深度较大的称为海蚀洞。向海突出的岬角同时遭受两个方向波浪作用，可使两侧海蚀穴蚀穿而成拱门状，称为海蚀拱桥或海蚀穹。海蚀崖逐渐后退，波浪不断侵蚀位于海蚀崖前方的基岩面，形成微微向海倾斜的基岩平台，称为海蚀平台。典型的基岩海岸地貌如图2-2所示。

(a) 海蚀柱

(b) 海蚀平台

图2-2　基岩海岸

2）沙质海岸

沙质海岸主要由沙、砾、粗砾、卵石等粗颗粒物质组成。沙质海岸一般岸线平顺、岸滩较窄、坡度较陡，常伴有沿岸沙坝、潮汐通道、潟湖等。

沙质海岸可分为海滩海岸、沙堤-潟湖海岸和沙丘海岸等。海滩海岸是泥沙堆积形成的，其范围从波浪破碎点开始到海岸陆地上波浪作用消失处止。沙堤-潟湖海岸，是沙质海岸堆积体及其封闭或半封闭海湾形成潟湖而构成的海岸。这里所说的潟湖是指被沙嘴、沙坝或珊瑚分割而与外海相分离的局部海水水域。潟湖与外海相联系的通道称为潮汐通道。沙丘海岸是沙质海岸在风的作用下沙粒被吹扬形成沙丘的海岸。典型的沙质海岸如图 2-3 所示。

(a) 海滩海岸

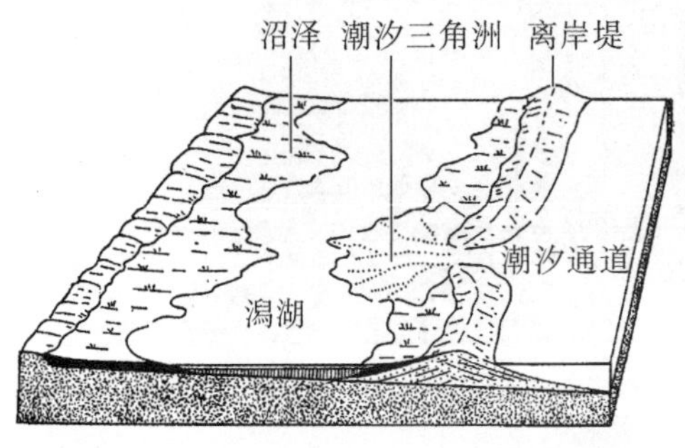


(b) 沙堤-潟湖海岸

(c) 沙丘海岸

图 2-3　典型的沙质海岸

我国沙质海岸主要分布在辽东半岛部分岸段、河北滦河口附近、山东半岛北部、江苏海州湾北部、浙江与福建部分海湾、台湾西海岸和海南等。

3）淤泥质海岸

淤泥质海岸主要由粉沙、淤泥、黏土等细颗粒物质组成。淤泥质海岸主要特征是岸线平直，一般位于大河河口的两侧；岸坡平缓，潮滩宽广；潮流、波浪作用显著，以潮流作用为主。我国淤泥质海岸总长 4 000 km 以上，约占大陆岸线总长的 1/4，主要分布辽东湾、渤海湾、莱州湾、江苏沿岸、长江口附近、杭州湾、珠江口附近。典型的淤泥质海岸如图 2－4 所示。

图 2－4　淤泥质海岸

4）生物海岸

生物海岸又具体可分为红树林海岸和珊瑚礁海岸。红树林海岸生长着耐盐且繁茂的红树林。红树林根系发达、树冠茂密，防风、防浪，并能减弱潮流、促进淤积，如图 2－5 所示。我国红树林海岸主要分布在福建、广东、广西和台湾的基隆、淡水、台北。珊瑚礁海岸是由珊瑚礁构成的海岸，如图 2－6 所示。我国珊瑚礁海岸主要分布在南海诸岛、台湾岛、澎湖列岛和广东、广西沿岸。

图 2－5　红树林海岸

图 2－6　珊瑚礁海岸

## 2.3 海洋环流

海流是指海水大规模相对稳定的流动，是海水重要的普遍运动形式之一。所谓“大规模”是指它的空间尺度大，具有数百、数千千米甚至全球范围的流域；“相对稳定”的含义是在较长的时间内，如一年或多年，其流动方向、速率和流动路径大致相似。

海流一般是三维的，即不但水平方向流动，而且在铅直方向上也存在流动。当然，由于海洋的水平尺度(数百至数千千米甚至上万千米)远远大于其铅直尺度(几百米至几千米)，因此水平方向的流动远比铅直方向上的流动强得多。尽管后者相当微弱，但它在海洋学中却有其特殊的重要性。习惯上常把海流的水平运动分量狭义地称为海流，而其铅直分量单独命名为上升流和下降流。

海洋环流一般是指海域中的海流形成首尾相接的相对独立的环流系统或流旋。就整个世界大洋而言，海洋环流的时空变化是连续的，它把世界大洋联系在一起，使世界大洋的各种水文、化学要素及热盐状况得以保持长期相对稳定。

### 2.3.1 海流的成因及表示方法

海流形成的原因很多，但归纳起来不外乎两种。第一种原因是海面上的风力驱动，形成风海流。由于海水运动中黏滞性对动量的消耗，这种流动随深度的增大而减弱，直至小到可以忽略，其所涉及的深度通常只有几百米，相对于几千米深的大洋而言是一薄层。海流形成的第二种原因是海水的温盐变化。因为海水密度的分布与变化直接受温度、盐度的支配，而密度的分布又决定了海洋压力场的结构。实际海洋中的等压面往往是倾斜的，即等压面与等势面并不一致，这就在水平方向上产生了一种引起海水流动的力，从而导致了海流的形成。

为了讨论方便起见，可根据海水受力情况及其成因等，从不同角度对海流分类和命名。例如，由风引起的海流称为风海流或漂流，由温盐变化引起的称为热盐环流；由于海水产生辐散或辐聚，形成上升流和下降流；从受力情况分又有地转流、惯性流等称谓；考虑发生的区域不同又有洋流、陆架流、赤道流、东西边界流等。

描述海水运动的方法有两种：一种是拉格朗日法，另一种是欧拉法。前者是跟踪水质点以描述它的时空变化，这种方法实现起来比较困难，但近代用漂流瓶及中性浮子等追踪流迹，可近似地了解海流的变化规律。通常多用欧拉法来测量和描述海流，即在海洋中某些站点同时对海流进行观测，依测量结果，用矢量表示海流的速度大小和方向，绘制流线图来描述流场中速度的分布。如果流场不随时间而变化，那么流线也就代表了水质点的运动轨迹。

海流流速的单位，按 SI 单位制是米/秒(m/s)；流向以地理方位角表示，指海水流去的方向。例如，海水向北流动，则流向记为 0°，向东流动则为 90°，向南流动为 180°，向西流动为 270°。流向与风向的定义恰恰相反，风向指风吹来的方向。绘制海流图时常用箭矢符号，矢长度表示流速大小，箭头方向表示流向。

### 2.3.2　海流运动方程

海水的各种运动都是在力的作用下产生的，其运动规律同其他物体的运动规律一样，遵循牛顿运动定律和质量守恒定律。为达到定量地研究海水运动规律，以下将简要地介绍一下海水的运动方程及求解方程的边界条件等。

所谓海水运动方程，实际上就是牛顿第二运动定律在海洋中的具体应用。单位质量海水的运动方程可以写成

$$\frac{\mathrm{d}u}{\mathrm{d}t}=\sum F \tag{2-1}$$

式中　$u$——流速；

$t$——时间；

$F$——受到的外力。

只要给出作用力，便可由方程了解海水的运动状况。

作用在海水上的力有多种，归结起来可分为两大类：一类是引起海水运动的力，如重力、压强梯度力、风应力、引潮力等；另一类是由于海水运动后所派生出来的力，如地转偏向力(Coriolis force，亦称为科氏力)、摩擦力等。以下首先对海水所受各种力进行分析，并给出其解析表达式。

1) 重力和重力位势

地球上任何物体都受重力的作用，当然海水也不例外。所谓重力是地心引力与地球自转所产生的惯性离心力的合力。习惯上人们将单位质量物体所受的重力称为重力加速度，以 $g$ 表示。在海洋研究中，一般把 $g$ 视为常量，取为 $9.80\ \mathrm{m/s^2}$。

对于静态的海洋，重力处处与海面垂直，此时的海面称为海平面。处处与重力垂直的面也称为水平面。从一个水平面逆重力方向移动单位物体到某一高度所做的功叫做重力位势，即

$$\mathrm{d}\Phi=g\,\mathrm{d}z \tag{2-2}$$

式中　$\mathrm{d}\Phi$——所做的功；

$\mathrm{d}z$——物体铅直移动的距离。

位势相等的面称为等势面。静态海洋的表面是一个等势面。在海洋学中，两个等势面之间的位势差单位为 gpm，其定义为

$$\mathrm{d}\Phi(\mathrm{gpm})=(1/9.8)g\,\mathrm{d}z \tag{2-3}$$

式中，$g=9.80\ \mathrm{m/s^2}$，$\mathrm{d}z$ 的单位为 m。从上等势面向下计算的位势差称为位势深度。反之，从下等势面向上计算的位势差称位势高度。

由式(2-3)可见，两等势面的位势差，如果以 gpm 表示，则其量值恰与长度所表示的

高度值相等，这在海洋学动力计算过程中是十分方便的。

2）压强梯度力

海洋中压力处处相等的面称为等压面。海洋学中把海面视为海压为零的等压面（以往称为一个大气压，大约为 1 013.25 hPa）。

在右手直角坐标系中，坐标原点取在海面，$z$ 轴向上为正，那么海面以下 $-z$ 深度上的压力则为

$$p=-\rho g z \tag{2-4}$$

式中 $\rho$——海水密度。

式(2-4)写成微分形式则有

$$\mathrm{d}p=-\rho g\,\mathrm{d}z \tag{2-5}$$

在静态的海洋中，当海水密度为常数或只是深度的函数时，海洋中压力的变化也只是深度的函数，此时海洋中的等压面必然是水平的，即与等势面平行。这种压力场称为正压场。

根据牛顿运动定律，当海水静止时，水质点所受到的合力必然为零。但海水却总是处在重力的作用之下，且指向下方。由此可以推断，一定还存在一个与重力方向相反且与重力量值相等的力与其平衡。由式(2-5)知，该力为

$$G=-\frac{1}{\rho}\frac{\mathrm{d}p}{\mathrm{d}z} \tag{2-6}$$

它与压强梯度成比例，故称其为压强梯度力；与等压面垂直，且指向压力减小的方向，式中负号则表示与压强梯度的方向相反；$1/\rho$ 则表示计算的力是对单位质量而言的。图 2-7a 表示了正压场中压强梯度力与重力平衡的情况。当海水密度不为常数，特别在水平方向上存在明显差异（或者由于外部的原因）时，此时等压面相对于等势面将会发生倾斜，这种压力场称为斜压场，如图 2-7b 所示。

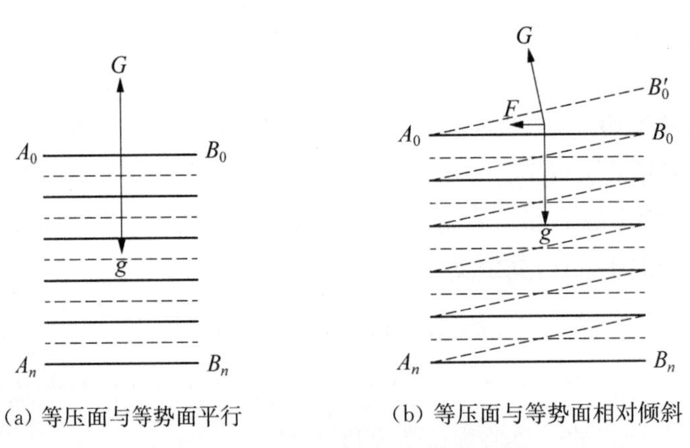


(a) 等压面与等势面平行　　(b) 等压面与等势面相对倾斜

图 2-7 等压面与等势面的关系

在斜压场的情况下，海水质点所受的重力与压强梯度力已不能平衡，由于等压面的倾斜方向是任意的，所以压强梯度力一般与重力方向不在同一直线上。其一般表达式为

$$G_n = -\frac{1}{\rho}\frac{\mathrm{d}p}{\mathrm{d}n} \tag{2-7}$$

式中　$n$——等压面的单位法向量。

因为海洋常常处在斜压状态，所以压强梯度力水平分量也就经常存在。尽管它的量级很小，但由于海水本身是流体，在水平方向上极小的力也会引起流动，它成了引起海水运动的重要作用力。

可以证明，海水质点所受的压强梯度力的广义定义就是单位质量海水所受静压力的合力。由式(2-5)知，两等压面之间的铅直距离为

$$|\mathrm{d}z| = \frac{\mathrm{d}p}{\rho g} \tag{2-8}$$

显然它与海水密度成反比，说明在两等压面之间海水密度越大，则铅直距离越小；反之亦成立。因此，当海水密度在水平方向上存在明显差异时，必然导致两等压面之间的距离不等，使其相对于等势面而发生倾斜。这种由海洋中密度差异所形成的斜压状态，称为内压场。因为海洋上部的海水密度在水平方向上变化较大，而在大洋深处变化极小，甚至趋于均匀，因而由其决定的压力场，即内压场，在大洋上部的斜压性一般很强，随深度的增加斜压性逐渐变弱，到大洋某一深度处，等压面基本上与等势面平行，其水平压强梯度力也就不存在了。

此外，由于海洋外部原因，如海面上的风、降水、江河径流等因子引起海面倾斜所产生的压力场称为外压场。在外压场的作用下，等压面也可倾斜于等势面，因而也能使海水产生流动。外压场自海面到海底叠加在内压场之上，一起称为总压场。

3) 地转偏向力

研究地球上海水或大气的大规模运动时，必须考虑地球自转效应，或称为科氏效应。人们把参考坐标取在固定的地表，由于地球不停地在以平均角速度 $\omega = 7.292 \times 10^{-5}$ rad/s 绕轴线自西向东自转，参考坐标系也在不断地旋转，因此它是一个非惯性系统。在研究海水运动时，必须引进由于地球自转所产生的惯性力，方能直接应用牛顿运动定律作为工具，从而阐明其运动规律。这个力即称为地转偏向力或科氏力。

由于地球自转所产生的惯性力是三维的。取 $x-y$ 平面在海面上，$x$ 轴指向东为正，$y$ 轴指向北为正，$z$ 轴向上为正，科氏力的三个分量为

$$\left.\begin{aligned} f_x &= 2\omega\sin(\varphi\cdot v) - 2\omega\cos(\varphi\cdot w) \\ f_y &= -2\omega\sin(\varphi\cdot u) \\ f_z &= 2\omega\cos(\varphi\cdot u) \end{aligned}\right\} \tag{2-9}$$

式中　$\omega$——地球自转角速度。

在海洋中，由于海水的铅直运动分量 $w$ 很小，故通常忽略与 $w$ 有关的项，即简化为

$$\left.\begin{aligned} f_x &= fv \\ f_y &= -fu \end{aligned}\right\} \tag{2-10}$$

式中，$f=2\omega\sin\varphi$，称为科氏参量，它是行星涡度的一种量度。

对海洋环流而言，科氏力与引起海水运动的一些力，如压强梯度力，相比量级相当，因此它是研究海洋环流时应考虑的基本力。

4）切应力

切应力是当两层流体作相对运动时，由于分子黏滞性，在其界面上产生的一种切向作用力。它与垂直两层流体界面方向上的速度梯度成正比，因此，当两层流体以相同的速度运动或处在静止状态时，是不会产生切应力的。单位面积上所产生的切应力为

$$\tau=\frac{\mu \mathrm{d}u}{\mathrm{d}n} \tag{2-11}$$

式中　$n$——界面的单位法向量；

$\mu$——分子黏滞系数，它的量值与流体的性质有关。

实际海洋中的海水运动总是处于湍流状态。由湍流运动所导致的运动学湍流应力比分子黏性引起的分子黏性应力大很多量级。在讨论海水运动时，将分子黏滞系数 $\mu$ 以湍流黏滞系数 $K$ 代替。但 $\mu$ 与 $K$ 的物理意义不同，$\mu$ 只取决于海水的性质，$K$ 则与海水的湍流运动状态有关，其量级大于 $\mu$，且自身在各个方向的量值也有很大差异。

同时考虑海水在各方向的速度梯度，则单位质量海水所受应力合力的三个分量表达式可分别写为

$$\left.\begin{aligned} F_x &= \frac{1}{\rho}\left[\frac{\partial}{\partial x}\left(K_x\frac{\partial u}{\partial x}\right)+\frac{\partial}{\partial y}\left(K_y\frac{\partial u}{\partial y}\right)+\frac{\partial}{\partial z}\left(K_z\frac{\partial u}{\partial z}\right)\right] \\ F_y &= \frac{1}{\rho}\left[\frac{\partial}{\partial x}\left(K_x\frac{\partial v}{\partial x}\right)+\frac{\partial}{\partial y}\left(K_y\frac{\partial v}{\partial y}\right)+\frac{\partial}{\partial z}\left(K_z\frac{\partial v}{\partial z}\right)\right] \\ F_z &= \frac{1}{\rho}\left[\frac{\partial}{\partial x}\left(K_x\frac{\partial w}{\partial x}\right)+\frac{\partial}{\partial y}\left(K_y\frac{\partial w}{\partial y}\right)+\frac{\partial}{\partial z}\left(K_z\frac{\partial w}{\partial z}\right)\right] \end{aligned}\right\} \tag{2-12}$$

在海洋中，由于海水在水平方向的运动尺度比铅直方向上的大得多，所以水平方向上的湍流黏滞系数 $K_x$ 与 $K_y$ 比铅直方向上的 $K_z$ 也大得多。但鉴于海洋要素的水平梯度远小于铅直梯度，因此铅直方向上的湍流对海洋中的热量、动量及质量的交换起着更重要的作用。

海面上的风与海水之间的切应力，称为海面风应力，它能将大气动量输送给海水，是大气向海洋输送动量的重要方式之一。风应力目前只能以经验公式给出。

$$\tau_a=C_a\rho_a\,|\,W_a\,|\,W_a \tag{2-13}$$

式中　$\rho_a$——海面以上空气的密度，一般取 $1.225\,\mathrm{kg/m^3}$；

$W_a$——观测高度上的风速；

$C_a$——阻尼系数(拖曳系数)，它与海面上气流的运动状态有关。

在讨论海洋与大气之间的动量交换时，阻尼系数 $C_a$ 的确定常常因人而异。目前在数值计算中，只能依靠经验取值，不过在量级上差异不大。

5) 引潮力及其他

引潮力是日、月等天体对地球的引力，以及它们之间作相对运动时所产生的其他力共同合成的一种力。它能引起海面的升降与海水在水平方向上的周期性流动。关于引潮力的确切定义、产生的机理及其解析表达式等，将在2.5节中介绍。

另外，引起海水运动的力还可以来自火山爆发和地震等。

以上分别讨论了海水运动所受的力及其表示形式，将它们分别代入式(2-1)中，则有

$$\left.\begin{aligned}\frac{\mathrm{d}u}{\mathrm{d}t}&=-\frac{1}{\rho}\frac{\partial p}{\partial x}+2\omega\sin(\varphi\cdot v)+F_x+\cdots\\\frac{\mathrm{d}v}{\mathrm{d}t}&=-\frac{1}{\rho}\frac{\partial p}{\partial y}-2\omega\sin(\varphi\cdot u)+F_y+\cdots\\\frac{\mathrm{d}w}{\mathrm{d}t}&=-\frac{1}{\rho}\frac{\partial p}{\partial z}-g+F_z+\cdots\end{aligned}\right\}\tag{2-14}$$

海水加速度=压力梯度力+科氏力+重力+切应力(海面风切应力和内部切应力)，这就是海水运动方程的具体形式，在讨论海水的不同运动形式时，经常按实际情况对方程简化，以便求解。

此外，海流运动还要满足连续方程。所谓连续方程实质上是物理学中的质量守恒定律在流体中的应用，即流体在运动过程中，它的总质量既不会自行产生，也不会自行消失，由此导出连续方程：

$$\frac{\partial u}{\partial x}+\frac{\partial v}{\partial y}+\frac{\partial w}{\partial z}=0\tag{2-15}$$

研究海洋环流时，通常考虑以下几种边界，一种是海岸与海底的固体边界，一种是与大气之间的流体边界，它们构成与海水之间的不连续面，因此，在运用运动方程和连续方程讨论海水的运动时，在边界上应附以边界条件。例如，在海岸与海底，由于它们的限制，海水垂直于边界的运动速度必然为零，至多只能存在与边界相切的速度。实际上，由于海水与海底的摩擦作用，离边界越近的海水运动速度应该越小，在边界上的运动速度理论上也应当为零。这些规定边界上海水运动速度所遵循的条件称为运动学边界条件。在大气和海洋交界面(海面)处的运动学边界条件为

$$\omega=\frac{\mathrm{d}\eta}{\mathrm{d}t}\tag{2-16}$$

式中　$\eta$——海面相对于平均海平面的起伏。

在海-气界面这一海面边界上，大气压力、风应力等直接作用于海面，然后通过海面影

响下部海水。这些规定边界上海水受力所遵循的条件,称为动力学边界条件。另外,在研究局部海区的环流时,往往还需考虑与其毗连的海水侧向边界条件。

海水的真实运动规律是十分复杂的,实际工作中,人们往往采取各种近似或假定,对各种条件加以简化,从不同角度分别对海水运动情况进行讨论,从而阐明海水运动的基本规律。

### 2.3.3 风海流理论

1)埃克曼无限深海漂流理论

南森(Nansen)于1902年观测到北冰洋中浮冰随海水运动的方向与风吹方向不一致,他认为这是由于地转效应引起的。后来由埃克曼从理论上进行了论证,提出了漂流理论,奠定了风海流的理论基础。

在北半球稳定风场长时间作用在无限广阔、无限深海的海面上;海水密度均匀,海面(等压面)是水平的;不考虑科氏力随纬度的变化;只考虑由铅直湍流导致的水平摩擦力,且假定铅直湍流黏滞系数为常量。

在上述假定条件下,排除了引起地转流的水平压强梯度力,排除了海洋陆地边界的影响,这种流动仅是由风应力通过海面,借助于水平湍切应力向深层传递动量而引起的海水的运动,在运动过程中同时受到科氏力的作用,由于海面无限宽广,风场稳定且长时间作用,因此,当摩擦力与科氏力取得平衡时,海流将趋于稳定状态。

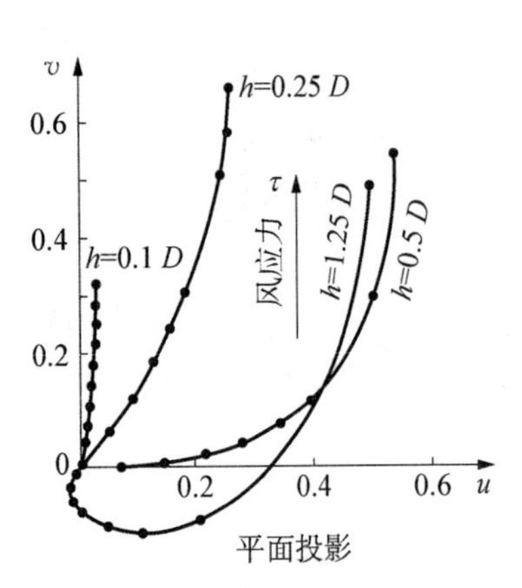


图2-8 浅海风海流矢量平面投影

2)浅海风海流的基本特征

实际海洋的深度是有限的,特别在浅海中海底的摩擦作用必须考虑,这就导致了它与无限深海漂流结构的差异。图2-8给出了不同水深情况下风海流矢量在平面上的投影。可以看出,水深越浅,从上层到下层的流速矢量越是趋近风矢量的方向。

3)上升流与下降流

上升流是指海水从深层向上涌升,下降流是指海水自上层下沉的铅直向流动。实际的海洋是有界的,且风场也并非均匀与稳定。因此,风海流的体积运输必然导致海水在某些海域或岸边发生辐散或辐聚。由于连续性,又必然引起海水在这些区域产生上升或下沉运动,继而改变了海洋的密度场和压力场的结构,从而派生出其他的流动。有人把上述现象称为风海流的副效应。

由无限深海风海流的体积运输可知,与岸平行的风能导致岸边海水最大的辐聚或辐散,从而引起表层海水的下沉或下层海水的涌升,而与岸垂直的风则不能。当然对浅海或与岸线成一定角度的风而言,其与岸线平行的分量也可引起类似的运动。例如,秘鲁和美国加利福尼亚沿岸分别为强劲的东南信风与东北信风,沿海岸向赤道方向吹,由于漂流的体积运输使海水离岸而去，因此下层海水涌升到海洋上层，形成了世界上有名的上升流区。尽管上升流速很小，但由于它的常年存在，将营养盐不断地带到海洋表层，有利于生物繁殖。因此，上升流区往往是有名的渔场，如秘鲁近岸就是世界有名的渔场之一。

在赤道附近海域，由于南信风跨越赤道，所以在赤道两侧所引起的海水体积运输方向相反而离开赤道，从而引起了赤道表层海水的辐散，形成上升流。大洋中由于风场的不均匀也可产生升降流。大洋上空的气旋与反气旋也能引起海水的上升与下沉。例如，台风(热带气旋)经过的海域的确观测到"冷尾迹"，即由于下层低温水上升到海面而导致的降温。在不均匀风场中，漂流体积运输不均会产生表层海水辐散与辐聚及气旋风场中的上升流，如图2-9所示。

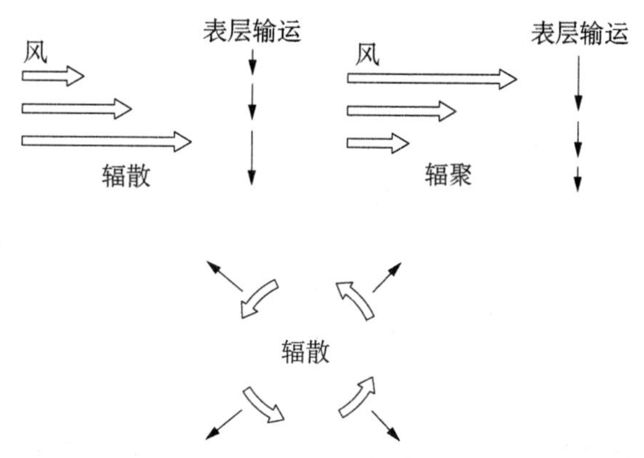


图2-9　北半球不均匀风场中表层辐散辐聚与气旋风场中的上升流

4) 近岸流的基本特征

在比较陡峭的近岸，如果水深大于摩擦深度的两倍，当风沿岸边吹(或有沿岸分量)时，则近岸海流自表至底可能存在三层流动结构，即表层流、中层流和底层流，如图2-10所示。

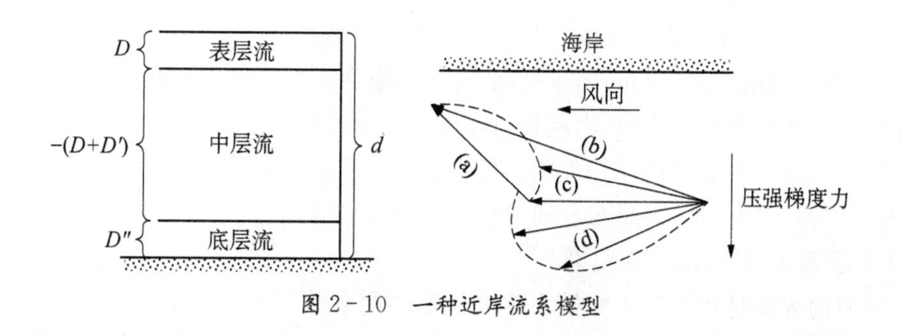


图2-10　一种近岸流系模型

表层流包括由风直接引起的纯漂流(它的厚度在摩擦深度范围内)和由于漂流导致的海水体积运输所造成的海面倾斜，由这一外压场派生出一支自表至底与岸边平行的倾斜流，两者合并形成表层流。由以前讨论已知，倾斜流的流速流向，除在底层受到海底摩擦作用的范围内，是不随深度变化的，因此中层流是单纯的倾斜流。在底摩擦层内的流动称为底层流，它是由于倾斜流受到海底摩擦而形成的。底层流所受到的水平压强梯度力相同，但所受的海底摩擦力却随离海底的高度的增大而逐渐变小，它与海面风应力引起漂流时效应相仿，与近地面风受地面摩擦而形成的结构相同，即越近海底其方向越靠近形成倾斜流的压强梯度力的方向，流速越小，在海底为零。在底摩擦层上界则与倾斜流（中层流）相一致。

### 2.3.4 世界大洋环流分布

世界大洋上层环流的总特征可以用风生环流理论加以解释。比如，太平洋与大西洋的环流型有相似之处：在南北半球都存在一个与副热带高压对应的巨大反气旋式大环流（北半球为顺时针方向，南半球为逆时针方向）影响环流运动。此外，各大洋环流型的差别还由它们的几何形状所影响。

1）赤道流系

与两半球信风带对应的分别为西向的南赤道流与北赤道流，亦称信风流。这是两支比较稳定的由信风引起的风生漂流，它们都是南北半球巨大气旋式环流的一个组成部分。在南北信风流之间与赤道无风带相对应的是一支向东运动的赤道逆流，流幅约 300～500 km。由于赤道无风带的平均位置在 3°～10°N，因此南北赤道流也与赤道不对称。夏季（8 月），北赤道流约在 10°N 与 20°～25°N，南赤道流约在 3°N～20°S；冬季则稍偏南。

赤道流自东向西逐渐加强。在洋盆边缘不论赤道逆流或信风流都变得更为复杂。赤道流系主要局限在表面以下到 100～300 m 的上层，平均流速为 0.25～0.75 m/s。在其下部有强大的温跃层存在，温跃层以上是充分混合的温暖高盐的表层水，溶解氧含量高，而营养盐含量却很低，浮游生物不易繁殖，从而具有海水透明度大、水色高的特点。总之，赤道流是一支高温、高盐、高水色及透明度大的流系。

印度洋的赤道流系主要受季风控制。在赤道区域的风向以经向为主，并随季节而变化。11 月至翌年 3 月盛行东北季风，5—9 月盛行西南季风。5°S 以南，终年有一股南赤道流，赤道逆流终年存在于赤道以南。北赤道流从 11 月到翌年 3 月盛行东北季风时向西流动，其他时间受西南季风影响而向东流动，可与赤道逆流汇合在一起而难以分辨。

赤道逆流区有充沛的降水，因此相对赤道流区而言具有高温、低盐的特征。它与北赤道流之间存在着海水的辐散上升运动，把低温而高营养盐的海水向上输送，致使水质肥沃，有利于浮游生物生长，因而水色和透明度也相对降低。

2）上层西边界流、湾流和黑潮

上层西边界流是指大洋西侧沿大陆坡从低纬向高纬的流，包括太平洋的黑潮与东澳流、大西洋的湾流与巴西流及印度洋的莫桑比克流等。它们都是北、南半球主要反气旋式环流的一部分，也是北、南赤道流的延续。因此，与近岸海水相比，其具有高温、高盐、高水色和透明度大等特征。西边界流每年向高纬输送热量，约同暖气团向高纬输送的热量相等，这对高纬的海况和气候产生巨大的影响。

人们通常把由北赤道流和南赤道流跨过赤道的部分组成的、沿南美北岸的流动称为圭亚那流和小安的列斯流，经尤卡坦海峡进入墨西哥湾以后称为佛罗里达流，佛罗里达流经佛罗里达海峡进入大西洋后与安的列斯流汇合处视为湾流的起点。此后，它沿北美陆坡北上，约经1200 km，到哈特拉斯角(35°N附近)又离岸向东，直到45°W附近的格兰德滩以南，海流都保持在比较狭窄的水带内，行程约2500 km，此段称为湾流(也有人认为湾流起点为哈特拉斯角)。然后转向东北，横越大西洋，称为北大西洋流。佛罗里达流、湾流和北大西洋流合称为湾流流系。

湾流在海面上的宽度为100～150 km，表层最大流速可达2.5 m/s，最大流速偏于流轴左方，沿途流量不断增大，影响深度可达海底；湾流两侧有自北向南的逆流存在。湾流方向的左侧是高密的冷海水，右侧为低密而温暖的海水，其水平温度梯度高达10℃/20 km。等密线的倾斜直达2000 m以下，说明在该深度内地转流性质仍明显存在。观测表明在湾流的前进途中，绝大部分区域一直渗达海底。湾流的运动事实上处于地转平衡占优势状态。

黑潮与湾流相似，黑潮是北太平洋的一支西边界流，它是北太平洋赤道流的延续，因此仍存在着北赤道流的水文特征。在洋盆西侧，北赤道流的一支向南汇入赤道逆流，一支沿菲律宾群岛东侧北上，主流从中国台湾东侧经台湾岛和与那国岛之间的水道进入东海，沿陆坡向东北方向流动。到日本九州西南方又有一部分向北称为对马暖流，经对马海峡进入日本海。进入对马海峡之前，在济州岛南部也有一部分进入黄海，称为黄海暖流，它具有风生补偿流的特征。黑潮主干经吐噶喇海峡进入太平洋，然后沿日本列岛流向东北，在35°N附近分为两支：主干转向东流直到160°E，称为黑潮延续体；分支在40°N附近与来自高纬的亲潮汇合一起转向东流汇于黑潮延续体，一起横过太平洋。

斯维尔德鲁普把从中国台湾南端开始到日本太平洋沿岸35°N附近的这一段流动称为黑潮，从35°N向东到160°E附近的流动称为黑潮续流，160°E以东为北太平洋流，三者合称黑潮流系。

黑潮与湾流相似，也是一支斜压性很强的海流，同样处在准地转平衡中。强流带宽约75～90 km，两侧水位相差1 m左右，影响深度达1000 m以下，两侧也有逆流存在，在日本南部流速最大可达1.5～2.0 m/s。东海黑潮流速一般3月最强，11月最弱。黑潮也能发生大弯曲，但与湾流有不同的特点。从20世纪30年代开始至今对其进行过多次考察，发现黑潮路径有两种可能位置：一种为明显弯曲的路径，弯曲中心在138°E，弯曲波长为500～800 km，弯曲半径为150～400 km；另一种为没有弯曲的路径。在每种情况下都能使持续稳定的流量向高纬输送。

3) 西风漂流

与南北半球盛行西风带相对应的是自西向东的强盛的西风漂流，即北太平洋流、北大西洋流和南半球的南极绕极流，它们也分别是南北半球反气旋式大环流的组成部分。其界限是：向极一侧以极地冰区为界，向赤道一侧到副热带辐聚区为止。其共同特点是：在西风漂流区内存在着明显的温度经向梯度，这一梯度明显的区域称为大洋极锋。极锋两侧的水文和气候状况具有明显差异。

（1）北大西洋流。湾流到达格兰德滩以南转向东北，横越大西洋，称为北大西洋流。它在50°N、30°W附近与许多逆流相混合，形成许多分支，已不具有明显的界限。在欧洲沿岸附近分为三支：中支进入挪威海，称为挪威流；南支沿欧洲海岸向南，称为加那利流，再向南与北赤道流汇合，构成了北大西洋气旋式大环流；北支流向冰岛南方海域，称为伊尔明格流，它与东、西格陵兰流及北美沿岸南下的拉布拉多流构成了北大西洋高纬海区的气旋式小环流。北大西洋流将大量的高温、高盐海水带入北冰洋，对北冰洋的海洋水文状况影响深远，同时对北欧的气候状况也有巨大的影响。

（2）北太平洋流。黑潮延续体的延续，在北美沿岸附近分为两支：向南一支称为加利福尼亚流，汇于北赤道流，构成了北太平洋反气旋式大环流；向北一支称为阿拉斯加流，与阿留申流汇合，连同亚洲沿岸南下的亲潮共同构成了北太平洋高纬海区的气旋式小环流。

（3）南极绕极流。南半球的西风漂流环绕整个南极大陆（应当指出南极绕极流是一支自表至底、自西向东的强大流动，其上部是漂流，而下部的流动为地转流）。南极锋位于其中，在大西洋与印度洋平均位置为50°S，在太平洋位于60°S。风场分布不均匀造成了来自南极海区的低温、低盐、高溶解氧的表层海水在极锋的向极一侧辐聚下沉，此处称为南极辐聚带。极锋两侧不仅海水特性不同，而且气候也有明显差异。南侧常年为干冷的极地气团盘踞，海面热平衡几乎全年为负值，海面为浮冰所覆盖；北侧冬夏分别为极地气团与温带海洋气团轮流控制，季节性明显，故称极锋南部为极地海区，北部至副热带海区为亚南极海区。南极绕极流在太平洋东岸的向北分支称为秘鲁流；在大西洋东岸的向北分支称为本格拉流；在印度洋的向北分支称为西澳流。它们分别在各大洋中向北汇入南赤道流，从而构成了南半球各大洋的反气旋式大环流。

在南北半球西风漂流区内，存在着频繁的气旋活动，降水量较多，气旋大风不断出现，海况恶劣，特别在南半球的冬季，风与浪更大，故有“咆哮45°”“咆哮好望角”的传称。

4）东边界流

大洋的东边界流有太平洋的加利福尼亚流、秘鲁流，大西洋的加那利流、本格拉流及印度洋的西澳流。由于它们从高纬流向低纬，因此都是寒流，同时都处在大洋东边界，故称东边界流。与西边界流相比，它们的流幅宽广、流速小，而且影响深度也浅。

上升流是东边界流海区的一个重要海洋水文特征。这是由于信风几乎常年沿岸吹，而且风速分布不均，即近岸风小，海面上风大，从而造成海水离岸运动所致。前已提及上升流区往往是良好的渔场。

另外，由于东边界流是来自高纬海区的寒流，其水色低、透明度小，形成大气的冷下垫面，造成其上方的大气层结稳定，有利于海雾的形成，因此干旱少雨。与西边界流区具有气候温暖、雨量充沛的特点形成明显的差异。

5）极地环流

（1）北冰洋中的环流。北冰洋内主要有从大西洋进入的挪威流及一些沿岸流。加拿大海盆中为一个巨大的反气旋式环流，它从亚洲、北美交界处的楚科奇海穿越北极到达格陵兰海，部分折向西流，部分汇入东格陵兰流，一起把大量的浮冰携带进入大西洋，估计每年 10 000 $km^3$。其他多为一些小型气旋式环流。

(2) 南极海区环流。在南极大陆边缘一个很狭窄的范围内，由于极地东风的作用，形成了一支自东向西绕南极大陆边缘的小环流，称为东风环流。它与南极绕极流之间，由于动力作用形成南极辐散带。与南极大陆之间形成海水沿陆架的辐聚下沉，此即南极大陆辐聚。这也是南极陆架区表层海水下沉的动力学原因。

极地海区的共同特点是：几乎终年或大多数时间由冰覆盖，结冰与融冰过程导致全年水温与盐度较低，形成低温低盐的表层水。

6) 副热带辐聚区

在南北半球反气旋式大环流的中间海域，流向不定，因季节变化而分别受西风漂流与赤道流的影响，一般流速甚小。由于它在反气旋式大环流中心，表层海水辐聚下沉，称为副热带辐聚区。它把大洋表层盐度最大、溶解氧含量较高的温暖表层水带到表层以下，形成次表层水。该区内的天气干燥而晴朗，风力微弱，海面比较平静。由于海水辐聚下沉，悬浮物质少，因此具有世界大洋中最高的水色和最大透明度，也是世界大洋中生产力最低的海区，故有“海洋沙漠”之称。

以上就是世界大洋表层在水平方向上的主要环流及其特征。除此之外尚有一些区域性海流。例如，瑞德(Ried, 1959)在南太平洋的赤道流中发现了一支赤道逆流，尤德(Uda, 1955)在北太平洋发现了一支副热带逆流等，但它们的持续性及其在总的大洋环流中的作用，目前尚不完全了解。

## 2.4　海洋波动

波浪是一种常见的水流运动现象，在海洋、湖泊、水库等宽广的水面上都可能发生较大的波浪。波浪理论的研究对于航运、筑港、海洋环境保护及海洋资源开发等都具有十分重要的意义。为了正确计算海上建筑物的稳定性，合理地规划、设计和建造港口与海岸工程建筑物，合理估算港湾的冲淤或海岸的变迁，合理开发波浪能量等，都必须研究波浪的运动规律。

### 2.4.1　波浪的基本性质

波浪现象的一个共同特征，就是水体的自由表面呈周期性的起伏，水质点作有规律的往复振荡运动。这种运动是由于平衡水面在受外力干扰而变成不平衡状态后，表面张力、重力或科氏力等恢复力使不平衡状态又趋向平衡而造成的。海洋中的波动可以按照干扰力、恢复力等多种方式分类。例如，按照引起波动的原因(干扰力)进行分类有：由风力引起的波浪，称为风浪；由太阳、月球及其他天体引起的波浪，称为潮汐波；由水底地震引起的波浪，称为海啸；由船舶航行引起的波浪，称为船行波等。

引起波动的最常见的因素是风。风作用下的波浪，在波峰的迎风面上，水质点的运动方向与风向一致，会加速水质点的运动；在波谷的背风面上，水质点的运动方向与风向相反，会减慢水质点的运动，所以风浪的剖面往往呈前坡缓、后坡陡的不对称形状，如图 2－11a 所示。当风停止后，由于惯性和重力的作用，波浪仍然不断地继续向前传播着。当传播到无风的海区后，这个海区也会产生波浪。这种波浪，波峰平滑、前坡与后坡大致对称，外形较规则，人们通常称它为涌浪，也叫余波，其剖面形状如图 2－11b 所示。

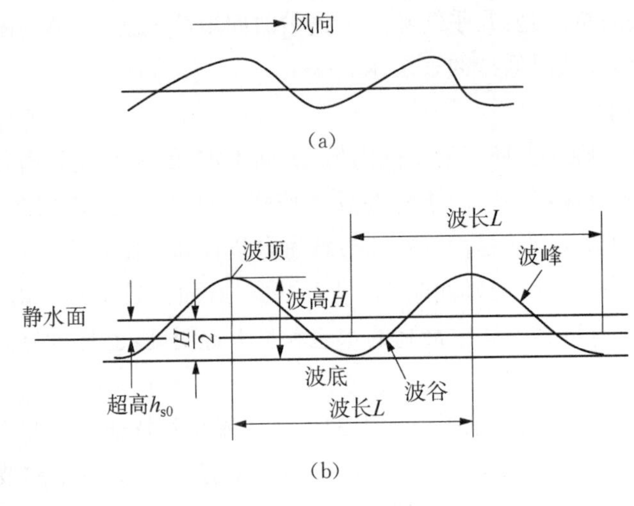


图 2－11 波浪剖面示意图

对于图 2－11b 所显示的规则波浪的剖面，可以定义以下一系列名词和参量。

(1) 波峰：波浪在静水面以上的部分；波顶：波峰的最高点。

(2) 波谷：波浪在静水面以下的部分；波底：波谷的最低点。

(3) 波高 $H$：波顶与波底之间的垂直距离。

(4) 振幅 $a$：波高的一半。

(5) 波长 $L$：两个相邻波顶(或波底)之间的水平距离。

(6) 水深 $d$：平均水面与海底的距离。

(7) 周期 $T$：波面起伏一次的时间。

(8) 波浪中线：平分波高的中线。

(9) 超高 $h_{s0}$：波浪一般具有波峰较陡、波谷较平缓的特点，波浪中线常在静水面之上，波浪中线超出静水面的高度称为超高。

(10) 波速 $c$：波浪外形向前传播的速度，等于波长除以周期，即 $c = L/T$。

(11) 波陡：波高与波长的比值 $(H/L)$。

波高、波长、波陡、波速和波浪周期是确定波浪形态的主要尺度，总称为波浪要素。

风浪具有非线性三维特征和明显的随机性，无法用流体力学方法进行描述，但是对于二维规则波浪运动，迄今已有许多不同理论来描述其运动特性。与流水运动相似，波浪的描述也包括两种方法：欧拉法和拉格朗日法。

### 2.4.2　波浪理论简介

描述简单波浪运动的理论很多，其中最著名的理论有两个：一个是艾利（Airy，1845）提出的微幅波理论；另一个是斯托克斯（Stokes，1847）提出的有限振幅波理论。微幅波理论是基本的波浪理论，它较清晰地表达出波浪的运动特性，易于应用于实践，是研究其他较复杂的波浪理论及不规则波的基础。在数学上，微幅波理论可以看作是对波浪运动进行完整的理论描述的一阶近似值。对于某些情况，用有限振幅波理论来描述波浪运动会得到更加符合实际的结果。应该提到，第一个有限振幅波理论是 Gerstner（1802）提出的，称为余摆线波理论，这一理论虽负有历史盛名，但由于它所描述的水质点运动并不符合实际观测的结果，而失去实用价值。斯托克斯提出的有限振幅波理论远较余摆线波理论优越，因而至今仍获得广泛的应用。

对于浅水区，Kortweg 和 De Vries（1895）提出了椭圆余弦波理论，它能很好地描述浅水条件下的波浪形态和运动特性。近年来许多学者根据这一理论编制出各种专门图表和计算程序，以便于应用。Rusell（1834）发现了孤立波的存在，这种波可视为椭圆余弦波的一种极限情况，在近岸浅水中，应用孤立波理论可获得满意的波浪运动的描述，因而亦被广泛应用。

随着计算机和计算技术的迅速发展，不少研究工作者提出了许多直接数值计算波理论。Dean（1965）提出了流函数波理论，这是一种类似高阶斯托克斯波理论的有限振幅非线性波理论。Reinercker 和 Fenton（1982）在流函数波理论的基础上，提出了一种傅里叶（Fourier）级数数值计算波理论，该理论不仅给出了便于工程上应用的各种波浪运动特性的表达式，而且适用于各种水深情况，对于波高较大的陡波，精度也较高。

在微幅波理论中，为了使问题简化，假设波动的振幅 $a$ 远小于波长 $L$ 或水深 $h$，将非线性的水面边界条件作了线性化处理。如果 $O\left(\frac{H}{L}\right)>10^{-2}$ 或 $O\left(\frac{H}{h}\right)>10^{-1}$，微幅波理论的误差较大。为此需要寻求更为精确的理论，这就是非线性的有限振幅波理论所要解决的问题。

有限振幅波包括斯托克斯波、椭圆余弦波和孤立波。有限振幅波的波面形状不是简单的余弦（或正弦）曲线，而是波峰较陡、波谷较坦的非对称曲线，这是由于非线性作用所致。非线性作用的重要程度取决于波高 $H$、波长 $L$ 及水深 $h$ 的相互关系，具体来说取决于 3 个特征比值，即波陡 $\delta=H/L$、相对波高 $\varepsilon=H/h$ 和相对水深 $h/L$。在深水中，影响最大的特征比值是波陡 $\delta$，$\delta$ 越大，非线性作用越大；在浅水中最重要的参数是相对波高 $\varepsilon$，相对波高愈大，非线性作用愈大。

1）线性波理论

为把复杂的波动问题线性化，假设波高和波长（或水深）相比为无限小；水质点的运动速度较缓慢，速度的平方项和其他项相比可以忽略。在这些简化下，有关的流体力学方程组都成为线性的。这种简化的波浪理论称为微幅波理论、小振幅波理论或线性波理论。

(1) 波面方程。现研究一列沿 $x$ 方向以波速 $c$ 向前传播的二维微幅波，如图 2-12 所示，$x$ 轴位于静水面上，$z$ 轴竖直向上为正。波浪在 $x-z$ 平面内运动。

其波面方程式可以表示为

$$\eta=a\cos(kx-\sigma t) \tag{2-17}$$

式中 $\eta$——波面距离静水面的高度；

$a$——波浪振幅。

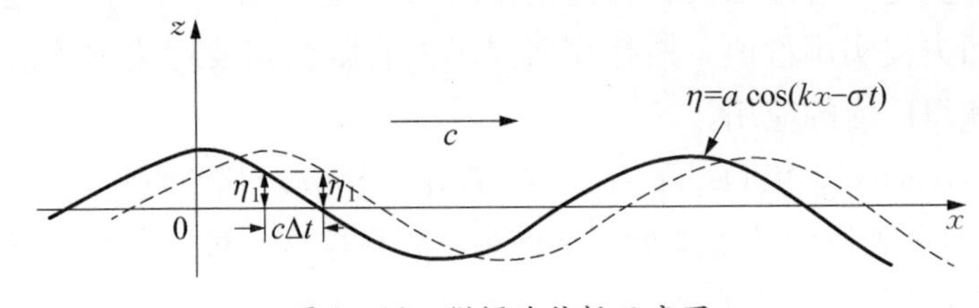


图 2-12 微幅波传播示意图

式中，波数 $k=2\pi/L$、圆频率 $\sigma=2\pi/T$，式中 $\sigma t$ 前面采用正号或负号分别表示波浪沿正 $x$ 方向或负 $x$ 方向传播。

(2) 速度势及色散关系。有限水深时微幅波势函数的表达式为

$$\varphi=\frac{ga}{\sigma}\frac{\cosh k(z+d)}{\cosh kd}\sin(kx-\sigma t)\text{ 或 }\varphi=\frac{gH}{2\sigma}\frac{\cosh k(z+d)}{\cosh kd}\sin(kx-\sigma t) \tag{2-18}$$

波速等于波长除以周期，即 $c=L/T$ 或按 $c=L/T=\sigma/k$。

因此，为了求得波速 $c$，可从分析常数 $k$ 和 $\sigma$ 的关系入手，得到

$$\sigma^2=kg\tanh kd \tag{2-19}$$

式(2-19)称为色散关系。根据 $c=L/T$ 可以得到与式(2-19)等价的波速和波长表达式

$$c=\sqrt{\frac{g}{k}\tanh kd}=\sqrt{\frac{gL}{2\pi}\tanh\frac{2\pi d}{L}}=\frac{gT}{2\pi}\tanh kd \tag{2-20}$$

$$L=\frac{gT^2}{2\pi}\tanh\frac{2\pi d}{L} \tag{2-21}$$

由式(2-20)可知，不同周期(波长)的波在传播过程中，由于波速不同将逐渐分散开来，这种现象称为波浪的色散现象，因此上述方程被称为波浪色散方程。

在深水和浅水条件下，波浪的弥散关系分别可以有近似表达式，见表 2-3。

表2-3　波浪的分类

| 相对水深 | 波浪分类 | 近似色散关系 |
|---|---|---|
| $1/2 \leqslant d/L$ | 深水波 | $c_0 = \sqrt{gL_0/2\pi} = gT/2\pi$, $L_0 = gT^2/2\pi$ |
| $1/20 < d/L < 1/2$ | 中等水深波 | 无 |
| $d/L \leqslant 1/20$ | 浅水波(长波) | $c_s = \sqrt{gd}$, $L_s = T\sqrt{gd}$ |

由表2-3中色散关系的深水和浅水近似可知，在深水情况下，波长和波速只与波周期有关，而与水深无关；在浅水情况下，波速变化只与水深有关，与波周期或波长无关。

(3) 水质点运动的速度和加速度。流体内部任一点$(x, z)$处水质点运动的水平分速$u$和垂直分速$w$分别为

$$u = \frac{\partial \phi}{\partial x} = \frac{\pi H}{T}\frac{\cosh[k(z+h)]}{\sinh(kh)}\cos(kx - \sigma t) \tag{2-22}$$

$$w = \frac{\partial \phi}{\partial z} = \frac{\pi H}{T}\frac{\sinh[k(z+h)]}{\sinh(kh)}\sin(kx - \sigma t) \tag{2-23}$$

以$z$为变量的双曲函数 cosh 和 sinh 在水面处最大，海底处最小，因此水平和垂直分速沿水深以指数函数规律而减小。当相位$\omega = kx - \sigma t = 2n\pi (n = 0, 1, 2, \cdots)$时，发生最大的正水平速度；$\omega = (2n+1)\pi$时，出现最大的负水平速度；$\omega = (2n+1/2)\pi$时，出现最大的正垂直速度；$\omega = (2n+3/2)\pi$时，出现最大的负垂直速度(图2-13)。

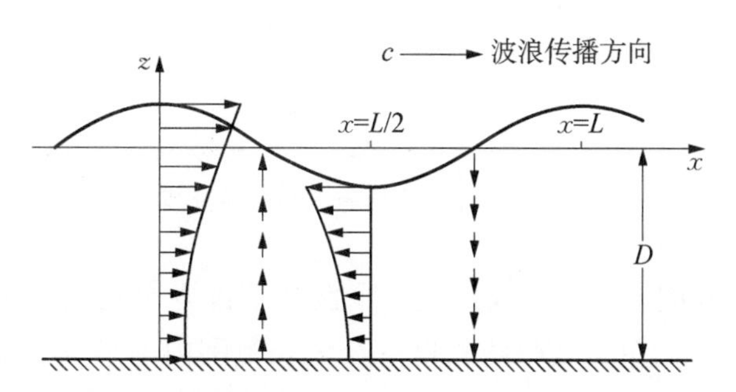


图2-13　微幅波质点运动速度在不同相位时的情况

流体内部任一点$(x, z)$处水质点运动的加速度可由下式求得

$$\frac{\mathrm{d}u}{\mathrm{d}t} = \frac{\partial u}{\partial t} + u\frac{\partial u}{\partial x} + w\frac{\partial u}{\partial z} \tag{2-24}$$

$$\frac{\mathrm{d}w}{\mathrm{d}t} = \frac{\partial w}{\partial t} + u\frac{\partial w}{\partial x} + w\frac{\partial w}{\partial z} \tag{2-25}$$

在微幅波理论中,可将流速场内由于各点速度不同而引起的加速度项,即式(2-24)和式(2-25)右边的第2、3两项略去,于是各点处水质点运动的加速度为

$$\frac{\mathrm{d}u}{\mathrm{d}t} \approx \frac{\partial u}{\partial t} = \frac{H\sigma^2}{2}\frac{\cosh[k(z+h)]}{\sinh(kh)}\sin(kx-\sigma t) \tag{2-26}$$

$$\frac{\mathrm{d}w}{\mathrm{d}t} \approx \frac{\partial w}{\partial t} = -\frac{H\sigma^2}{2}\frac{\sinh[k(z+h)]}{\sinh(kh)}\cos(kx-\sigma t) \tag{2-27}$$

(4) 波压力分布。微幅波场中任一点的波浪压力可由线性化的伯诺里方程求得,即

$$p_z = -\rho g z - \rho\frac{\partial \phi}{\partial t} \tag{2-28}$$

将式(2-18)代入式(2-28)得

$$p_z = -\rho g z + \rho g\frac{H}{2}\frac{\cosh[k(z+h)]}{\cosh(kh)}\cos(kx-\sigma t) \tag{2-29}$$

式(2-29)表明,波浪压力由两部分组成,等号右边第1项为静水压力部分,第2项为动水压力部分。波浪场静压和动压分布如图2-14所示。

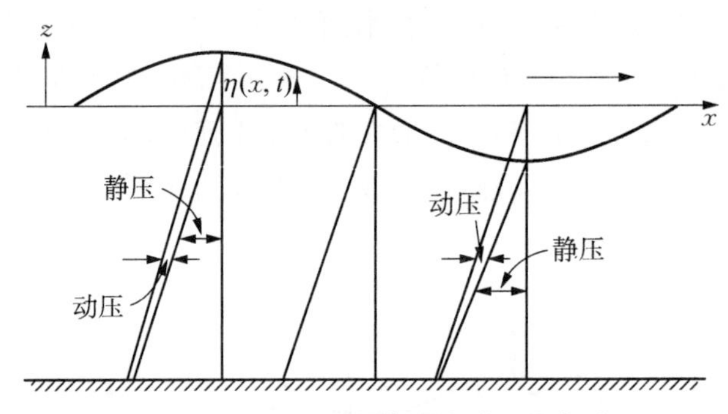


图2-14 微幅波的静压和动压分布图

(5) 波能量。微幅波单宽波峰线长度一个波长范围内平均的波浪动能和势能相等,且都等于总波能的一半。单宽波峰线长度一个波长范围内的平均总波能,即单位海面面积上的总波能为

$$E = E_{\mathrm{p}} + E_{\mathrm{k}} = \frac{1}{8}\rho g H^2 \tag{2-30}$$

表明微幅波平均总波能与波高的平方成正比,其单位为焦耳/米$^2$(J/m$^2$)。

2) 斯托克斯波浪理论

斯托克斯在1847年发表的论文把波浪运动的速度势函数用一个级数表示,然后将此级数在水面处展开使其满足非线性边界条件,得到了有限水深条件下的二阶近似解和无

限深水的三阶近似解。1880年,斯托克斯又给出了有限水深的三阶近似解和无限深水五阶近似解。本书只简单介绍斯托克斯波理论的二阶近似解。

(1) 速度势。

$$\phi=\frac{\pi H}{kT}\frac{\cosh[k(z+h)]}{\sinh(kh)}\sin(kx-\sigma t)+\frac{3}{8}\frac{\pi^2 H}{kT}\left(\frac{H}{L}\right)\frac{\cosh[2k(z+h)]}{\sinh^4(kh)}\sin 2(kx-\sigma t) \tag{2-31}$$

(2) 波面高度。

$$\eta=\frac{H}{2}\cos(kx-\sigma t)+\frac{\pi H}{8}\left(\frac{H}{L}\right)\frac{\cosh(kh)\cdot[\cos(2kh)+2]}{\sinh^3(kh)}\cos 2(kx-\sigma t)+\bar{\eta} \tag{2-32}$$

因此,斯托克斯二阶波的势函数和波面与线性波不同,分别增加了一个二阶项,但波长和波速却仍与线性波相同。

(3) 水质点速度。

$$u=\frac{\partial\phi}{\partial x}=\frac{\pi H}{T}\frac{\cosh[k(z+h)]}{\sinh(kh)}\cos(kx-\sigma t)+\frac{3}{4}\frac{\pi^2 H}{T}\left(\frac{H}{L}\right)\frac{\cosh[2k(z+h)]}{\sinh^4(kh)}\cos 2(kx-\sigma t) \tag{2-33}$$

$$w=\frac{\partial\phi}{\partial z}=\frac{\pi H}{T}\frac{\sinh[k(z+h)]}{\sinh(kh)}\sin(kx-\sigma t)+\frac{3}{4}\frac{\pi^2 H}{T}\left(\frac{H}{L}\right)\frac{\sinh[2k(z+h)]}{\sinh^4(kh)}\sin 2(kx-\sigma t) \tag{2-34}$$

3) 浅水非线性波理论

斯托克斯波不能适用水深很浅(如 $h<0.125L$)的情况,这时就应采用浅水非线性波理论。椭圆余弦波理论是最主要浅水非线性波理论之一,该理论首先由 Kortweg 和 De Vries(1895)提出,其后由 Keulegan、Patterson、Keller 和 Wiegel 等人进一步研究并使之用于工程实践。在这一理论中波浪的各特性均以雅可比椭圆函数形式给出,因此命名为椭圆余弦波理论。典型的椭圆余弦波波面曲线如图 2-15a 所示。椭圆余弦波的一个极限情况是当波长无穷大时,趋近于孤立波(Solitary wave),其波面曲线如图 2-15b 所示。当振幅很小或相对水深 $h/H$ 很大时,得到另一个椭圆余弦波的极限情况,称为浅水正弦波,其波面曲线如图 2-15c 所示。

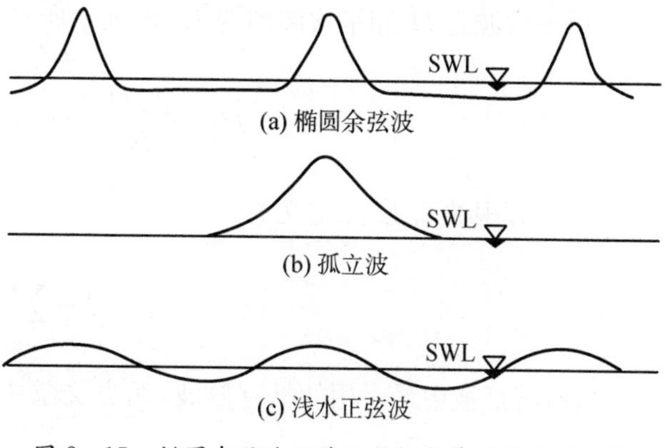


图 2-15 椭圆余弦波及其两种极限情况的波面曲线

4）随机波浪理论

前面所叙述的都是在确定性意义上的规则波理论。实际的海洋波浪则是随机的，在一定的时间及地点，波浪的出现及其大小完全是任意的，预先无法确知，这种波浪称为随机波或不规则波。以波高为例，每次观测可测得一个确定的结果，但每次观测的结果彼此是不相同的，是随时间随机变化的。这种变化必须用随机函数，也叫随机过程，加以描述。

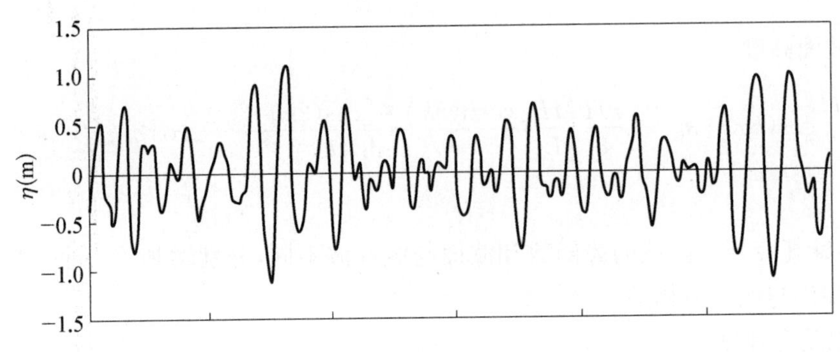


图 2－16 海面波动的时间历程

不规则波系各波高值相差很大。那么如何描述这个波系的大小呢？一般有两种方法：一是特征波法，即对波高、周期等进行统计分析，采用有某种统计特征值的波作为代表波；二是谱方法。这里只讨论前一种描述方法。

对于特征波的定义，欧美国家多采用部分大波的平均值法，俄罗斯等国采用超值累积率法，我国则两者兼用。通常采用大约连续观测的 100 个波作为一个标准段进行统计分析。

（1）按部分大波平均值定义的特征波。

① 最大波 $H_{max}$、$T_{Hmax}$：波列中波高最大的波浪。

② 十分之一大波 $H_{1/10}$、$T_{H_{1/10}}$：波列中各波浪按波高大小排列后，取前面 1/10 个波的平均波高和平均周期。

③ 有效波（三分之一大波）$H_{1/3}$、$T_{H_{1/3}}$：按波高大小次序排列后，取前面 1/3 个波的平均波高和平均周期。

④ 平均波高 $\overline{H}$ 和平均波周期 $\overline{T}$：波列中所有波高的平均值和周期的平均值。

$$\overline{H}=\frac{\sum H_i}{N},\ \overline{T}=\frac{\sum T_i}{N} \tag{2-35}$$

⑤ 均方根波高 $H_{rms}$ 定义为

$$H_{rms}=\sqrt{\frac{1}{N}\sum H_i^2} \tag{2-36}$$

这些特征波中最常用的是有效波，西方文献中泛指海浪的波高、周期时多指 $H_{1/3}$ 和 $T_{H_{1/3}}$。

(2) 按超值累积概率定义的特征波。

常用的有 $H_{1\%}$、$H_{5\%}$、$H_{13\%}$。以 $H_{1\%}$ 为例，其定义是指在波列中超过此波高的累积概率为1%。其他特征波的定义可以类推。

上述各特征值可由对实例资料进行统计分析予以确定，大波特征值和累积特征值可以相互转换，$H_{13\%}$ 约相当于 $H_{1/3}$，$H_{1/10}$ 约等于 $H_{4\%}$。

累积率波高 $H_{F\%}$ 与平均波高 $\overline{H}$ 的关系，即

$$H_{F\%}=\overline{H}\left(\frac{4}{\pi}\ln\frac{1}{F}\right)^{1/2}$$

例如

$$H_{1\%}=2.42\overline{H} \tag{2-37}$$

$$H_{5\%}=1.95\overline{H} \tag{2-38}$$

$$H_{13\%}=1.61\overline{H} \tag{2-39}$$

常用部分大波的平均波高与平均波高关系为

$$H_{1/10}=2.03\overline{H} \tag{2-40}$$

$$H_{1/3}=1.60\overline{H} \tag{2-41}$$

$$H_{rms}=1.13\overline{H} \tag{2-42}$$

## 2.5　潮汐与潮流

潮汐现象是指海水在天体(主要是月球和太阳)引潮力作用下所产生的周期性运动。白天的海面上升为潮，晚上的海面上升为汐。习惯上把海面铅直向涨落称为潮汐，而海水在水平方向的流动称为潮流。

潮汐现象是所有海洋现象中较先引起人们注意的海水运动现象，它与人类的关系非常密切。海港工程，航运交通，军事活动，渔、盐、水产业，近海环境研究与污染治理，都与潮汐现象密切相关。尤其是，永不休止的海面铅直涨落运动蕴藏着极为巨大的能量，这一能量的开发利用也引起人们的兴趣。

### 2.5.1　潮汐

1) 潮汐要素

图2-17表示潮位(即海面相对于某一基准面的铅直高度)涨落的过程曲线。图中纵坐标是潮位高度，横坐标是时间。涨潮时潮位不断增高，达到一定的高度以后，潮位短时间内不涨也不退，称之为平潮，平潮的中间时刻称为高潮时。平潮的持续时间各地有所不

同，从几分钟到几十分钟不等。平潮过后，潮位开始下降。当潮位退到最低的时候，与平潮情况类似，也发生潮位不退不涨的现象，叫做停潮，其中间时刻为低潮时。停潮过后潮位又开始上涨，如此周而复始地运动着。从低潮时到高潮时的时间间隔叫做涨潮历时，从高潮时到低潮时的时间间隔则称为落潮历时。海面上涨到最高位置时的高度叫做高潮高，下降到最低位置时的高度叫低潮高，相邻的高潮高与低潮高之差叫潮差。

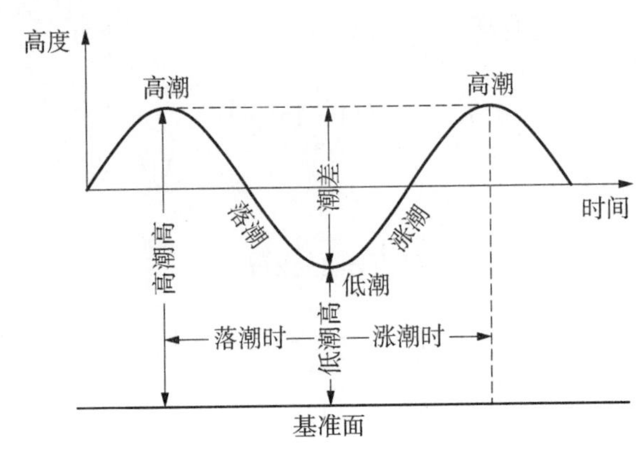


图 2-17 潮汐要素示意图

潮汐的变化周期指相邻高潮或相邻低潮的时间间隔，一般大约为半天或一天，即所谓的半日潮和日潮。海水的涨落时快时慢，高潮后，海面下降速度缓慢，到高、低潮中间附近时下降速度最快，随后又减慢，直到发生低潮。图 2-18 为同一地方在涨潮之后和落潮之后的鲜明对比。

(a) 高潮 (b) 低潮

图 2-18 不同潮位情况对比图

2）潮汐的类型

从各地的潮汐观测曲线可以看出，无论是涨、落潮时，还是潮高、潮差都呈现出周期性的变化，根据潮汐涨落的周期和潮差的情况，可以把潮汐大体分为如下的 4 种类型：

（1）正规半日潮。在一个太阴日（约 24 时 50 分）内，有两次高潮和两次低潮，从高潮到低潮和从低潮到高潮的潮差几乎相等，这类潮汐就叫做正规半日潮。

(2) 不正规半日潮。在一个朔望月中的大多数天里,每个太阴日内一般可有两次高潮和两次低潮;但有少数天(当月赤纬较大的时候),第二次高潮很小,半日潮特征就不显著,这类潮汐就叫做不正规半日潮。

(3) 正规全日潮。在一个太阴日内只有一次高潮和一次低潮,这样的一种潮汐就叫正规日潮,或称正规全日潮。

(4) 不正规全日潮。这类潮汐在一个朔望月中的大多数天里具有日潮型的特征,但有少数天(当月赤纬接近零的时候)则具有半日潮的特征。

中国沿岸潮汐系统主要是由太平洋传入的潮波引起的振动和日月引潮力形成的独立潮合成的,以前者为主,潮汐类型复杂。渤海沿岸以不正规半日潮和正规半日潮为主,辽东湾、渤海湾、莱州湾为不正规半日潮;龙口至蓬莱一带属正规半日潮,秦皇岛以东和神仙沟附近属正规全日潮,黄河口两侧为不正规全日潮。黄海沿岸基本上属于正规半日潮,威海至成山头和靖海角、连云港外为不正规半日潮。东海大陆沿岸除宁波至舟山之间海域为不正规半日潮外,其余为正规半日潮。台湾西岸从基隆至布袋为正规半日潮,其余为不正规半日潮。南海沿岸以不正规全日潮和正规全日潮为主,其中汕头至海门、珠江口至雷州半岛东部、海南东北部、南海诸岛为不正规全日潮;雷州半岛南段和广西沿海为正规全日潮。

中国海域潮差分布差异很大,总的趋势是东海最大,渤海、黄海次之,南海最小。杭州湾最大,澉浦、尖山等地在5 m以上。

在开阔海域流速也较小;河口区受径流影响流速较大。海峡常是强潮流区,流速大。长江口和杭州湾流速达2.6 m/s和3 m/s,而江苏辐射沙洲区实测最大流速为4 m/s。南海潮流流速分布较复杂,海南岛西部和琼州海峡流速达2~2.5 m/s,东南部仅0.25 m/s以下。

凡是一天之中两个潮的潮差不等,涨潮历时和落潮历时也不等,这种不规则现象称为潮汐的日不等现象。在开阔海域涨潮历时和落潮历时相差不大;在河口区受径流影响涨潮历时比落潮历时要短。高潮中比较高的一个叫高高潮,比较低的叫低高潮;低潮中比较低的叫低低潮,比较高的叫高低潮。

3) 潮汐理论

科学家们先后提出了一些潮汐理论模型用于解释和预测潮汐的形成和运动规律。这些潮汐理论主要分类两大类:一类是潮汐静力模型,另一类是潮汐动力模型。

(1) 潮汐静力模型。牛顿(Newton)于1666年提出力学三大定律后,用万有引力解释了潮汐现象,提出了潮汐中天体引潮力和重力相平衡的理论,即潮汐静力模型也称为平衡潮理论。引潮力主要包括月球和太阳对地球上海水的引力,以及地球与月球绕其公共质心旋转时所产生的惯性离心力,可表示为

$$f = GM \cdot 2r/d^3 \tag{2-43}$$

其中,引潮力 $f$ 与天体质量 $M$ 成正比,与距地心的距离 $d$ 的立方成反比;$r$ 表示地球半径。以地球、月球为一个系统来说,则地球上单位质量物体受到的月球引力和地球绕地—月系统公共质心运动的惯性离心力的向量和,就是该物体所受到的月球引潮力。潮汐静

力理论如图 2-19 所示。

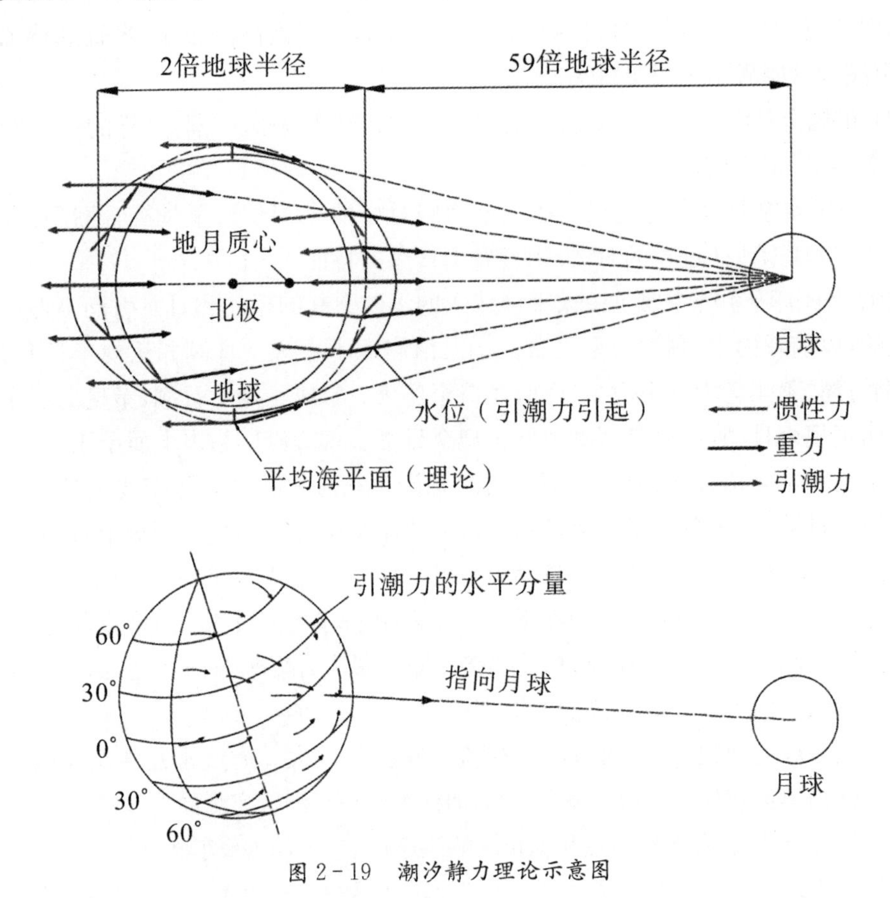


图 2-19 潮汐静力理论示意图

由于潮汐静力模型属于基本的理论模型，因此它是建立在较多科学假定基础上的。这些假定主要包括：①地球全部被均匀深度和密度的水体所覆盖；②海水是无黏流体，海底的摩阻力可以忽略，此外惯性也可以被忽略，这样在重力和引潮力作用下的任何时刻均能保持平衡状态。

基于潮汐静力模型，全球水面平衡后呈椭圆形，赤道处潮差最大，南、北两极为负值。该理论能阐明潮汐周日不等现象：赤道附近以半日潮为主，太阳日（24 h 50 min）内两次高、低潮，在±28.5°月球偏角和大于±60°纬度区域将出现日潮，即一次高、低潮。

潮汐静力模型还能阐明潮汐不等现象。当月球处于新月（阴历初一）或满月（阴历十五）时，太阳和月球的潮汐椭圆体的长轴在同一子午圈平面内，则月球引潮力和太阳引潮力相互递加，使合成的潮汐椭圆体长轴更长，短轴更短，从而形成了高潮相对最高，低潮相对最低，即一个月中海水涨落最大的现象，称为大潮。月球处于上弦（阴历初七、八）或下弦（阴历二十二、二十三）时，太阳和月球的潮汐椭圆体的长、短轴在同一子午圈平面内，因此两者的引潮力相互抵消一部分，使合成的潮汐椭圆体长轴变短，短轴变长，从而形成了高潮相对最低，低潮相对最高，即一个月中海水涨落最小的现象，称为小潮。海水的涨落变化是以半个朔望月为周期的，这种现象称为潮汐的半月不等。

平衡潮由于与实际潮汐的发生具有许多差异，因此平衡潮理论具有一定的局限性。实际潮汐与平衡潮发生差异的主要原因有：①地球表面水体运动必须满足水动力方程，这表明潮汐应以长波形式传播；②受边界和地形的影响，潮波会发生反射、共振等，导致潮差增大；③海床摩阻使潮差减小，不同的地形和岸线形态将使潮差增大或减小。在赤道上，地球表面相对于月球的线速度为 449 m/s。为使平衡潮与月球在地球表面上的移动轨迹同步，其传播速度需达到 449 m/s，由此得海洋深度需大于 20 km，但实际海洋深度小于 20 km，因此实际潮汐相对于平衡潮会有延迟现象，水体运动还受到地球自转柯氏力的影响。在北半球，柯氏力使潮流向右偏转，而在南半球则使潮流向左偏转。

(2) 潮汐动力模型。18 世纪开始，人们开始用动力学方法来探讨潮汐问题，这是目前广泛应用的理论。动力理论以水动力方程为基础，研究周期性引力作用下的强迫潮波的运动规律及海域深度和形态、柯氏力、惯性力、摩擦力等对潮波的影响。潮波运动控制方程包括动量守恒方程和连续方程。

18 世纪拉普拉斯(法国)将潮汐理论向前大大推进一步，用流体力学观点研究海洋中的潮汐，建立了描述潮汐运动的方程。潮汐动力理论基本思想是从动力学观点研究海水在引潮力作用下产生潮汐运动。此理论认为，对于海水运动，只有水平引潮力重要，垂直引潮力和重力相比非常小，因此所产生的作用只是使重力加速度产生极微小变化，故不重要。

在求解潮波动力学方程解析解过程中可进行概化处理，压力满足静压关系：

$$p = p_a + \rho g(\eta - z) \tag{2-44}$$

水平压力梯度项成为

$$-\frac{1}{\rho}\frac{\partial p}{\partial y} = -g\frac{\partial \eta}{\partial y} \tag{2-45}$$

$$-\frac{1}{\rho}\frac{\partial p}{\partial x} = -g\frac{\partial \eta}{\partial x} \tag{2-46}$$

潮波的波长或周期很大，属于长波，其振幅远小于波长，潮流运动近乎为水平流动，根据这些基本特征，我们可以对流体力学基本方程进行简化处理，得到描述潮波运动的控制方程：

$$\frac{\partial u}{\partial t} + u\frac{\partial u}{\partial x} + v\frac{\partial u}{\partial y} = -\frac{\partial \Omega}{\partial x} + 2\omega v\sin\phi - g\frac{\partial \eta}{\partial x} \tag{2-47}$$

$$\frac{\partial v}{\partial t} + u\frac{\partial v}{\partial x} + v\frac{\partial v}{\partial y} = -\frac{\partial \Omega}{\partial y} + 2\omega u\sin\phi - g\frac{\partial \eta}{\partial y} \tag{2-48}$$

强迫潮波运动方程式没有考虑摩阻力，水平速度 $u$、$v$ 在无摩阻长波运动中可认为不随深度而变。

$$\frac{\partial \eta}{\partial t}+\frac{\partial u(h+\eta)}{\partial x}+\frac{\partial v(h+\eta)}{\partial y}=0 \qquad (2-49)$$

连续方程式(2-49)有 $u$、$v$、$\eta$ 三个未知量,共有三个方程。

海洋中的潮波分为强迫潮波和自由潮波(类似前面波浪分为风浪和涌浪),在大洋中潮波以强迫潮波为主,由天体的引潮力所产生。天体运行周期各不相同,进而产生不同的引潮力,使潮汐现象也较为复杂。在浅海水域,由于水体较小,引潮力可以忽略不计。此处的潮波可近似认为是从大洋中传播过来的不受引潮力影响的自由潮波。

4) 潮汐预报

我国古代对潮汐的研究要早于欧洲人,并且古人很早就知道利用农历来推算潮汐。潮汐的发生与太阳和月亮有着直接的关系,最简单的潮汐预报就是看农历。每逢农历初一或十五(十六、十七),海边就涨大潮,农历初八或廿三,海边就涨小潮。因此,农谚中有"初一、十五涨大潮,初八、廿三到处见海滩"之说。我国劳动人民在千百年来总结出许多推算潮汐的方法,"八分算法"就是其中的一种,其公式为:

农历上半月:高潮时=(农历日期-1)×0.8+平均高潮间隙　　(2-50)

农历下半月:高潮时=(农历日期-16)×0.8+平均高潮间隙　　(2-51)

根据公式可算得某一天中的一个高潮时,对于正规半日潮海区,将其数值加减 12 h 25 min 即可得出另一个高潮时,若将其数值加减 6 h 12 min 即可得出低潮出现的时刻。

科学的潮汐预报是将潮汐观测曲线分离成许多周期不同、振幅各异的分潮(余弦曲线),这些分潮主要有太阴(月球)半日分潮、太阳半日分潮、太阴-太阳合成日分潮、太阳日分潮、浅水分潮等,这种方法成为调和分析方法。

最早采用调和法分析预报潮汐的是英国人达尔文(Darwin, 1883—1886),它在 1868 年设计了调和分析法,并在 19 世纪 70 年代发明了潮汐预报机。直至电子计算机应用于潮汐分析预报前,他给出的方法仍被许多国家所采用,他对各主要分潮的命名至今还在沿用。

我国早期采用的也是达尔文方法来预报潮汐,首先对一个月的潮汐观测资料进行人工潮汐调和分析计算,求出主要的 11 个分潮($K_1$、$O_1$、$P_1$、$Q_1$、$M_2$、$S_2$、$N_2$、$K_2$、$M_4$、$MS_4$、$M_6$)的振幅和角速度,用以潮汐预报。表 2-4 为典型的分潮及引潮分力。

表 2-4　典型的分潮及引潮分力(据 Defant, 1958)

| 类型 | 符号 | 周期(太阳时) | 振幅(cm) | 说明 |
|---|---|---|---|---|
| 半日潮 | $M_2$ | 12.42 | 100.0 | 太阴主要半日分潮 |
| | $S_2$ | 12.00 | 46.6 | 太阳主要半日分潮 |
| | $N_2$ | 12.66 | 19.1 | 太阴半日分潮 |
| | $K_2$ | 11.97 | 12.7 | 太阴-太阳半日分潮 |

（2）不正规半日潮。在一个朔望月中的大多数天里，每个太阴日内一般可有两次高潮和两次低潮；但有少数天（当月赤纬较大的时候），第二次高潮很小，半日潮特征就不显著，这类潮汐就叫做不正规半日潮。

（3）正规全日潮。在一个太阴日内只有一次高潮和一次低潮，这样的一种潮汐就叫正规日潮，或称正规全日潮。

（4）不正规全日潮。这类潮汐在一个朔望月中的大多数天里具有日潮型的特征，但有少数天（当月赤纬接近零的时候）则具有半日潮的特征。

中国沿岸潮汐系统主要是由太平洋传入的潮波引起的振动和日月引潮力形成的独立潮合成的，以前者为主，潮汐类型复杂。渤海沿岸以不正规半日潮和正规半日潮为主，辽东湾、渤海湾、莱州湾为不正规半日潮；龙口至蓬莱一带属正规半日潮，秦皇岛以东和神仙沟附近属正规全日潮，黄河口两侧为不正规全日潮。黄海沿岸基本上属于正规半日潮，威海至成山头和靖海角、连云港外为不正规半日潮。东海大陆沿岸除宁波至舟山之间海域为不正规半日潮外，其余为正规半日潮。台湾西岸从基隆至布袋为正规半日潮，其余为不正规半日潮。南海沿岸以不正规全日潮和正规全日潮为主，其中汕头至海门、珠江口至雷州半岛东部、海南东北部、南海诸岛为不正规全日潮；雷州半岛南段和广西沿海为正规全日潮。

中国海域潮差分布差异很大，总的趋势是东海最大，渤海、黄海次之，南海最小。杭州湾最大，澉浦、尖山等地在 5 m 以上。

在开阔海域流速也较小；河口区受径流影响流速较大。海峡常是强潮流区，流速大。长江口和杭州湾流速达 2.6 m/s 和 3 m/s，而江苏辐射沙洲区实测最大流速为 4 m/s。南海潮流流速分布较复杂，海南岛西部和琼州海峡流速达 2～2.5 m/s，东南部仅 0.25 m/s 以下。

凡是一天之中两个潮的潮差不等，涨潮历时和落潮历时也不等，这种不规则现象称为潮汐的日不等现象。在开阔海域涨潮历时和落潮历时相差不大；在河口区受径流影响涨潮历时比落潮历时要短。高潮中比较高的一个叫高高潮，比较低的叫低高潮；低潮中比较低的叫低低潮，比较高的叫高低潮。

3）潮汐理论

科学家们先后提出了一些潮汐理论模型用于解释和预测潮汐的形成和运动规律。这些潮汐理论主要分类两大类：一类是潮汐静力模型，另一类是潮汐动力模型。

（1）潮汐静力模型。牛顿(Newton)于 1666 年提出力学三大定律后，用万有引力解释了潮汐现象，提出了潮汐中天体引潮力和重力相平衡的理论，即潮汐静力模型也称为平衡潮理论。引潮力主要包括月球和太阳对地球上海水的引力，以及地球与月球绕其公共质心旋转时所产生的惯性离心力，可表示为

$$f = GM \cdot 2r/d^3 \tag{2-43}$$

其中，引潮力 $f$ 与天体质量 $M$ 成正比，与距地心的距离 $d$ 的立方成反比；$r$ 表示地球半径。以地球、月球为一个系统来说，则地球上单位质量物体受到的月球引力和地球绕地—月系统公共质心运动的惯性离心力的向量和，就是该物体所受到的月球引潮力。潮汐静

力理论如图 2－19 所示。

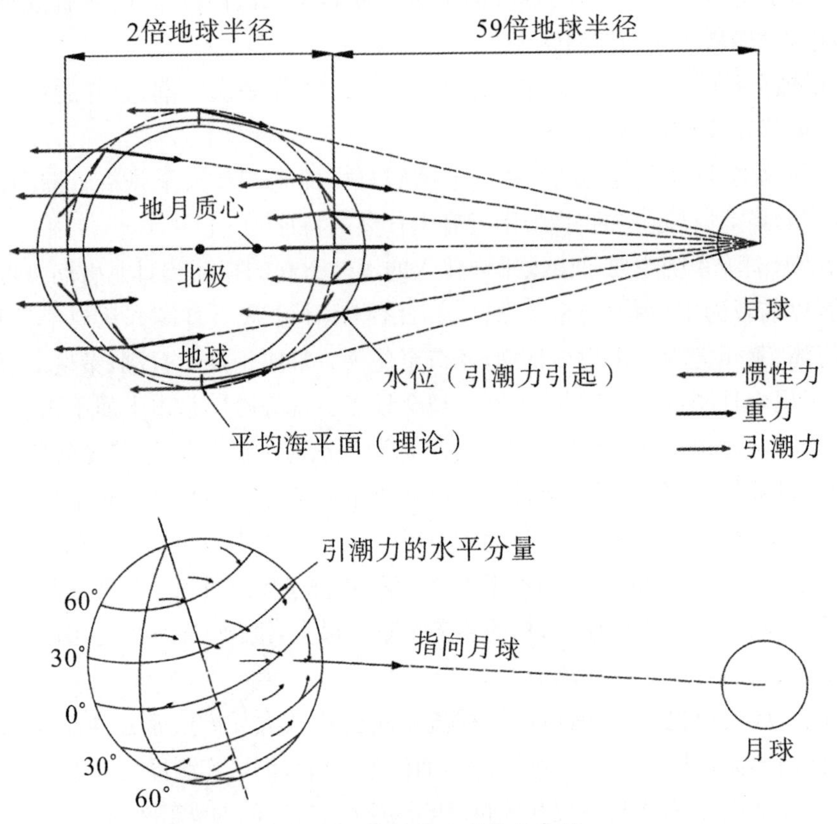


图 2－19　潮汐静力理论示意图

由于潮汐静力模型属于基本的理论模型，因此它是建立在较多科学假定基础上的。这些假定主要包括：①地球全部被均匀深度和密度的水体所覆盖；②海水是无黏流体，海底的摩阻力可以忽略，此外惯性也可以被忽略，这样在重力和引潮力作用下的任何时刻均能保持平衡状态。

基于潮汐静力模型，全球水面平衡后呈椭圆形，赤道处潮差最大，南、北两极为负值。该理论能阐明潮汐周日不等现象：赤道附近以半日潮为主，太阳日（24 h 50 min）内两次高、低潮，在±28.5°月球偏角和大于±60°纬度区域将出现日潮，即一次高、低潮。

潮汐静力模型还能阐明潮汐不等现象。当月球处于新月（阴历初一）或满月（阴历十五）时，太阳和月球的潮汐椭圆体的长轴在同一子午圈平面内，则月球引潮力和太阳引潮力相互递加，使合成的潮汐椭圆体长轴更长，短轴更短，从而形成了高潮相对最高，低潮相对最低，即一个月中海水涨落最大的现象，称为大潮。月球处于上弦（阴历初七、八）或下弦（阴历二十二、二十三）时，太阳和月球的潮汐椭圆体的长、短轴在同一子午圈平面内，因此两者的引潮力相互抵消一部分，使合成的潮汐椭圆体长轴变短，短轴变长，从而形成了高潮相对最低，低潮相对最高，即一个月中海水涨落最小的现象，称为小潮。海水的涨落

（续表）

| 类型 | 符号 | 周期（太阳时） | 振幅（cm） | 说明 |
|---|---|---|---|---|
| 全日潮 | $K_1$ | 23.93 | 58.4 | 太阴-太阳全日分潮 |
| | $O_1$ | 25.82 | 41.5 | 太阴主要全日分潮 |
| | $P_1$ | 24.07 | 19.3 | 太阳主要全日分潮 |
| 长周期潮 | $M_f$ | 327.86 | 17.2 | 月球双周分潮 |

潮汐不仅受天文因素的影响，也受其所在海区地形条件的影响，如受两岸地形的约束（波浪反射）及底床的摩阻作用而发生变形。另外，由于潮汐是一种受迫振动，当受迫振动周期与海水本身的自然振动周期相接近时，便会产生共振，反应强烈，振幅增大。而海水振动的自然周期与海区形态和深度有密切关系，故各海区对天体的引潮力反应也不同。

电子计算机的发明使潮汐学家们从计算的瓶颈下解放出来，因此产生了一系列严谨的科学分析方法，现在潮汐预报中主要用一年观测资料的分析结果来进行。现在的潮汐预报已变得非常容易，计算机可给出任意一天、一月、一年、多年的我国或世界任一地区的潮汐预报。

### 2.5.2　潮流

一个固定空间点处潮流速度随时间变化可由潮流椭圆描述。将一定周期的潮流绘成逐时旋转的矢量，连结矢量顶端形成一椭圆，称为潮流椭圆。理想的潮流椭圆如图2-20所示。

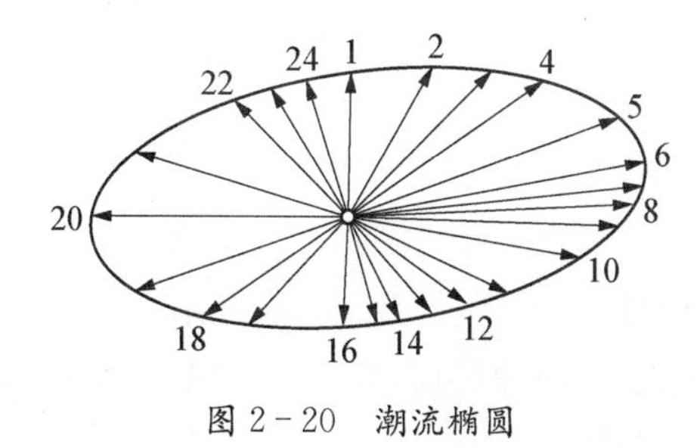


图2-20　潮流椭圆

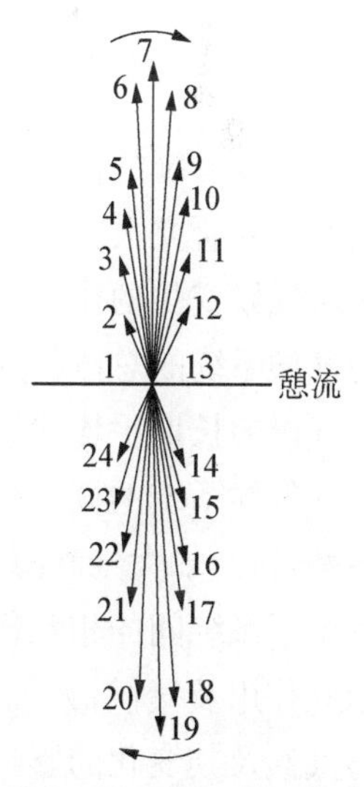


图2-21　全日潮往复流
（图中数字为时间：h）

潮流流态可分为往复流和旋转流两种：

1）往复流

水流在平面上仅表现主要沿某一轴线方向的往复运动，主要分潮椭圆率小于0.2，如图2-21所示。这种潮流多在近岸地区、河口区及狭长海峡中见到。往复流的水质点仅在潮流运动垂直剖面内摆动，最大和最小流速可以相差很大，从一个方向反转过来向另一方向流动时，将出现最小流速。当最小流速等于或接近

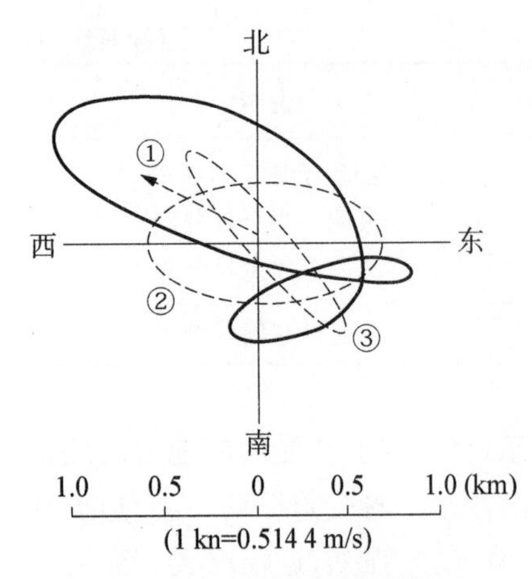

图 2-22 海流矢量示意图
(图中实线为实测海流流速矢端迹线;虚线:①为余流;②为半日周潮流;③为全日周潮流)

零时称为"转流"或"憩流"。

2) 旋转流

潮流在较宽阔海域表现为旋转流,其潮流椭圆如图 2-22 所示。中国位于北半球,方向一般为顺时针,个别因地形影响为逆时针。此时,潮流在平面图上随时间的运动方向是逐渐改变的旋转运动,这是由于地球自转效应或二个或多个波系斜交或正交干涉而造成的。这两种原因所产生旋转流的不同点在于:前者的旋转有定向性,因地球自转效应使北半球潮流沿运动方向右偏而形成顺时针的旋转流,在南半球则反之,形成逆时针的旋转流;而后者的旋转性需视不同波系的干涉情况而定,因而旋转是无定向性的。

除以上潮流流态外,潮流流态另一重要特征是存在潮流余流。潮流余流是指从实测潮流总矢量中除去净潮流(由潮流调和分析得到的部分,即线性部分)后剩下的部分。由这一确定方法可以看出,潮流余流实际上是潮流方程非线性特征导致的潮流非线性效应,类似于斯托克斯波的质量输移流。由于水底摩擦力也是非线性的,所以它对潮流余流也有重要贡献。潮流余流常是泥沙净输移和污染物扩散的重要方向。

## 2.6 海洋和大气

### 2.6.1 海洋在气候系统中的地位

气候系统的提出是气候学研究进入一个新阶段的重要标志之一。在这个意义上,人们不仅要研究大气内部过程对气候变化的影响,同时也要考虑海洋、冰雪、地表及生物状况对气候变化的作用,即把气候变化视为包括大气、海洋、冰雪圈、陆地表面和生物圈组成的气候系统的总体行为。上述各子系统之间各种物理、化学及生物过程的相互作用,决定了气候的长期平均状态及各种时间尺度的变化。

气候系统的概念可以用图 2-23 表示出来。它既包括了大气和海洋等子系统内部的各种过程,如大气和海洋环流、大气中水的相变及海洋中盐度的变化等,又更多地反映了各个子系统间的相互作用,如海-气相互作用、陆-气相互作用、冰-海相互作用、大气-冰雪相互作用及气候(大气)-生物相互作用等。越来越多的事实表明,上述各种相互作用过程对气候及其变化的影响是复杂的,也是十分重要的。

海洋在地球气候的形成和变化中的重要作用已越来越为人们所认识,它是地球气候系统最重要的组成部分。20 世纪 80 年代的研究结果清楚地表明,海洋-大气相互作用是气候变化问题的核心内容,对于几年到几十年时间尺度的气候变化及其预测,只有在充分

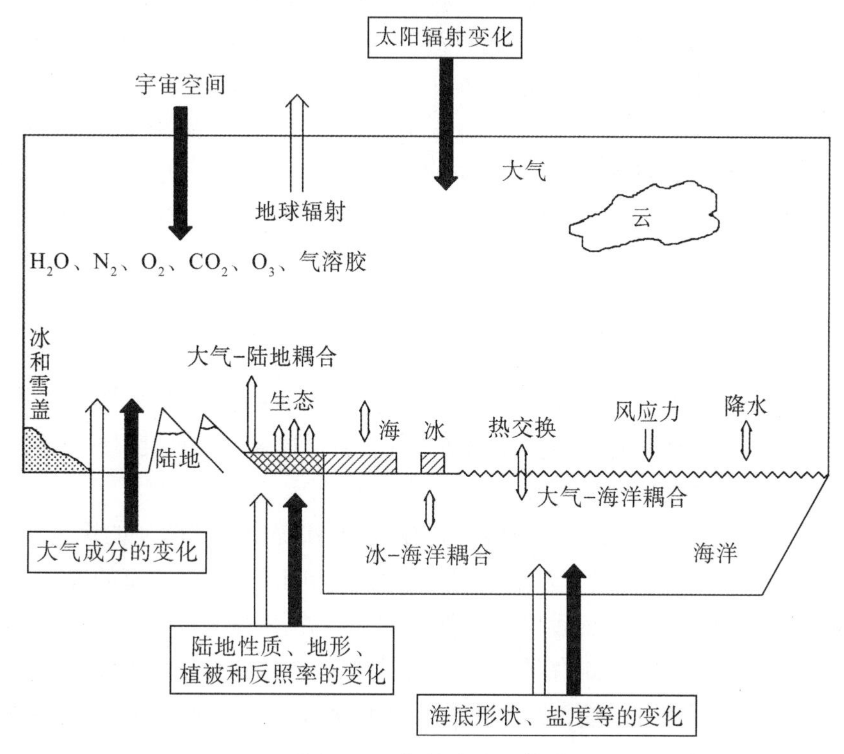


图 2-23　气候系统示意图

了解大气和海洋的耦合作用及其动力学的基础上才能得到解决。海洋在气候系统中的重要地位是由海洋自身的性质所决定的。

地球表面约71%为海洋所覆盖,全球海洋吸收的太阳辐射量约占进入地球大气顶的总太阳辐射量的70%左右。因此,海洋,尤其是热带海洋,是大气运动的重要能源;海洋有着极大的热容量,相对大气运动而言,海洋运动比较稳定,运动和变化比较缓慢;海洋是地球大气系统中$CO_2$最大的汇,储存了地球上约93%的$CO_2$。

上述三个重要性质决定了海洋对大气运动和气候变化具有不可忽视的影响。

1) 海洋对大气系统热力平衡的影响

海洋吸收约70%的太阳入射辐射,其绝大部分(85%左右)被储存在海洋表层(混合层)中。这些被储存的能量将以潜热、长波辐射和感热交换的形式输送给大气,驱动大气的运动。因此,海洋热状况的变化及海面蒸发的强弱都将对大气运动的能量产生重要影响,从而引起气候的变化。

海洋并非静止的水体,它也有各种尺度的运动,海洋环流在地球大气系统的能量输送和平衡中起着重要作用。由于地球大气系统中低纬地区获得的净辐射能多于高纬地区,因此要保持能量平衡必须有能量从低纬地区向高纬地区输送。研究表明,全球平均有近70%的经向能量输送是由大气完成的,还有30%的经向能量输送要由海洋来承担。而且在不同的纬度带,大气和海洋各自输送能量的相对值也不同,在0°～30°N的低纬度区域,海洋输送的能量超过大气的输送，最大值在20°N附近，海洋的输送在那里达到了74%，但在30°N以北的区域，大气输送的能量超过海洋的输送，在50°N附近有最强的大气输送。这样，对地球大气系统的热量平衡来讲，在中低纬度主要由海洋环流把低纬度的多余热量向较高纬度输送；在中纬度的50°N附近，因有西部边界流的输送，通过海气间的强烈热交换，海洋把相当多的热量输送给大气，再由大气环流以特定形式将能量向更高纬度输送。因此，如果海洋对热量的经向输送发生异常，必将对全球气候变化产生重要影响。

2）海洋对水汽循环的影响

大气中的水汽含量及其变化既是气候变化的表征之一，又会对气候产生重要影响。大气中水汽量的绝大部分(86%)由海洋供给，尤其低纬度海洋，是大气中水汽的主要源地。因此，不同的海洋状况通过蒸发和凝结过程将会对气候及其变化产生影响。

3）海洋对大气运动的调谐作用

因海洋的热力学和动力学惯性使然，海洋的运动和变化具有明显的缓慢性和持续性。海洋的这一特征一方面使海洋有较强的“记忆”能力，可以把大气环流的变化通过海气相互作用将信息储存于海洋中，然后再对大气运动产生作用；另一方面，海洋的热惯性使得海洋状况的变化有滞后效应，如海洋对太阳辐射季节变化的响应要比陆地落后1个月左右；通过海气耦合作用还可以使较高频率的大气变化(扰动)减频，导致大气中较高频变化转化成为较低频的变化。

4）海洋对温室效应的缓解作用

海洋，尤其是海洋环流，不仅减小了低纬大气的增热，使高纬大气加热，降水量亦发生相应的改变，而且由于海洋环流对热量的向极输送所引起的大气环流的变化，还使得大气对某些因素变化的敏感性降低。例如，大气中$CO_2$含量增加的气候(温室)效应就因海洋的存在而被减弱。

### 2.6.2 海洋-大气相互作用的基本特征

海洋和大气同属地球流体，它们的运动规律有相当类似之处；同时，它们又是相互联系相互影响的，尤其是海洋和大气都是气候系统的成员，大尺度海气耦合相互作用对气候的形成和变化都有重要影响。因此，近代气候研究必须考虑海洋的存在及海气相互作用。

在相互制约的大气海洋系统中，海洋主要通过向大气输送热量，尤其是提供潜热，来影响大气运动；大气主要通过风应力向海洋提供动量，改变洋流及重新分配海洋的热含量。因此，可以简单地认为，在大尺度海气相互作用中，海洋对大气的作用主要是热力的，而大气对海洋的作用主要是动力的。

1）海洋对大气的热力作用

大气和海洋运动的原动力都来自太阳辐射能。由于海水反射率比较小，吸收到的太阳短波辐射能较多，而且海面上空湿度一般较大，海洋上空的净长波辐射损失又不大，因此海洋就有比较大的净辐射收入。热带地区海洋面积最大，因此热带海洋在热量储存方面具有更重要的地位。通过热力强迫,在驱动地球大气系统的运动方面,海洋,特别是热带海洋,就成了极为重要的能量源地。

人们通过一些观测研究已经发现,海洋热状况改变对大气环流及气候的影响,在几个关键海区尤为重要:其一是厄尔尼诺(El Niño)事件发生的赤道东太平洋海区;其二是海温最高的赤道西太平洋"暖池"区;另外,东北太平洋海区及北大西洋海区的热状况也被分别认为对北美和欧洲的天气气候变化有着明显的影响。

海洋向大气提供的热量有潜热和感热两种,但主要是通过蒸发过程提供潜热。潜热是指在温度保持不变的条件下,物质在从某一个相转变为另一个相的相变过程中所吸入或放出的热量。感热输送是指因湍流运动引起的热量输送。既然是"潜"热,就不同于"显"热,它须有水汽的相变过程才能释放出潜热,对大气运动产生影响。要出现水汽相变而释放潜热,就要求水汽辐合上升而凝结,亦即必须有相应的大气环流条件。因此,海洋对大气的加热作用往往并不直接发生在最大蒸发区的上空。

大洋环流既影响海洋热含量的分布,也影响到海洋向大气的热量输送过程。低纬度海洋获得了较多的太阳辐射能,通过大洋环流可将其中一部分输送到中高纬度海洋,然后再提供给大气。因此,海洋向大气提供热量一般更具有全球尺度特征。

2) 大气对海洋的风应力强迫

大气对海洋的影响是风应力的动力作用。大洋表层环流的显著特点:一是在北半球大洋环流为顺时针方向,在南半球则为逆时针方向。南北半球太平洋环流的反向特征极其清楚;另一个重要特征,即所谓"西向强化",最典型的是西北太平洋和北大西洋的西部海域,那里流线密集、流速较大,而大洋的其余部分海区,流线较疏、流速较小。上述大洋环流的主要特征,与风应力强迫有密切的联系。

风应力的全球分布与大洋表层环流的基本特征有很好的相关性。至于"西向强化",科氏力随纬度的变化是其根本原因。因为风应力使海水产生涡度,一般它可以由摩擦力来抵消。当科氏参数随纬度变化时,在大洋的西边就需要有较强的摩擦力以抵消那里的涡度。然而,产生较强摩擦力的前提就是那里要有较大的流速。

3) 海洋混合层

海一气通量变化过程和风浪搅拌作用使海洋近表层产生厚度一定、水温均一的水层,被称为海洋混合层。无论从海气相互作用来讲,还是就海洋动力过程而言,海洋上混合层的地位都是十分重要的。因为海气相互作用正是通过大气和海洋混合层间热量、动量和质量的直接交换而发生的。对于长期天气和气候的变化问题,都需要知道大气底部边界的情况,尤其是海面温度及海表热量平衡,这就需要知道海洋混合层的情况。海洋混合层的辐合、辐散过程通过 Ekman 抽吸效应会影响深层海洋环流;而深层海洋对大气运动(气候)的影响,又要通过改变混合层的状况来实现;另外,太阳辐射能也是通过影响混合层而成为驱动整个海洋运动的重要原动力。在研究海气相互作用及涉及海气耦合模式的时候都必须考虑海洋混合层。有时为简单起见,甚至可以用海洋混合层代表整层海洋的作用,于是就把这样的模式简称为"混合层"模式。

4）海气耦合

海洋和大气是密切耦合在一起的，大气运动驱动海洋运动，海洋运动导致大气底层温度不均匀，又导致大气运动，其中一个重要的作用效果就是沃克环流。

沃克环流：热带西太平洋海面温度较高，空气上升；热带东太平洋海面温度较低，空气下沉；高层西风，海面吹东风，构成沃克环流。沃克环流强时，强大的下沉气流（和干旱带）向西扩展，中太平洋降水少；沃克环流弱时，纬向环流圈收缩，中太平洋可以处在上升支控制之下，降水多。

信风作用：信风作用在洋面上，热带东太平洋表层的暖海水被吹向热带西太平洋，导致东太平洋下层冷海水上翻，所以海面温度较低。暖海水在热带西太平洋堆积的结果造成西太平洋海面温度较高。在海洋环流和信风等的共同作用下，形成了如今全球海洋表面的温度分布状态。

### 2.6.3 ENSO及其对大气环流的影响

ENSO是厄尔尼诺和南方涛动（Southern Oscillation）的合称。挪威流体动力学家皮耶克尼斯的研究发现厄尔尼诺和南方涛动有密切联系。于是通常将二者联合起来合称为“厄尔尼诺-南方涛动”简写为ENSO。众多研究表明，ENSO对大气环流及全球许多地方的天气气候异常有着重要的影响。

1）厄尔尼诺

历史上厄尔尼诺是指每年圣诞节前后，沿厄瓜多尔和秘鲁沿岸，出现一股弱的暖洋流，它代替了通常对应的冷水，引起当地海洋和气候的异常。由于是经常发生在圣诞节前后，因此，当地把这种现象称为El Niño（即西班牙语里圣婴的意思）。不过，近年来厄尔尼诺的名称已倾向于用来指一种更大尺度的海洋异常现象，它不是每年，而是3～7年发生一次。厄尔尼诺现象发生时，整个赤道东太平洋表现出振幅达几摄氏度的增暖。同时，与赤道海表水温的变化相联系，大气环流也发生很大的异常。

厄尔尼诺期间，赤道东太平洋持续升温，对热带大气环流的影响最为直接。热带大气环流的异常变化，也必牵动全球大气环流。大气上升运动和集中降水区主要出现在南美的亚马孙流域；以1982—1983年的厄尔尼诺事件为例，在秘鲁北部的降水量竟多达多年平均量的340倍。异常巨大的降水量使河水流量猛增，造成该地区的严重洪涝。

同上述洪涝灾害相反，大气下沉运动往往造成南亚、印度尼西亚和东南非洲的大范围干旱。因为当厄尔尼诺发生时，东南信风减弱，赤道逆流增强，暖海水输送到东太平洋，南美洲的寒流被暖流取代，如图2-24所示。在近百年的时间里，绝大多数的厄尔尼诺年里，许多地区的雨量明显偏少。以印度地区为例，在80年24次厄尔尼诺事件中，就有20年该地区的降水量低于平均值，而且最严重的干旱几乎都发生在厄尔尼诺年。

此外，还有一种现象，被称之为拉尼娜现象或称反厄尔尼诺。拉尼娜现象指赤道附近东太平洋水温反常下降的一种现象，表现为东太平洋明显变冷，同时也伴随着全球性气候混乱。拉尼娜现象发生时，不仅使沃克环流增强，也使得大洋东岸降水减少，甚至导致旱

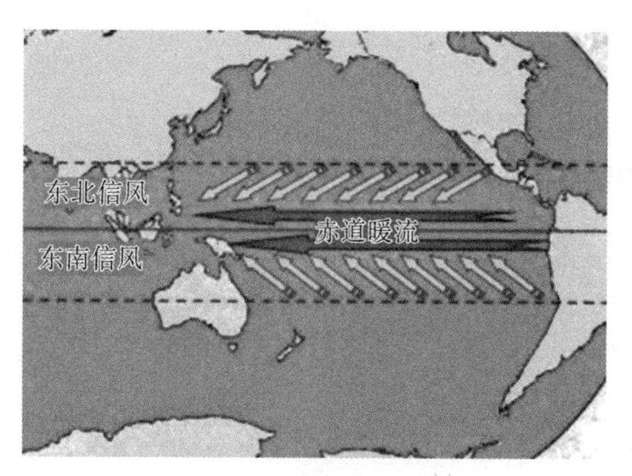

图 2-24　赤暖流示意图

灾的出现，还会使秘鲁寒流水温降低。同时，大洋西岸又会加剧洪涝的发生。同样，拉尼娜现象的出现也会导致大气环流异常，对全球气候产生重大影响。厄尔尼诺与拉尼娜之间的关系如图 2-25 所示，之所以被称为反厄尔尼诺，是因为它一般发生在厄尔尼诺现象之后，是厄尔尼诺恢复到正常状态并矫正过度的形态。拉尼娜与厄尔尼诺引起的海表温度变化相反，厄尔尼诺发生时赤道附近太平洋中东部海面温度异常升高，拉尼娜发生时赤道附近东太平洋水温反常下降。

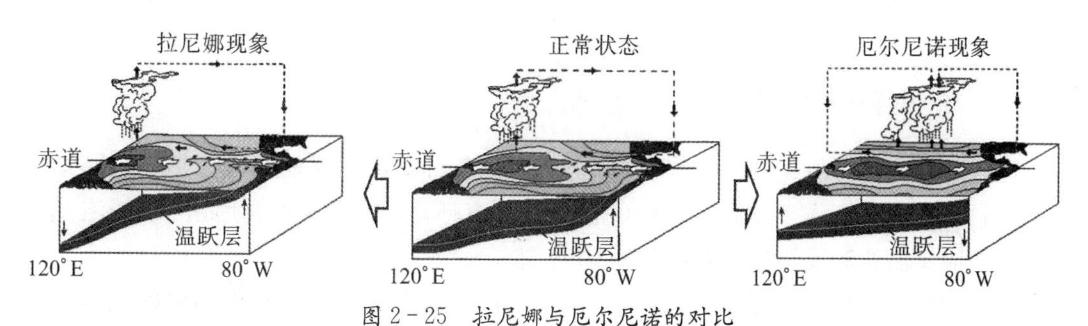

图 2-25　拉尼娜与厄尔尼诺的对比

2）南方涛动

南方涛动主要指发生在东南太平洋与印度洋及印尼地区之间的反相气压振动，即东南太平洋气压偏高时印度洋及印尼地区气压偏低，反之亦然。为了衡量南方涛动强弱，科学家选取塔希提站代表东南太平洋，选取达尔文站代表印度洋与西太平洋，应用数理统计的方法将两个测站的海平面气压差值进行处理后得到了一个指数，称为南方涛动指数。

南方涛动是一个十分重要的系统，是世界大气环流的重要组成部分。它与热带地区的气压、降水和气温等有密切联系。它可以影响中低纬大气环流变化，如沃克环流的变化与南方涛动有密切联系，南方涛动强沃克环流也强，南方涛动弱沃克环流也弱。它与热带太平洋海温变化有密切关系。

## 2.7 海洋生物

### 2.7.1 海洋生物概况

海洋是生命的摇篮。迄今为止,在海洋中发现的生物约有100多万种,包括海洋微生物、海洋植物和海洋动物。海洋微生物包括海洋病毒、海洋细菌和海洋真菌。海洋植物包括海藻和海洋种子植物。其中,海藻又分为微藻和大型藻类,大型藻类包括绿藻、轮藻、褐藻和红藻;海洋种子植物包括海草类和红树林。海洋动物具有动物界所包括的33个门中的32个门,其中15个门为海洋动物所独有。

海洋动物按生态类型主要分为浮游动物、底栖动物和游泳动物。

(1) 浮游动物:经常在水中浮游,本身不能制造有机物的异养型无脊椎动物(桡足类)和脊索动物幼体的总称,也包括阶段性浮游动物,如底栖动物的浮游幼虫和游泳动物(如鱼类)的幼仔、稚鱼等。

(2) 底栖动物:生活史的大部分时间生活于水体底部,除定居和活动生活以外,栖息的形式多为固着于岩石等坚硬的基体上和埋没于泥沙等松软的基底中。此外,还有附着于植物或其他底栖动物体表。

(3) 游泳动物:海水中能够自由游泳、快速迁徙、主动捕食或躲避敌害的种类,如箭鱼、鲸鱼。

### 2.7.2 海洋环境特点

海洋环境为海洋生物的生存提供了适宜的生存空间,同时又制约其生活、生长、繁殖及分布;另一方面,海洋生物通过多种生存策略适应环境。因此,海洋生物与环境之间是一种既适应又制约和反馈的、相辅相成的统一体。

浩瀚的海洋水体在全部深度上都有生物分布,海洋为海洋生物提供的可栖息容量比陆地大得多。海洋环境具有以下特点:

1) 阻隔效应

虽然世界各大洋都是相连的,但是由于温度、盐度和深度会形成"阻隔",使得没有一种海洋生物能在全球海洋任何区域内自由生活。

(1) 温度。海水温度随着纬度、深度和季节的变化而变化,近岸水域和岛屿周围海域的水温变化还受到陆源环境因素的影响,变化频率和温差幅度较之外海及大洋更为强烈。

水温对海洋生物是极为重要的生态限制因子,通过自然选择保留至今的每一种海洋生物对水温的适应都有特定的范围,即各有所能忍受的最低、最高和最适温度,及其生长、发育和繁殖阶段所要求的最低和最高温度。因此,水温是决定海洋生物的生存区域、物种丰度及其变动的主要环境因素。

根据海洋表层水温等温线与纬度平行分布格局,从生物地理学角度出发,可把全球海洋分为:热带(25℃)、亚热带(15℃)、温带(北半球5℃,南半球2℃)和极地寒带(<0～2℃或5℃)等四个温度带。根据各种海洋生物对温度变化的耐受限度,可分为广温性、窄温性或暖水性、温水性、冷水性等不同的生态类群。它们都被水温局限在不同的海域之内,这充分反映出温度对海洋生物时空分布的无形阻隔。

(2) 盐度。海水比陆地淡水含有更多的盐,同样出现成带和分层现象。据此,可以把海洋生物区分为窄盐性种和广盐性种两大类。前一类包括生活在外海大洋、近海潟湖,尤其是大洋深水区;后一类则主要分布在盐度变幅较大的近岸浅海、海湾及近河口区。

盐度对于海洋生物的作用主要在于影响渗透压,因为大多数海洋生物体和海水是等渗性的。虽然海洋硬骨鱼类的血液和组织里的含盐量较低(它们是低渗透压的),但它们在咽下水分与经过鳃时可主动排出盐分而调节渗透压。渗透压的剧烈变化可使生物细胞破裂或"质壁分离",损坏细胞正常结构,从而影响生物的新陈代谢,甚至危及生命。

此外,海水中存在生命所必需的全部溶解盐类——生物盐,或称生物离子。氮和磷酸盐被认为是生物的常量营养物质,这对海洋植物尤为重要。海水中生物盐浓度能直接影响海洋植物的丰度从而影响到海域的初级生产力。常量营养物质主要包括氮、磷、钾、钙、硫、镁等。此外,生物生命系统活动中还需要微量营养物质,如铁、镁、铜、锌、硼、硅、钼、氯、钒和钴等。它们中的大多数元素亦是动物所必需的。许多微量营养物质和维生素相似,对生物的生命活动过程起着催化剂作用。

常量营养物质和微量营养物质,一部分来自陆源,由江河带入海内;一部分通过生物尸体、有机物的分解及海底沉积物由水体铅直混合再带入水层而被再利用。因此,在不同海区水体内的含量分布亦是不均匀的。

(3) 深度。海水深度对生物最明显的影响是流体静压力作用和光照深度。

流体静压力每增加10 m水深约增加$1.013\,25\times10^5$ Pa。海洋最深处压力可超过$1.013\,25\times10^8$ Pa。许多动物能耐受变化范围很大的压力。一般说来,通常生活在深渊海底的生物的生命活动比较缓慢,如深海中的蛤估计需100年时间才能长到8.4 mm的长度。

光照深度随着水深的增加而呈指数下降。在清澈的海水中,25 m水深处,大部分红光被吸收,依次是橙光、黄光和绿光。在清澈的大洋区,光线透射的深度可达200 m,但这里仅有波长495 nm附近的黄光。在混浊的沿岸带水体,有效的光线透射很少能超过30 m水深。海洋水体因此形成了浅薄的透光带(层)和深厚的无光带(层)两大部分。为数极少的海洋高等植物和大量的大型多细胞藻类植物被局限在海岸带,而在辽阔无垠的大洋区,初级生产者主要是浮游植物和光合微生物等,它们生活在浅薄的透光带内,依靠光合作用生产有机物,并作为海洋食物链的基础。黑暗的无光带内由于海洋植物无法生活,显然是海洋动物和一些微生物的世界,为数众多的是肉食性动物,它们能够捕食其他动物并利用有机碎屑和生物尸体的分解提供的能量。

2) 海水运动的综合效应

海流对海洋环境有很大的影响,特别是上升流或铅直方向的海水混合,能把较冷但富有营养物质的深层海水输送到上表层，使之成为富于生产能力的海域。这些海域往往是大型渔场所在。上升流海域不仅肥育了鱼类，同时亦维持了巨大的海鸟种群，使近岸及岛屿上积了数以万吨的鸟粪。如果没有这类海流，大量的营养物质就会永久存留在洋底而再也无法利用。此外，极地上层冷水下沉，把含氧量较高的上层冷水通过深层流传送到赤道附近，从而补充了热带大洋深处的含氧量，这对深海动物的生活是至关重要的。

大陆沿岸流和大陆入海径流这两种类型的海水运动虽不如大洋环流那样气势磅礴，但它们对局部范围内海水温度、盐度、营养物质及气体和其他物理、化学环境因素的影响，尤其是对入海的陆源物质的扩散与转运，起的作用也很大。

总之，海水运动所造成的环境因素的变化是综合性的，既影响海洋生物的生态环境，又影响某一海域海洋生物的种群丰度和群落结构，并且在传布和扩展物种的生存空间方面起有重要作用。

### 2.7.3 海洋生物环境分区

海洋生物环境中对于海洋生物具有极大影响的诸多生态因素都不同程度地具有“成带”或“层化”现象，因而形成了丰富多彩的环境区域。根据海洋生物的栖居环境，海洋环境在垂向上可分为水层区（或海水区）和底层区（或底栖区），同时在水平向又可以分为若干个区带，如图 2-26 所示。

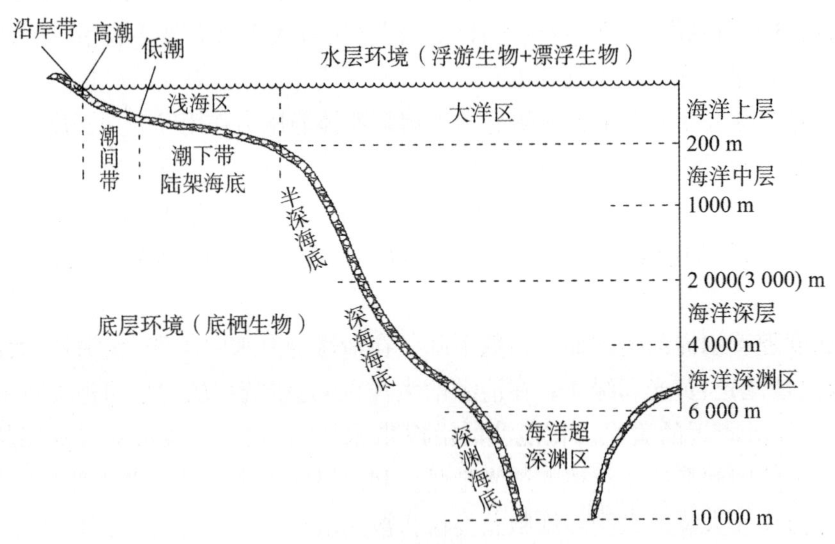


图 2-26 海洋环境生物区带示意图

1）水层区（海水区）

水层区在水平方向分为浅海区和大洋区两部分：

（1）浅海区指大陆架海域，包括潮间带和潮下带。

潮间带是指从高潮时浪花可以溅到的岸线至退潮时水面以上的地带。它是陆地与海洋之间一个狭长的过渡带。潮间带空间的大小决定于潮汐类型和潮间带海底的地形。在潮间带，水体周期性发生涨落现象，海底因此相应地被淹没或暴露在空气之中，环境分带明显，光照、温度、干旱等环境因素变化强烈。只有对上述环境因素变化具有极强适应能力的海洋生物才能在此区带内生活。潮间带具体还可划分为：潮上带是高潮时浪花能飞溅到的地带；高潮带是指由大潮高潮线至小潮高潮线之间的地；中潮带是指从小潮高潮线至小潮低潮线之间的地带；低潮带是指从小潮低潮线至基准面之间的地带。

潮下带为浅海海域。水层部分最大深度一般不超过 200 m，离岸宽度变化很大，平均为 80 km；海底地形较为平坦，坡度较小，以大陆缘为外界。

(2) 大洋区包括大陆架以外的全部海洋区域。水层部分从垂直方向可分为：海洋上层，水层深度为 0～200 m；海洋中层，水层深度为 200～1 000 m；海洋深层，水层深度为 1 000～4 000 m；海洋深渊层，水层深度为 4 000～6 000 m；海洋超深渊层，水层深度为 6 000～10 000 m。

2) 底层区(底栖区)

海底作为海洋生物生存环境，其生态效应主要取决于海底地形、底质类型和海底以上水层的深度及其所具有的理化性质。

海底地形是相当复杂的，大陆架、大陆坡、海盆、海沟、大洋中脊形态各异，条件迥异，对生物影响各不相同，特别是“海底热泉”在局部海底及其附近水域内形成一个特殊的高温区，其温度可高达 300～400 ℃，与此高温黑暗环境相适应的海洋生物群落就很特殊。它们赖以生存的生活能源并非来自必须依靠光合作用的海洋植物所产生，而是依靠硫化微生物的生产来启动生态系统的能流运转。

底质类型也是各不相同。生物遗体和有机沉积物遍布于全部海洋的海底。总的说来，底栖生物遗体之量较浮游生物多；但大陆架的外缘及孤立的海底高地上，浮游生物的遗体却构成沉积物的主体。潮间带和陆架海底沉积物中同样含有一些浮游生物的遗体、底栖生物的骨骼或外壳，局部区域会出现几乎由软体动物贝壳堆成的海底底质。深海大洋海底沉积物可能以有机物为主，也可能以无机物为主。前者称为软泥，后者称为红黏土。大洋海底沉积物的结构可分为三种主要类型：①生物遗体及有机物含量少于 30%、以无机物质为主体的红黏土；②生物遗体及有机物含量超过 30%、以浮游植物(硅藻)和含有硅质结构的浮游动物遗体及有机物为主的硅藻软泥；③由有孔虫骨骼、球房虫、颗石藻等组成的钙质软泥。

底层部分从水平方向，根据海底地形和所处深度可分为：

(1) 陆架海底，包括陆海交界的潮间带海底，并由此延伸到水深 200 m 的海底。

(2) 半深海底，与大陆缘相连接的大陆斜坡，所处水深从 200 m 急剧下降到 2 000～3 000 m。

(3) 深海海底，由大陆斜坡继续向深层倾斜，转而形成大陆隆、深海平原和洋中嵴及其特有的“热泉”海底。海底所处深度在 2 000 (3 000)～6 000 m。

(4) 深渊海底，包括部分深海平原和更深的海沟。海底所处深度在 6 000 m 以下直至

10 000 m 以上的沟底。

不同海洋生物环境孕育着不同生活习性的海洋生物物种。生活习性相近的各种海洋生物共同生活在尺度不同、具有特定生态特性的海洋环境区域内。图 2-27 给出了海洋生物环境的系统分布。在各个特定的海洋生物环境区域之间，海洋理、化诸因子通过海水运动而相互影响，生物种群之间也有相互渗透、混合、交换，从而形成了巨大的海洋生态系统。海洋生物之间则通过食物网来维持自身的生存和持续发展，同时为人类创造了丰富又宝贵的海洋生物资源。

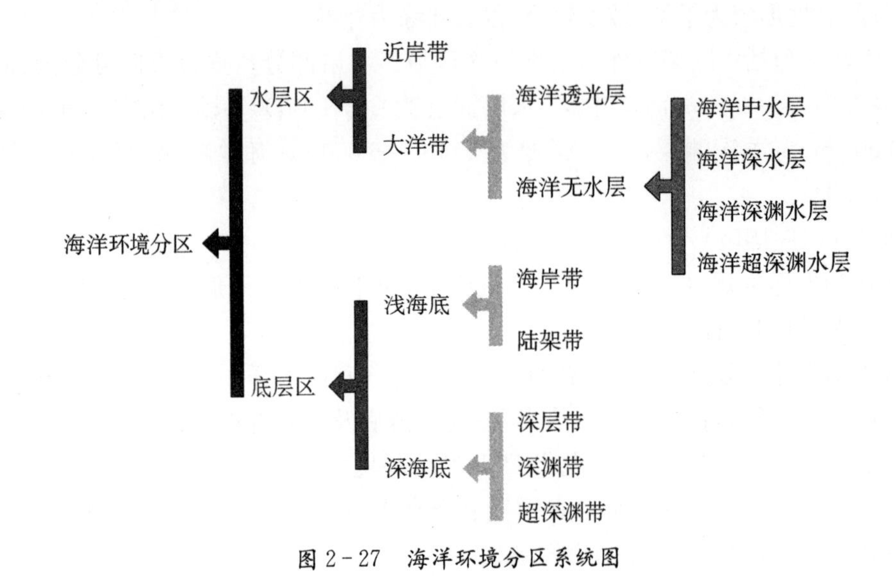


图 2-27 海洋环境分区系统图

## 思 考 题

1. 根据海洋要素特点及形态特征，可以将海洋分为哪几部分？各自有什么特点？
2. 按照岸滩的物质组成可将海岸分为哪几类，以及分布在我国的哪些地区？
3. 海流是如何形成的？有哪些常见的描述海水运动的方法？
4. 分析海流运动时需要考虑哪些力？
5. 简述波浪的形成机理。有哪些波浪要素，含义分别是什么？
6. 描述简单波浪运动的理论，以及各自适用于什么条件下的波浪。
7. 根据潮汐涨落的周期和潮差的情况，可以把潮汐大体分为哪几类？
8. 海洋如何影响大气运动和气候变化？
9. 厄尔尼诺现象对于我们生活有哪些影响？
10. 根据海洋生物的栖居环境，海洋环境在垂向上分为哪几个部分？画出简要示意图。

## 参考文献


[1] 严恺,梁其荀.海岸工程[M].北京:海洋出版社,2002.

[2] 邹志利.海岸动力学:第四版[M].北京:人民交通出版社,2009.

[3] 杨玉娣,边淑华.海岸线及其划定方法探讨[J].海洋开发与管理,2007(6):34-35.

[4] 夏东兴,段焱,吴桑云.现代海岸线划定方法研究[J].海洋学研究,2009,27(S1):28-33.

[5] 冯士筰,李凤岐,李少菁.海洋科学导论[M].北京:高等教育出版社,1999.

[6] 李磊,朱春子,王金星,等.典型厄尔尼诺、拉尼娜事件我国雨水情特征分析[J].水文,2019,39(5):91-95.

[7] 陈大可,连涛.厄尔尼诺-南方涛动研究新进展[J].科学通报,2020,65(35):4001-4003.

[8] 王林慧,史洁,高会旺.2014—2016厄尔尼诺年秘鲁上升流的变化特征及其影响因素[J].中国海洋大学学报,2020,50(7):1-9.

[9] 任宏利,郑飞,罗京佳,等.中国热带海-气相互作用与ENSO动力学及预测研究进展[J].气象学报,2020,78(3):351-369.

[10] 郑依玲,陈泽生,王海,等.2015/2016年超强厄尔尼诺事件基本特征及生成和消亡机制[J].热带海洋学报,2019,38(4):10-19.

[11] 王琳,张灿影,於维樱,等.厄尔尼诺—南方涛动(ENSO)研究的战略部署与研究热点[J].世界科技研究与发展,2019,4(1):32-43.

[12] 李冠国,范振刚.海洋生态学:第二版[M].北京:高等教育出版社,2004.

hapter 3

# 第3章 海洋气象灾害

海洋气象灾害通常指由气象因素引起的海洋灾害。我国海洋灾害所引起的损失主要由海洋气象灾害引起，因此对海洋气象灾害开展研究具有重要的意义。引发海洋气象灾害的天气系统主要包括热带气旋、温带气旋、强冷空气活动等。本章主要对我国海域出现的风暴潮、海雾及海冰等海洋灾害进行介绍。

## 3.1 风暴潮

### 3.1.1 基本概念

风暴潮是指由于剧烈的大气扰动导致的海水异常升降现象，也称风暴水、风暴海啸。风暴潮可能带来海水水位的异常升高，水位升高以后的海水随潮流等向岸传播。传播过程可视为一种特殊的波浪传播，传播到海岸以后，海水可能对岸坡产生冲蚀，并且可能进一步冲上陆地区域，形成洪灾，造成建筑物的倒塌、人员的伤亡等。

风暴潮灾害的轻重，除与风暴潮增水本身有关外，还与其他一些因素有关：①风暴潮是否遇上天文大潮的高潮，如果风暴潮与其叠加在一起，成灾的可能性就很大；②受灾地区的地理位置、海岸形状、海底地形、社会及经济情况。一般来说，位置正处于海上大风的正面袭击处、海岸呈喇叭口形状、海底地势平缓、人口密度大、经济发达的地区，所受的风暴潮灾害相对来讲要严重些。

根据风暴的性质，风暴潮通常可分为由台风引起的台风风暴潮和由温带气旋等引起的温带风暴潮两大类。前者有时也称热带气旋风暴潮，多见于夏秋季节，其特点是来势猛、速度快、强度大、破坏力强。凡是有台风影响的海洋国家、沿海地区均有台风风暴潮发生。温带风暴潮是由温带气旋等天气系统引起的，多发生于春秋季节，夏季也时有发生。其特点是增水过程比较平缓，增水高度低于台风风暴潮，主要发生在中纬度沿海地区，以欧洲北海沿岸、美国东海岸及我国北方海区沿岸为多。温带风暴潮根据其天气系统特点，又可分为冷锋配合低压或气旋型、冷锋型、温带气旋型等类别。

台风风暴潮多由诱发风暴潮的天气系统进行命名。例如，由 1980 年第 7 号强台风（国际上称为 Joe 台风）引起的风暴潮，称为“8007 台风风暴潮”（也称 Joe 风暴潮）。温带风暴潮大多以发生日期命名，如 2003 年 10 月 11 日发生的温带风暴潮称为“031011 温带风暴潮”。

### 3.1.2　风暴潮灾害的评价指标

风暴潮发生后，为了便于研究分析与进行灾害处理与决策等工作，需要了解风暴潮的强度等级、了解风暴潮灾害大小等，因此需要建立相应的评价指标对其进行评价。

风暴潮是一种自然现象，是指由于剧烈的大气扰动导致的海水异常升降现象，这种现象的发生可能会造成较大灾害。因此，风暴潮灾害评价指标是围绕风暴潮的自然属性和成灾属性建立的。从风暴潮自然属性来看，可以将风暴增水作为评价指标；从其成灾属性来看，主要以风暴潮超警戒、风暴潮灾害损失等作为评价指标。

风暴增水指风暴潮所引起的增水，它反映了风暴潮的强度。依据风暴潮过程中最大增水值，我们可以将风暴潮划分为特大、大、较大、中等和一般五个等级，分别对应Ⅰ、Ⅱ、Ⅲ、Ⅳ和Ⅴ五个级别，见表3-1。

风暴潮超警戒是指在一次风暴潮过程中最高潮位超过了当地警戒潮位，可根据超过的数值可以进行风暴潮等级划分，该指标有时也称超警戒风暴潮。根据风暴潮过程中最高潮位超过当地警戒潮位的值，可以将风暴潮划分为特大、严重、较重和一般四个级别，见表3-2。

风暴潮灾害损失等级主要是依据风暴潮过程中因灾造成的死亡失踪人数、经济损失等进行划分。根据该指标可以将风暴潮划分为特大、严重、较重和一般四个等级，分别对应Ⅰ、Ⅱ、Ⅲ、Ⅳ四个级别，见表3-3。

表3-1　风暴增水等级划分标准

| 等级 | 增水值(cm) |
|---|---|
| Ⅰ(特大) | ≥251 |
| Ⅱ(大) | 201～205 |
| Ⅲ(较大) | 151～200 |
| Ⅳ(中等) | 101～150 |
| Ⅴ(一般) | 50～100 |

表3-2　超警戒风暴潮划分标准

| 等级 | 超警戒潮位值(cm) |
|---|---|
| Ⅰ(特大) | ≥151 |
| Ⅱ(严重) | 81～150 |
| Ⅲ(较重) | 31～80 |
| Ⅳ(一般) | 0～30 |

表3-3　风暴潮灾害损失等级划分标准

| 等级 | 死亡或直接经济损失 |
|---|---|
| Ⅰ(特大) | 死亡(含失踪)>100人或损失>50亿元 |
| Ⅱ(严重) | 死亡(含失踪)31～100人或损失20～50亿元 |
| Ⅲ(较重) | 死亡(含失踪)10～30人或损失10～20亿元 |
| Ⅳ(一般) | 死亡(含失踪)10人以下或损失10亿元以下 |

需要指出的是，按照不同的目的和依据，不同学者给出的风暴潮灾害评价指标和具体标准可能是不同的。另外，风暴潮的发生不是孤立的，在沿海地区，天文潮必定和它一起影响海水水位。在河口地区，洪水、径流等因素也会影响增水值。以上这些因素共同决定了实际的水位或增水。把由风暴潮本身造成的增水叫做单纯风暴增水，而把由各种因素共同作用造成的增水叫做综合风暴增水。正是综合风暴增水的强度，而不是单纯风暴增水的强度，才对某次风暴潮灾害的大小起决定作用。因此，可以尝试以综合风暴增水来建立评价指标。

风暴潮来临前，国家会发出预警信息，做出应急预案。根据国家海洋局颁布的《风暴潮、海浪、海啸和海冰灾害应急预案》，风暴潮预警级别分为Ⅰ、Ⅱ、Ⅲ、Ⅳ四级警报，分别表示特别严重、严重、较重、一般，颜色依次为红色、橙色、黄色和蓝色。

风暴潮Ⅰ级紧急警报，也就是红色警报是指受热带气旋或温带天气系统影响，预计未来沿岸受影响区域内有一个或一个以上有代表性的验潮站将出现或超过当地警戒潮位80 cm以上的高潮位时，至少提前6 h发布风暴潮Ⅰ级紧急警报。

风暴潮Ⅱ级紧急警报，也就是橙色警报是指受热带气旋或温带天气系统影响，预计未来沿岸受影响区域内有一个或一个以上有代表性的验潮站将出现或超过当地警戒潮位30 cm以上、80 cm以下的高潮位时，至少提前6 h发布风暴潮Ⅱ级紧急警报。

风暴潮Ⅲ级警报，也就是黄色警报是指受热带气旋或温带天气系统影响，预计未来沿岸受影响区域内有一个或一个以上有代表性的验潮站将出现或超过当地警戒潮位30 cm以内的高潮位时，前者至少提前12 h发布风暴潮警报，后者至少提前6 h发布风暴潮警报。

风暴潮Ⅳ级预报，也就是蓝色警报是指受热带气旋或温带天气系统影响，预计在预报时效内，沿岸受影响区域内有一个或一个以上有代表性的验潮站将出低于当地警戒潮位30 cm的高潮位时，发布风暴潮预报。

### 3.1.3 全球风暴潮灾害概述

全球来看，美国、日本、印度、孟加拉、中国、菲律宾、英国等是风暴潮灾害多发国家。全球受热带气旋影响比较严重的地区是孟加拉湾沿岸、西北太平洋沿岸、美洲东海岸。温带气旋风暴潮在中纬度海洋国家沿海各地常见到。欧洲北海沿岸诸国、美国东海岸及中国的渤海都常有温带风暴潮出现。

历史上曾发生不少严重的风暴潮灾害。风暴潮往往伴随着狂风巨浪，导致水位暴涨、堤岸决口、农田淹没、房舍倒塌、人畜伤亡，酿成巨大的灾害。以下为《自然灾害学导论》记录的20世纪发生在孟加拉、日本、荷兰的典型风暴潮灾害情况。

在孟加拉湾沿岸，1970年11月13日发生了一次震惊世界的热带气旋风暴潮灾害。风暴增水超过6 m的风暴潮夺去了恒河三角洲一带30万人的生命，溺死牲畜50万头，使100多万人无家可归。1991年4月的又一次特大风暴潮，在有了热带气旋及风暴潮警报的情况下，仍然夺去了13万人的生命。

1959年9月26日，日本伊势湾顶的名古屋一带地区，遭受了日本历史上最严重的风暴潮灾害，其最大风暴增水曾达3.45 m，最高潮位达5.81 m。当时，伊势湾一带沿岸水位猛增，暴潮激起千层浪，汹涌地扑向堤岸，防潮海堤短时间内即被冲毁。这次风暴潮造成了5180人死亡，伤亡合计7万余人，受灾人口达150万，直接经济损失852亿日元（按当年价格统计）。

荷兰是一个低洼泽国，极易受风暴潮灾害的影响，1953年1月底一次最大的温带气旋袭击荷兰，海水内侵60多千米，死亡2000多人，60多万人流离失所，经济损失2.5亿美元。这次强风暴潮过程还侵袭了英国，使300多人丧生，北海沿岸的一些西欧国家也不同程度遭受了灾害。

美国地处中纬，也是一个频受风暴潮灾害的国家，其东海岸以及墨西哥湾沿岸，濒临大西洋，在夏秋季节多发生飓风暴潮，濒临大西洋的东北部沿岸则以冬季的温带风暴潮为主。特大飓风暴潮约每隔四五年发生一次，每次损失均高达数亿美元，1969年登陆美国的一次飓风，在密西西比的一个观测站曾记录了7.5m的潮高值，创造了美国最高风暴潮位纪录。

### 3.1.4 我国风暴潮灾害概述

我国也是易受风暴潮灾害影响的国家。1922年8月2日，一次强台风风暴潮袭击汕头地区，造成特大风暴潮灾害，据《中国风暴潮概况及其预报》记载，本次风暴潮造成有7万余人丧生，无数人流离失所，这是20世纪以来我国死亡人数最多的一次风暴潮灾害，当时台风强度超过12级，造成增水达3.5 m。1956年8月2日，正值朔望大潮期间，在浙江杭州湾引发特大风暴潮，在乍浦站测得最大增水值达4.57 m，创全球风暴潮的最大增水值记录。1990年4月5日发生在渤海的一次温带风暴潮，海水涌入内陆近30 km，为中华人民共和国成立以来渤海沿岸最大的一次潮灾。

表3-4给出了1949—2018年我国(除台湾地区)特大台风风暴潮灾害及对应损失的统计结果。20世纪70年代中期加强了风暴潮的预报警报，潮灾中人员伤亡大大减少了，但是，由于沿海地区人口和经济的迅速发展，风暴潮灾害的经济损失呈明显上升趋势。20世纪90年代中期，风暴潮的年经济损失高达几十亿元甚至上百亿元以上。风暴潮灾害不仅居我国海洋灾害之首，也已成为威胁沿海经济发展的最严重的自然灾害之一。

表3-4 我国(除台湾地区)特大台风风暴潮灾害(1949—2018年)

| 日期 | 台风号(名称) | 最大风暴潮(m) | 发生地区 | 损失情况 | |
|---|---|---|---|---|---|
| | | | | 死(伤)人数 | 经济损失 |
| 1956.08.01 | 5612 | 5.02 | 杭州湾等地区 | 4629 | 数亿元 |
| 1965.07.15 | 6508 | 2.57 | 粤西地区 | | 超亿元 |
| 1969.07.28 | 6903 | 3.02 | 汕头地区 | 1554 | 数亿元 |
| 1969.09.27 | 6911 | 2.38 | 晋江 | 7770(伤亡) | 超亿元 |

（续表）

| 日期 | 台风号（名称） | 最大风暴潮（m） | 发生地区 | 损失情况 | |
|---|---|---|---|---|---|
| | | | | 死（伤）人数 | 经济损失 |
| 1974.08.20 | 7413 | 2.56、2.24 | 杭州湾等 | 137 | 3亿元 |
| 1980.07.22 | 8007 | 5.94 | 雷州半岛 | 414 | 4亿元 |
| 1981.08.30—09.03 | 8114 | 2.18 | 浙江、上海、江苏 | 53 | 数亿元 |
| 1986.09.05 | 9616 | 3.39 | 湛江地区、海南东部 | 20 | 4.7亿元 |
| 1990.09.08 | 9018 | 2.41 | 晋江 | 110 | 12.2亿元 |
| 1992.09.16 | 9216 | 3.05 | 福建、浙江、上海、江苏、山东、河北、天津、辽宁沿海 | 280 | 92.6亿元 |
| 1994.08.20—21 | 9417 | 2.94 | 浙江、福建沿海 | 1216 | 135.2亿元 |
| 1996.07.31—08.01 | 9618 | 2.25 | 福建、浙江、上海、江苏沿海 | 124 | 83.86亿元 |
| 1996.09.09 | 9615 | 2.00 | 广东西部、广西东部沿海 | 359 | 155.58亿元 |
| 1997.08 | 9711 | 2.60 | 福建、浙江、上海、江苏、山东、河北、天津、辽宁沿海 | 254 | 267亿元 |
| 1999.08 | 9914 | 1.22 | 厦门 | 72 | 40亿元 |
| 2000.08.30 | 派比安 | | 江苏、上海、浙江沿海 | 23（1040伤） | 67亿元 |
| 2000.09.12—15 | 桑美 | | 江苏、上海、浙江沿海 | | 33亿元 |
| 2001 | 飞燕 | | 福建 | 122 | 45.2亿元 |
| 2003 | 杜鹃 | | 广东、福建 | 19 | 22.87亿元 |
| 2004 | 云娜 | 3.0 | 上海、浙江、福建 | 20（10伤） | 21.5亿元 |
| 2005 | 达维 | | 海南、广东、广西 | 21 | 121亿元 |
| 2006.08.10 | 桑美 | | 福建、浙江 | 230（96失踪） | 70.17亿元 |
| 2007.09.19 | 韦帕 | 2.28 | 浙江 | | 7.79亿元 |
| 2008.09.24 | 黑格比 | 2.7 | 广东、广西、海南 | 22（4失踪） | 132.74亿元 |
| 2009.08.09 | 莫拉克 | 2.32 | 江苏、浙江、福建 | | 32.65亿元 |
| 2010.07.22 | 灿都 | 1.96 | 广东、广西 | 5（含失踪） | 32.15亿元 |
| 2011.08.05 | 梅花 | 1.59 | 浙江、上海、江苏、山东 | | 3.1亿元 |

（续表）

| 日期 | 台风号（名称） | 最大风暴潮（m） | 发生地区 | 损失情况 | |
|---|---|---|---|---|---|
| | | | | 死（伤）人数 | 经济损失 |
| 2012.08.08 | 海葵 | 3.23 | 江苏、上海、浙江 | | 42.38 亿元 |
| 2013.09.22 | 天兔 | 3.01 | 福建、广东 | | 64.93 亿元 |
| 2014.07.18 | 威马逊 | 3.92 | 广东、广西、海南 | | 80.8 亿元 |
| 2015.10.04 | 彩虹 | 2.32 | 广东、广西、海南 | 5（含失踪） | 27.02 亿元 |
| 2016.09.13 | 莫兰蒂 | 2.88 | 江苏、浙江、福建 | | 9.19 亿元 |
| 2017.08.23 | 天鸽 | 2.79 | 广东 | 6（含失踪） | 51.54 亿元 |
| 2018.09.16 | 山竹 | 3.39 | 广西、广东、福建 | | 24.57 亿元 |

1）中国风暴潮灾害时间空间变化特征

（1）中华人民共和国成立前的情况。根据我国公元前 48 年到公元 1946 年这一漫长岁月的统计资料，分析各朝代风暴潮灾害发生的次数，在中华人民共和国成立前我国共发生了 576 次风暴潮灾害。20 世纪死亡万人以上的风暴潮灾害事件共有 5 次，最严重的是 1922 年 8 月 2 日广东汕头的特大风暴潮灾害。150 多千米的海堤被悉数冲毁，海水入侵内陆达 15 km，汕头、惠来、揭阳等多个县市受到影响。有户籍可查的，死亡 7 万余人。

（2）中华人民共和国成立后的情况。根据 1949—2007 年的统计资料，共发生黄色以上级别的台风风暴潮 217 次、橙色以上级别的 118 次，黄色以上级别温带风暴潮 63 次、橙色以上级别的 12 次。我国沿海风暴潮灾害的风险程度无论是中国沿海还是四大海区（渤海、黄海、东海、南海）都随时间推移而呈上升趋势，特别是进入 21 世纪以来，随着全球气候变暖，台风加强，风暴潮灾害也明显加重，东海区在四个海区中上升趋势最明显。

（3）风暴潮灾害月际变化特征。对于台风风暴潮，根据历史统计资料，我国台风生成的时间一年四季都有，但是以 7—10 月为盛季，其中 8—9 月最多，约占生成台风的 40%。登陆的台风也多集中在 7—9 月，这三个月登陆台风数量约占总数的 77.6%。从统计数据看，灾害性风暴潮的多发期基本与台风的多发期同步。

灾害性温带风暴潮的月际变化特征也非常明显。每年 4 月、10 月正值春秋过渡季节，冷暖空气频繁活跃在我国北方海域，温带气旋、强冷空气频繁发生，根据统计资料，发现 1950—2007 年达到橙色以上的灾害性温带风暴潮有 12 次，其中 3 次发生在 4 月，4 次发生在 10 月。由此可见温带风暴潮灾害的多发月为每年 4 月、10 月。

（4）风暴潮灾害空间变化特征。我国海岸线长达 18 000 km，南北纵跨温、热两带，风暴潮灾害可遍布各个沿海地区，但灾害的发生频率、严重程度都大不相同。渤、黄海沿岸由于处在纬度相对较高的地区，主要以温带风暴潮灾害为主，偶有台风风暴潮灾害发生，东南沿海则主要是台风风暴潮灾害。

全国来看，成灾率较高、灾害较严重的岸段主要集中在以下几个岸段：渤海湾至莱州湾沿岸;江苏省小洋河口至浙江省中部(包括长江口、杭州湾);福建宁德至闽江口沿岸;台湾岛;广东汕头至珠江口;雷州半岛东岸;海南岛东北部沿海。以上地区包括了天津、上海、宁波、温州、台州、福州、汕头、广州、湛江及海口等沿海大城市,特别是几大国家开发区:滨海新区、长三角、海峡西区、珠三角等,都位于风暴潮灾害严重岸段,灾害损失也可能更大。

需要指出的是,我国开展风暴潮监测、预警以来,沿海因灾死亡的人数明显下降,但经济损失随着沿海的改革开放与经济发展却越来越严重。因此,在风暴潮频发岸段应对风暴潮灾害高度警惕。

2) 我国各海区风暴潮灾害特征

(1) 渤海。渤海沿岸地区主要包括渤海湾、辽东湾、莱州湾三个湾区。

图 3-1 2003 年 10 月 11 日风暴潮影响下的天津港

渤海湾地区以温带风暴潮为主,台风风暴潮为次。另外,一份从中华人民共和国成立到 2000 年的统计资料表明,该海区发生较大和特大风暴潮 10 次,平均间隔 5.2 年。渤海湾地区风暴潮季节性强,春季是风暴潮多发季节,其次是秋季和夏季,冬季较少发生风暴潮。最后,渤海湾地区多数风暴潮都伴随着暴风而发生,其中东北大风最多,占 80%以上,如 1992 年、1997 年、2003 年特大风暴潮均出现东北大风。图 3-1 为 2003 年 10 月 11 日风暴潮影响下的天津港。

莱州湾也以温带风暴潮为主,具体来看,莱州湾风暴潮以冷锋配合气旋类型的占多数。单纯的冷锋类风暴潮主要出现在冬季,而更多的冷锋配合温带气旋类风暴潮一般发生在 4—5 月。据不完全统计,由强寒潮引起的风暴潮占 59%,温带气旋引起的占 32%,热带气旋引起的仅占 9%。莱州湾发生风暴潮的一个例子就是 2007 年 3 月 3 日发生的温带风暴潮,受北方强冷空气和黄海气旋的共同影响,莱州湾与渤海湾等地发生了一次强温带风暴潮过程。沿海增水超过 100 cm 的有 4 个验潮站,最大风暴增水发生在莱州湾羊角沟验潮站,为 202 cm;山东羊角沟、龙口和烟台验潮站超过当地警戒潮位,其中烟台验潮站超过当地警戒潮位 49 cm。

辽东湾沿岸也是以温带风暴潮为主,但平均来看,它的强度要小于渤海湾和莱州湾,灾害相对可能也要小一些。其中,2013 年 5 月 26—28 日,受黄海气旋的影响,渤海和黄海沿海出现了一次较强的温带风暴潮过程,这次风暴潮沿海最大风暴增水虽发生在山东省潍坊站,但辽宁省鲅鱼圈站、葫芦岛站和芷锚湾站等站也都出现了超过 70 cm 的增水,并超过当地警戒潮位,其中,鲅鱼圈站超过当地警戒潮位 29 cm。

(2) 黄海。黄海西岸包括山东岸段和江苏岸段,相对而言,风暴潮灾害更严重的是在江苏岸段，这是因为江苏岸段为平原海岸，地势低洼，热带风暴潮和温带风暴潮都可以对江苏沿岸产生影响。江苏沿岸台风风暴潮灾害更为突出一点，由台风引起的风暴潮潮灾平均每年出现1.3次，时间多在7—9月。2012年7月底至8月初，9号台风“苏拉”和10号台风“达维”在10 h内先后登陆我国沿海，也造成了江苏沿岸的风暴潮灾害。其中，“达维”台风风暴潮最大风暴增水178 cm，发生在江苏省连云港站。这场风暴潮过程造成江苏省房屋损毁233间，水产养殖受灾面积10.21千$hm^2$，直接经济损失5.28亿元。图3-2为台风风暴潮影响下的江苏连云港拦海大堤。

图3-2 台风风暴潮影响下的江苏连云港拦海大堤

(3) 东海。东海海区受风暴潮影响较多的岸段包括上海岸段、浙江岸段、福建岸段、台湾岸段，这些岸段多是台风风暴潮。

上海汛期常受台风等热带气旋影响，平均每年2次，多的年份可达6～7次。风暴潮重灾区主要发生在杭州湾沿岸、长江口地区和市区。上海风暴潮灾害影响大小，随着防潮设施防御能力提高而减轻，随地面下沉而加重。1921—1965年上海市区地面严重下沉，使20世纪30年代至60年代初市区出现的风暴潮灾害加重；自市区全面修筑了防汛墙，并几经加高加固后，市区风暴潮灾害又明显减轻。另外，随着长江口、黄浦江水位不断抬高，黄浦江中、上游地区灾害加重。历史上，因黄浦江中游地区地势较高，吴泾、闵行附近地区曾是上海风暴潮灾害最少发生的地区之一。但是，进入20世纪80年代以来，黄浦江水位不断突破历史纪录，上涨的潮水更容易侵犯中、上游地区，1997年11号台风时，吴泾、闵行地区成为上海又一重灾区。

浙江也是易受台风影响的省份。根据台风年鉴及热带气旋年鉴数据统计，2000年以来严重影响浙江的台风个数平均每年为3.1个，登陆浙江的台风个数平均每年为1.4个。近些年，大家比较熟悉的“云娜”“麦莎”“卡努”“桑美”等台风均造成了严重的损失。2006年第8号台风“桑美”在浙江省苍南县登陆时的中心附近最大风力有17级，当时它是20世纪50年代以来直接登陆我国大陆最强的台风。台风“桑美”造成了较大的风暴潮，浙江沿岸部分区域最大增水都超过了2.5 m，造成较大的损失。

福建的热带气旋平均每年5～6次，其中造成最大增水大于50 cm的平均每年2次。福建岸段风暴潮的发生时间多在6—10月，以7—9月最多，超过警戒水位的台风又以9月最多。2016年第17号台风“鲇鱼”在福建省泉州市惠安县沿海登陆。沿海监测到的最大风暴增水为222 cm，发生在福建省琯头站，增水超过100 cm的还有福建省白岩潭站(205 cm)、长门站(190 cm)、北茭站(124 cm)等。同时，这场台风也给浙江省带来一定影响。受风暴潮和近岸浪的共同影响，福建和浙江两地因灾直接损失8.92亿元。

台湾岛几乎每年都受到热带气旋袭击，影响时间为4—11月，以7—9月较为集中。较大的风暴潮灾主要发生在台湾西海岸和东北海岸。

(4) 南海。南海海区我国沿岸主要包括广东岸段、海南与广西岸段。

广东省位于祖国大陆的南端，濒临南海，陆域海岸线总长3 368.1 km，占全国陆域海岸线总长的1/5，是我国陆域海岸线最长的省份，沿海港湾众多，岛屿星罗棋布。特殊的地理位置和气候条件使得广东成为国内台风登陆最频繁的省份(全国平均每年登陆的台风约9.5个，广东有3.5个，占37%)，由台风引发的风暴潮灾害也最为严重。

广东岸段风暴潮灾害具有如下特征：①灾害出现频繁。风暴潮灾害几乎每年都有发生，在发生灾害的年份中，出现灾害次数少则1次，多者可达5次以上。②灾害时间跨度大。每年的4—12月里均有可能发生，时间跨度大，但7—9月三个月是发生的高峰期。③灾害的形成是综合性的。风暴潮灾害与台风关系密切，在强台风作用下，灾害往往是较大的台风浪、风暴潮及暴雨洪水、泥石流、山体滑坡等同时出现造成的综合性灾害。④由于广东省沿岸经济较发达，灾害发生后引起的损失较大。

对于海南与广西岸段，由台风引发的风暴增水大于等于30 cm的台风平均每年3.8场；风暴增水大于等于100 cm的平均每两年一场。海南岛的北部和东部是风暴潮发生最频繁、最严重的地段，灾害也最严重；南部风暴潮也很频繁，只是灾害相对较轻、较少，常常是潮、洪共同作用带来灾害；西部沿岸风暴潮不甚严重，但可能出现与风浪共同作用造成的危害。近些年的“达维”“海鸥”“威马逊”等台风都对海南广西沿岸造成一定影响。图3-3为2014年“威马逊”台风风暴潮预报结果。

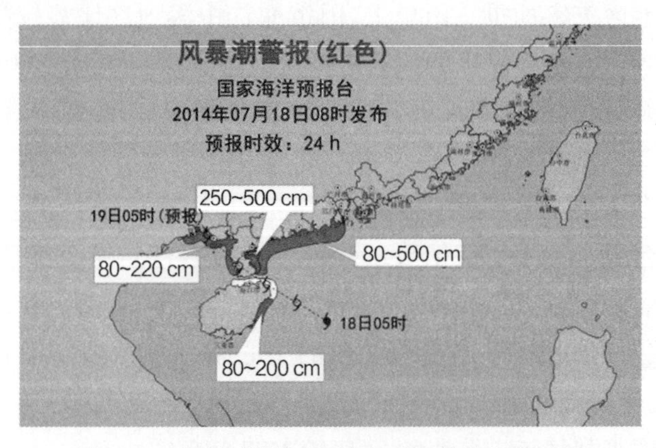


图3-3 2014年“威马逊”台风风暴潮预报结果

## 3.2 海冰

### 3.2.1 基本概念

海冰是指直接由海水冻结而成的咸水冰，广义的海冰也包括进入海洋中的大陆冰川(如冰山和冰岛)、河冰及湖冰。

海水结冰需要三个条件：一是气温比水温低，水中的热量大量散失；二是相对于淡水开始结冰时的温度，已有少量的过冷却现象；三是水中有悬浮微粒、雪花等杂质凝结核。

水开始结冰时的温度称为冰点。冰点数值的大小是与盐度有关的。淡水在4℃左右密度最大，水温降至0℃以下就会结冰。海水中由于盐度较高，结冰时所需的温度比淡水低，密度最大时的水温也低于4℃。当盐度为24.7时，海水冰点与密度最大时的水温都是约－1.33℃。当盐度为30时，海水冰点约为－1.63℃。

按冰的运动状态，海冰大致可分为流冰和固定冰。流冰，也称浮冰或漂流冰，它不与海岸、岛屿、海底等冻结在一起，在海水中漂泊不定，能随着风、海浪、海流等漂浮流动；固定冰，与海岸、岛屿、海底冻结在一起，不能随风、海浪、海流等做水平运动，但可随潮汐涨落有升降运动。

按冰的生长、发展过程与冰的厚度可分初生冰、饼冰、皮冰、板冰、灰白冰、厚冰，如图3-4所示。以下为各类海冰的基本特点：

(a) 莲叶冰　(b) 皮冰　(c) 板冰　(d) 灰白冰

图3-4　不同类型的海冰

(1) 初生冰：由海水直接冻结或在十分寒冷的海面上降雪而成。初生冰多为晶状、针状、薄片状、糊状与海绵状，无确定形状，当有初生冰存在时，海面呈暗灰色且无光泽，遇微风不起波纹，初生冰容易被波浪分裂为碎片。

(2) 饼冰：也称莲叶冰，由初生冰再冻结或皮冰破碎后磨去棱角而成，一般呈圆盘状，直径在 3 m 以下，厚度不超过 5 cm，边沿常带有卷起的白色冰瘤。

(3) 皮冰：由初生冰或饼冰在平静的海面上冻结而成，其表面光滑而湿润，呈暗灰色，面积较饼冰为大，厚度大于 5 cm，能随波浪而动，遇风浪容易破碎。

(4) 板冰：由皮冰或饼冰与皮冰混合冻结而成，其表面平坦、湿润，多呈灰色，厚度为 5～15 cm。

(5) 灰白冰：由板冰继续发展或饼冰、皮冰和板冰混合冻结而成，其表面粗糙，多呈灰白色，厚度为 15～30 cm。

(6) 厚冰：由灰白冰再加厚或因风、海浪、海流的作用，多种冰重叠冻结而成，多呈白色，形状复杂，表面凹凸不平，厚度大于 30 cm。

按冰的外形，海冰可分为平整冰、重叠冰、堆积冰，如图 3-5 所示。以下为三类海冰的基本特点：

(1) 平整冰：冰面较平整，只有冰瘤或冰块挤压冻结的痕迹。

(2) 重叠冰：冰层互相重叠，但重叠面的倾斜度不大，层次仍较分明。

(3) 堆积冰：在风、浪、流的作用下，冰块杂乱地重叠堆积在冰面上，呈直立或倾斜状态。

(a) 平整冰

(b) 重叠冰

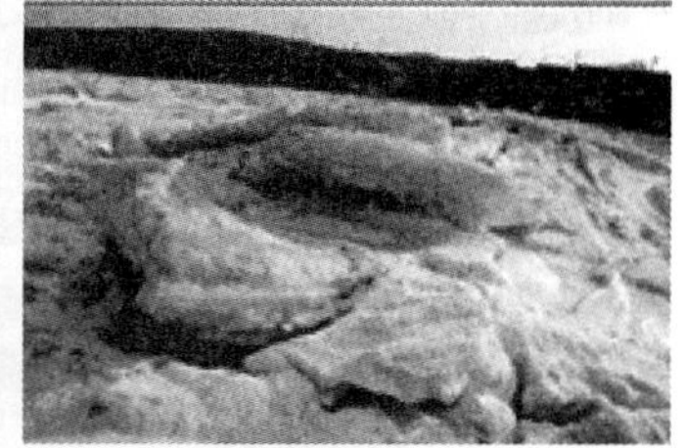
(c) 堆积冰

图 3-5 海冰按外形的分类

海冰对海洋水文要素的垂直分布、海水运动、海洋热状况及大洋底层水的形成具有重要的影响；此外，海面上海冰的存在会对船舶航运、海水养殖、港航工程、海洋工程等构成一定威胁，严重的会造成灾害，如图 3-6～图 3-8 所示。据 1971 年冬位于我国渤海湾的新“海二井”平台上观测结果计算出，一块 6 $km^2$、高度为 1.5 m 的大冰块，在流速不太大的情况下，其推力可达 4 000 t，足以推倒石油平台等海上工程建筑物。除了海冰的推压力外，海冰形成时的膨胀也会带来破坏。经计算，海冰温度降低 1.5 ℃，1 000 m 长的海冰就能膨胀 0.45 m，所形成的膨胀压力可以使冰中的船只发生变形而破坏。此外，当海冰与海上平台等结构物冻结在一起时，受潮汐影响而产生的竖向力可能会造成地基的破坏。

图 3-6　2010 年渤海被海冰围困的船只

图 3-7　海冰对海水养殖造成影响

图 3-8　2018 年被海冰围困的锦州 9-3 石油平台

我国历史上多次出现严重冰情造成钻井平台倒塌、船舶破坏、航运中断等严重海冰灾害。1949—2000 年渤、黄海共发生 11 次海冰灾害，造成巨大的经济损失。最严重的一次是 1969 年 1 月下旬至 3 月中旬，整个渤海几乎全部被海冰所覆盖，这次冰封估计造成直接经济损失上亿元，间接经济损失数亿元。类似于1969年的严重冰情还有1957年和1977年。即使1996—1998年的偏轻冰年，局部地区也因海冰灾害出现沉船事故。受气候变暖的影响，海冰冰情总体有降低的趋势，同时我国海冰冰情呈现约10年的准周期性特征，且近年来极端天气气候事件的频次和强度不断增加，海冰灾害造成的影响进一步加重。据统计，仅2009年冬季，我国因海冰造成的直接经济损失就高达63.18亿元，2010—2017年由海冰灾害造成的直接经济损失高达77亿元，其中辽宁、山东两省受海冰灾害影响较为严重。因此，我国未来要进一步重视海冰灾害，增强防灾减灾能力建设，减轻灾害损失。

海面出现海冰后，需要对海面结冰范围、厚度等进行统计，并对可能的灾害进行评估。2010年国家海洋环境预报中心编制了《海冰冰情等级标准》，该标准结合历史海冰资料的分析，以结冰范围作为参考指标，将我国渤海和黄海北部冰情分为五个等级，即轻冰年、偏轻冰年、常冰年、偏重冰年和重冰年，分别对应1、2、3、4、5五个等级，见表3-5。例如，渤海湾结冰范围小于10海里时为1级，11～15海里时为2级。

表3-5　渤海及黄海北部海冰冰情等级划分标准　（单位：海里）

| 冰情等级 | 辽东湾 | 渤海湾 | 莱州湾 | 黄海北部 |
| --- | --- | --- | --- | --- |
| 1级 | <50 | <10 | <5 | <10 |
| 2级 | 51～60 | 11～15 | 6～10 | 11～15 |
| 3级 | 61～80 | 16～25 | 11～20 | 16～25 |
| 4级 | 81～100 | 26～35 | 21～30 | 26～30 |
| 5级 | >100 | >35 | >30 | >30 |

### 3.2.2 海冰分布规律

在世界范围内，海冰是极地和高纬度海域所特有的海洋灾害。在北半球，海冰所在的范围具有显著的季节变化特征，以3—4月最大，此后便开始缩小，到8—9月最小。北冰洋几乎终年被冰覆盖，冬季(2月)约覆盖洋面的84%，夏季(9月)覆盖率也有54%。大西洋与北冰洋畅通，在格陵兰南部及戴维斯海峡和纽芬兰的东南部都有海冰的踪迹，其中格陵兰和纽芬兰附近是北半球冰山最活跃的海区。南极洲是世界上最大的天然冰库，全球冰雪总量的90%以上储藏在这里。

我国海冰主要分布在渤海和黄海北部，如图3-9所示。冬季我国受亚洲大陆高压控制，盛行偏北大风。寒潮或强冷空气入侵时，伴随着大风、降温和降雪等过程，渤海和黄海北部近岸海域开始结冰。特别是强寒潮爆发和持续时，海冰覆盖面积迅速扩大，冰厚增加。次年春季海冰逐渐融化，直至消失。

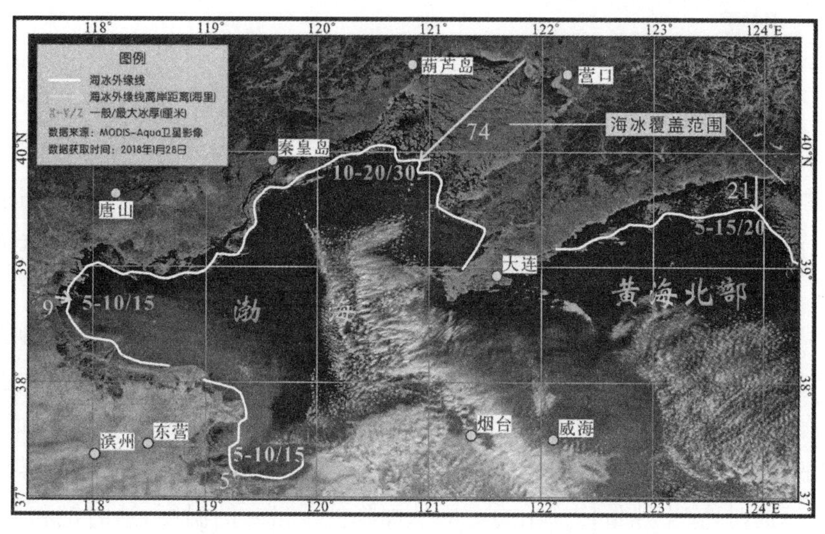


图3-9　2018年1月28日海冰覆盖范围

每年冬天海冰最早出现的日期称为初冰日，次年海冰最终消失的日期称为终冰日，其间称为结冰期或冰期。渤海和黄海北部的冰期为3～4个月，其中以辽东湾冰期最长，黄海北部和渤海湾次之，莱州湾冰期最短。每年11月中旬至12月上旬，渤海和黄海北部的海水结冰从沿岸浅水海域开始，逐渐向深海扩展。次年2月下旬至3月中旬，海冰自海里向近岸海域逐渐消失。盛冰期，渤海和黄海北部沿岸固定冰的宽度多在0.2～2 km，个别河口和浅滩区可达5～10 km。除辽东湾外，渤海和黄海北部流冰外缘线大致沿10～15 m等深线分布。

辽东湾一般东岸冰重，西岸冰轻。沿岸固定冰严重区域是葫芦岛至营口一线以北。该区一般年份的冰平均宽度为5 km左右，最大宽度在大凌河附近，宽度可达10 km以上，平均冰厚70 cm左右，最大冰厚近1 m，堆积高度可达5 m以上，如在双台子河口附近可达这个数值。

渤海湾一般地西岸和南岸冰重，北岸相对冰轻，沿岸一般年份只有少量的固定冰，宽度为0.1～0.3 km，而在个别河口、浅滩处（如曹妃甸）固定冰宽度为1.5～2.5 km、平均厚度为20 cm左右，最大冰厚为50 cm左右。

莱州湾一般年份仅在河口附近出现固定冰，沿岸大部分区域的冰堆积现象很轻，一般年份只在个别河口、浅滩处有堆积冰，高度不足1 m，最大达2 m。黄河口附近堆积严重，偏重冰年堆积高度可达1～3 m，重冰年份可达4 m以上。

一般的年份，岸边冰重，海中冰轻。在冰情特重的年份，整个渤海几乎被浮冰所盖，主要有记录的冰年有1936年、1947年、1957年、1969年、1977年等。1969年2—3月，渤海发生百年不遇的大冰封灾害，整个渤海被几十厘米至一两米，甚至几米厚的坚冰封堵了50天之久。

## 3.3 海雾

### 3.3.1 基本概念

海雾，顾名思义就是发生在海上的雾。它是在一定条件下，海上低层大气逐渐过饱和而凝结成水滴或冰晶或两者混合物，聚集在海面以上几米、几十米乃至上百米的低空，使大气水平能见度降低的海上天气现象。

海雾形成需具备一定的条件。首先，空气中需要有凝结核，如尘埃等，否则水汽无法凝结。空气达到饱和状态，并有充足的水汽输送，这样若气海温差达到一定程度，一般大于2℃，水汽就可以不断地凝结。比如，当水面温度比气温高出很多时，暖水面不断蒸发水汽，并扩散到冷空气里，使其保持过饱和状态，凝结过程不断进行，形成海雾；当暖湿气流流经过冷海面时，它把热量传递给冷海面从而降低了自身的温度，这时饱和水汽随温度降低达到过饱和状态，从而凝结。水汽凝结以后，凝结的水汽必须在低空积聚才能形成雾，这就需要凝结成的水滴或冰晶足够小，下降的速度很慢，呈现看似不动的状态。因此，有雾时一般风速都很小，风速大时雾滴很快就被吹散或蒸发掉了。

根据水平能见度的不同，雾可细分为轻雾（1～10 km）、雾（＜1 km）、浓雾（＜500 m）。

根据海雾形成过程的特征及海洋环境特点，可以将海雾分为平流雾、混合雾、辐射雾、地形雾四种。

平流雾是空气在海面水平流动时形成的雾。暖湿空气移动到冷海面上空时，底层冷却，水汽凝结形成平流冷却雾。这种雾浓度大、范围广、持续时间长，多生成于寒冷区域。我国春夏季节，东海、黄海区域的海雾多属于这一种。冷空气流经暖海面时，海水将向上面的冷空气蒸发、凝结生成的雾称为平流蒸发雾，多出现在冷季高纬度海面。

混合雾是海洋上两种温差较大且又较潮湿的空气混合后产生的雾。因风暴活动产生了湿度接近或达到饱和状态的空气，它与来自高纬度地区的冷空气混合形成冷季混合雾，与来自低纬度地区的暖空气混合则形成暖季混合雾。

夜间辐射冷却生成的雾，称为辐射雾，多出现在黎明前后，日出后逐渐消散。

海面暖湿空气在向岛屿和海岸爬升的过程中，冷却凝结而形成的雾，称为地形雾。

海雾形成后，可能对生产和生活带来不利影响。第一，由于能见度降低，海雾会影响海上航行（图3-10）。1993年5月2日清晨，我国浙江舟山群岛海域海雾缭绕，“向阳红16”号海洋科考船正在执行调查任务的航行，突然被一艘货轮撞击，机舱损坏进水，迅速沉没，损失严重。第二，海雾上陆以后，会给沿海地区交通和日常生活带来影响。第三，海雾对沿海大气可能会造成污染。一个典型的例子就是伦敦，伦敦是有名的雾都，曾经这些雾中含有二氧化硫等有毒物质，形成毒雾（图3-11），影响人的健康。第四，海雾可能会对沿海地区农业造成不利影响，如造成小麦的锈病，影响玉米的抽穗等。第五，海雾可能会造成沿海地区的输电设备绝缘层受污，高压时会被击穿，导致“雾闪”，引起输电线路短路、跳

图 3-10　被海雾萦绕的船只

图 3-11　伦敦雾

闸、掉闸等。第六，海雾会对海上及沿海军事活动带来不利的影响。

### 3.3.2　海雾分布规律

全球各海区的海雾，类型虽然很多，但其中范围大、影响严重的，主要是受冷海流影响产生的平流雾，这种雾的特点是多在春夏盛行，尤以夏季为最，雾的浓度大，持续时间长，严重的可持续 1～2 个月。在大洋高纬度区或冰山、流冰外缘水域常出现蒸发雾，这种雾的浓度小，雾层薄，多变化。

北太平洋的多雾区主要分布在大洋东西两岸附近。西岸从千岛群岛南下到日本北海道一线，为海雾最频发的区域；日本海西岸、黄海两岸、东海西岸及南海北岸等海区也属多雾区；北太平洋东岸加利福尼亚沿岸也是一个多雾区。北太平洋海雾与两岸的冷海流有关，西岸有亲潮，东岸有加利福尼亚海流，这两支冷海流所在海区，正是海雾出现最频繁的海区。南太平洋西部由于洋面广阔，海流都是暖流，不易形成海雾。东部秘鲁地区全年缺水，但受冷海流的影响，整日细雾密布，被俗称为“秘鲁甘露”，也就是秘鲁的海雾。

大西洋的海雾与太平洋的海雾有些类似，从北大西洋西部加拿大东海岸直到纽芬兰岛，在拉布拉多海流影响下，夏季盛行平流冷却雾；大不列颠群岛四周受暖流包围，冬季从海上平流过来的暖湿空气容易生成雾。挪威、西欧沿岸与冰岛之间海域常年多雾。南大西洋低纬度海区,在南非西岸本格拉海流影响下,容易产生海雾。南大西洋西部的阿根廷东岸在冷的福克兰海流的影响下,沿岸附近海区常出现雾。

两极出现雾的频率较高,位于北极圈内的格陵兰周围海面上的雾较多,每年有50～60个雾日。

对我国来说,长江口区和黄海是我国海雾发生较多的海区,尤以黄海中北部、山东半岛南部沿海海雾发生最多。

我国海雾有明显的季节变化:长江口雾季在3—6月;苏北沿海和黄海南部雾季在4—6月;山东半岛南部及黄海中部雾季在4—7月;成山头、黄海北部雾季在4—8月。

从海区来看,我国各海区海雾特征有所不同。渤海海区海雾出现较少。渤海西南部多出现在冬季,渤海北部则春季4—5月较多;渤海海峡一带发生在4—7月,7月最多,4月为次多月。黄海是我国近海海雾较多的海域,全年雾日在20～80天;其发生范围也是我国四个海域中最广的,有时整个海域都被雾所笼罩。东海海区的沿岸以3—6月雾较为集中,这四个月的有雾日一般占全年总数的70%以上,四个月当中又以4月、5月雾最多。南海北部海雾多集中在近岸海区,且春季是这个海区海雾的高发季节。海雾发生时的风多为东北风,风速大小的分布特点不明显。

## 思考题

1. 还有什么指标可以作为风暴潮的评价指标?
2. 简述渤、黄海沿岸和东南沿海风暴潮成因的不同。
3. 为什么我国开展风暴潮监测、预警后,沿海因灾死亡的人数明显下降,但经济损失却越来越严重?
4. 思考海冰如何对船舶航运、海水养殖、港航工程、海洋工程造成影响。
5. 简述海雾形成的条件。
6. 海雾是如何对大气造成污染的?

## 参考文献

[1] 许小峰,顾建峰,李永平.海洋气象灾害[M].北京:气象出版社,2009.
[2] 于福江,董剑希,许富祥,等.中国近海海洋—海洋灾害[M].北京:海洋出版社,2016.
[3] 石海莹,李孟植.2005年海南岛沿岸风暴潮特征分析[J].海洋预报,2008(3):33-39.
[4] 许富祥,韦锋余,邢闯.090415渤海黄海北部灾害性海浪风暴潮过程灾情成因分析及灾后反思[J].海洋预报,2009,26(3):38-44.
[5] 王一红,尚嗣荣.渤海湾风暴潮灾害及对策[J].灾害学,1999(3):3-5.
[6] 杜成玉,张胜平,陈连波,等.渤海湾山东岸段风暴潮灾害及预报浅析[J].海洋预报,2008(3):16-21.

[7] 冯利华. 风暴潮等级和灾情的定量表示法[J]. 海洋科学,2002(1):40-42.
[8] 王喜年. 风暴潮预报知识讲座[J]. 海洋预报,2001(1):73-78.
[9] 史键辉,王名文,王永信,等. 风暴潮和风暴灾害分级问题的探讨[J]. 海洋预报,2000(2):12-15.
[10] 陈敏,丁明云. 风暴潮灾害监测预警技术发展方向研究建议[J]. 水利水文自动化,2009(2):32-34.
[11] 许启望,谭树东. 风暴潮灾害经济损失评估方法研究[J]. 海洋通报,1998(1):1-12.
[12] 孙峥,庄丽,冯启民. 风暴潮灾情等级识别的模糊聚类分析方法研究[J]. 自然灾害学报,2007(4):49-54.
[13] 张文舟,胡建宇,商少平,等. 福建沿海风暴潮特征的分析[J]. 海洋通报,2004(3):12-19.
[14] 王喜年. 关于温带风暴潮[J]. 海洋预报,2005(S1):17-23.
[15] 黄锦林,杨光华,曾进群,等. 广东沿海风暴潮灾害应急管理初探[J]. 灾害学,2010,25(4):139-142.
[16] 欧柏清. 广西沿海风暴潮灾害[J]. 人民珠江,1996(4):11-13.
[17] 梁海燕. 海南岛风暴潮灾害承灾体初步分析[J]. 海洋预报,2007(1):9-15.
[18] 王红心,陆惠祥,余晓军,等. 海南岛沿岸风暴潮特征分析[J]. 海洋预报,1998(2):3-5.
[19] 陈满荣,王少平. 上海城市风暴潮灾害及其预测[J]. 灾害学,2000(3):27-30.
[20] 胡昌新,金云. 上海风暴潮灾害的准周期性及其预测[J]. 城市道桥与防洪,2007(4):26-29,12.
[21] 夏明方,康沛竹. 天降奇祸——一九二二年汕头风暴潮[J]. 中国减灾,2007(10):38-39.
[22] 宋学家. 我国风暴潮灾害及其应急管理研究[J]. 中国应急管理,2009(8):12-19.
[23] 朱军政,徐有成. 浙江沿海超强台风风暴潮灾害的影响及其对策[J]. 海洋学研究,2009,27(2):104-110.
[24] 武浩,夏芸,许映军,等. 2004年以来中国渤海海冰灾害时空特征分析[J]. 自然灾害学报,2016,25(5):81-87.
[25] 王相玉,张惠滋,严素,等. 渤、黄海北部海冰年代时空变化特征分析[J]. 海洋预报,2007(2):26-32.
[26] 李春花,刘钦政,黄焕卿. 渤海、北黄海冰情与太平洋副热带高压的统计关系[J]. 海洋通报,2009,28(5):43-47.
[27] 杨国金. 渤海海冰特征[J]. 海洋预报,1999(3):3-5.
[28] 刘煜,吴辉碇. 第1讲:渤、黄海的海冰[J]. 海洋预报,2017,34(3):94-101.
[29] 王铁刚,刘欢,冯梅芳,等. 海冰对滩浅海油气设施的影响及防冰措施[J]. 油气田地面工程,2009,28(9):8-10.
[30] 李剑,黄嘉佑,刘钦政. 黄、渤海海冰长期变化特征分析[J]. 海洋预报,2005(2):22-32.
[31] 刘成,车达升,李晓东. 黄渤海海冰分布特征及其影响因子[J]. 资源科学,2019,41(6):1167-1175.
[32] 左常圣,范文静,邓丽静,等. 近60年渤黄海海冰灾害演变特征与经济损失浅析[J]. 海洋经

济,2019,9(2):50-55.
[33] 张永伟.浅谈渤海海冰对海洋平台的危害及控制措施[J].海洋工程装备与技术,2018,5(S1):83-86.
[34] 张方俭,费立淑.我国的海冰灾害及其防御[J].海洋通报,1994(5):75-83.
[35] 陆钦年.我国渤海海域的海冰灾害及其防御对策[J].自然灾害学报,1993(4):53-59.
[36] 曾恒一.影响我国海洋油气开发的海洋灾害[J].海洋预报,1998(3):3-5.
[37] 国家海洋局.中国海洋灾害与减灾[J].中国减灾,2000(4):16-20.
[38] 卢峰本,黄滢,覃庆第.北部湾海雾气候特征分析及预报[J].海洋预报,2006(S1):68-72.
[39] 任志军,卜清军.渤海湾海雾气候特征与分析[J].天津航海,2007(4):54-56.
[40] 周发琇.第二讲:世界海雾的分布和季节变化[J].海洋预报,1988(2):74-84.
[41] 周发琇.第三讲:海雾的水文气象特征[J].海洋预报,1988(4):84-94.
[42] 周立佳,刘永禄,袁群哲.东南沿海海雾分布的统计与预报[J].航海技术,2005(4):24-25.
[43] 孔宁谦.广西沿海雾的特征分析[J].广西气象,1997(2):41-45.
[44] 郝增周.黄、渤海海雾遥感辐射特性及卫星监测研究[D].南京:南京信息工程大学,2007.
[45] 张苏平,鲍献文.近十年中国海雾研究进展[J].中国海洋大学学报(自然科学版),2008(3):359-366.
[46] 王亚男,李永平.冷空气影响下的黄东海海雾特征分析[J].热带气象学报,2009,25(2):216-221.
[47] 刘敦训.山东省近50年海洋气象灾害特征分析[J].海洋预报,2006(1):59-64.
[48] 张朝锋.粤东海区海雾的气候特征分析[J].广东气象,2002(2):20-21.
[49] 谷国传,胡方西,李兴华,等.长江口地区的雾及其河口锋对海雾的影响[J].华东师范大学学报(自然科学版),1993(4):59-71.
[50] 黄克慧,张意权,周功铤,等.浙南沿海海雾特征分析[J].浙江气象,2007(1):18-22.
[51] 傅刚,李鹏远,张苏平,等.中国海雾研究简要回顾[J].气象科技进展,2016,6(2):20-28.
[52] 白彬人.中国近海沿岸海雾规律特征、机理及年际变化的研究[D].南京:南京信息工程大学,2006.
[53] 刘会平,潘安定.自然灾害学导论[M].广州:广东科技出版社,2007.
[54] 水利部水文水利调度中心.中国风暴潮概况及其预报[M].北京:中国科学技术出版社,1992.

Chapter 4

# 第4章 海洋水文灾害

海洋水文灾害主要是海浪灾害，亦称灾害性海浪灾害，主要是由沿海台风、寒潮大风引起的大浪造成的。灾害性海浪分为台风浪和寒潮大浪。

## 4.1 基本概念

### 4.1.1 灾害性海浪

灾害性海浪通常是指海上波高达 6 m 及以上的海浪。因为波高等于或大于 6 m 的海浪对航行在世界大洋的大多数船只已构成威胁，它能掀翻船只，摧毁海上工程和海岸工程，给航海、海上施工、海上军事活动、渔业捕捞等带来极大的危害。

但必须明确指出，灾害性海浪世界上至今仍没有一个确切的定义。上述定义只是相对当今世界科学技术水平和人们在海上与大自然抗争能力而言的相对定义，所以灾害性海浪的确切定义只能是根据海上不同级别的船只和设施，而分别给出相应级别的定义，类似波级。例如，对于没有机械动力仍借助于风力的帆船、小马力的机帆船、游艇等小型船只，波高达 2.5～3 m 的海浪已构成威胁。因此，这种海浪对这些船只就可称为灾害性海浪；对于千吨以上和万吨以下，中远程运输作业船只波高达 4～6 m 的巨浪已构成威胁，对它们来说 4 m 以上的海浪称为灾害性海浪。随着科学技术水平的发展，人们与大自然抗争能力提高，对于 20 世纪 60—70 年代相继出现的 20 万 t 至 60 万 t 的巨轮，一般 9m 以上的海浪为灾害性海浪。因此，在发布海浪预报和警报时除考虑海上一般和普遍情况外，还须根据不同任务、不同船只和不同海上设施进行特殊保证，以减少海上灾害的发生。

灾害性海浪可以按照产生它们的大气扰动来加以分类，一般可将灾害性海浪分为由热带气旋（包括热带低压、台风和强台风）、温带气旋和寒潮大风造成的三大类，分别称为台风浪、气旋浪和寒潮浪。图 4-1 所示为海浪。

图 4-1 海浪

另外,还有两类海浪也引发了灾害(陶爱峰,2018)。低频涌浪可使舰船发生中拱、中垂、螺旋桨空转失速,使海洋平台发生倾斜、摇晃等现象。2012 年 4 月 24 日,钦州驳区实施船靠船驳载作业时,受西南强涌浪影响,造成了子船 5 根横缆琵琶头相继断裂的事故;"海洋石油 201"号等多艘铺管船在东海海域进行铺管施工时受低频涌浪环境影响横摇运动强烈,正常铺管作业受到了严重影响。针对涌浪研究,周延东等(2016)、裴晔等(2016)做了相关综述。同时,畸形波已经成为一种公认的海洋灾害,中国学者陶爱峰、高志一等针对畸形波的研究做了相关综述。

相关资料和研究表明,涌浪和畸形波两种海浪虽然不常见,但往往出现就造成无法挽回的损失。因此,如若将涌浪和畸形波也归于灾害性海浪,可以对海浪引起的人员伤亡研究进行有效的补充,进而能够更全面概述海浪灾害的致灾因子。

决定波浪高度的基本因子有三个:一是风速;二是在下风方向上作用于水面的距离,即风区;三是刮风持续的时间,即风时。一般地,风越大浪也越高;在一定风速条件下,风区距离越长,风浪就越高;风时越长,风浪也越高。但是,风浪随风区距离的增大和风时的增加而增大是有一定限度的。在一定的风速条件下具有一定的风区距离和一定的持续时间后,增强风浪因子的作用与阻碍风浪发展因子的作用达到基本平衡后,风浪高度也就不再增加,也就是说在一定的风速条件下风浪的发展是有一定限度的。

### 4.1.2 风浪等级

风浪的大小和风速等级密切相关。浪高通常用波级来表示,波级是海面因风力强弱引起波动程度的大小,波浪愈高则级别愈大。按照常用的道氏波级,海浪级别可分为无浪、微浪、小浪、中浪、大浪、巨浪、狂浪、狂涛、怒涛、暴涛等不同级别,其中浪高达到 20 m 以上者称为暴涛,由于极其罕见,波级表中未予列入(表 4-1)。根据国际波级表规定,海浪级别按照有效波高进行划分,表中波高为有效波高。

表 4-1 海浪级别划分

| 海况等级 | 海面状况 | 浪高范围(m) | 海面征状 |
|---|---|---|---|
| 0 级 | 无浪 | 0 | 海面平静。水面平整如镜或仅有涌浪存在。船静止不动 |
| 1 级 | 微浪 | 0～0.1 | 波纹或涌浪和小波纹同时存在,微小波浪呈鱼鳞状,没有浪花。寻常渔船略觉摇动,海风尚不足以把帆船推行 |
| 2 级 | 小浪 | 0.1～0.5 | 波浪很小,波长尚短,但波形显著。浪峰不破裂,因而不是显白色的,而是仅呈玻璃色的。渔船有晃动,张帆可随风移行每小时 2～3 海里 |
| 3 级 | 轻浪 | 0.5～1.25 | 波浪不大,但很触目,波长变长,波峰开始破裂。浪沫光亮,有时可有散见的白浪花,其中有些地方形成连片的白色浪花——白浪。渔船略觉簸动,渔船张帆时随风移行每小时 3～5 海里,满帆时,可使船身倾于一侧 |

（续表）

| 海况等级 | 海面状况 | 浪高范围(m) | 海面征状 |
|---|---|---|---|
| 4级 | 中浪 | 1.25～2.5 | 波浪具有很明显的形状，许多波峰破裂，到处形成白浪，成群出现，偶有飞沫。同时较明显的长波状开始出现。渔船明显簸动，需缩帆一部分（即收去帆的一部分） |
| 5级 | 大浪 | 2.5～4.0 | 高大波峰开始形成，到处都有更大的白沫峰，有时有些飞沫。浪花的峰顶占去了波峰上很大的面积，风开始削去波峰上的浪花，碎浪成白沫沿风向呈条状。渔船起伏加剧，要加倍缩帆至大部分，捕鱼需注意风险 |
| 6级 | 巨浪 | 4.0～6.0 | 海浪波长较长，高大波峰随处可见。波峰上被风削去的浪花开始沿波浪斜面伸长成带状，有时波峰出现风暴波的长波形状。波峰边缘开始破碎成飞沫片；白沫沿风向呈明显带状。渔船停息港中不再出航，在海者下锚 |
| 7级 | 狂浪 | 6.0～9.0 | 海面开始颠簸，波峰出现翻滚。风削去的浪花带布满了波浪的斜面，并且有的地方达到波谷，白沫能成片出现，沿风向白沫呈浓密的条带状。飞沫可使能见度受到影响。汽船航行困难。所有近港渔船都要靠港，停留不出 |
| 8级 | 狂涛 | 9.0～14.0 | 海面颠簸加大，有震动感，波峰长而翻卷。稠密的浪花布满了波浪斜面。海面几乎完全被沿风向吹出的白沫片所掩盖，因而变成白色，只在波底有些地方才没有浪花。海面能见度显著降低。汽船遇之相当危险 |
| 9级 | 怒涛 | ＞14.0 | 海面颠簸加大，有震动感，波峰长而翻卷。稠密的浪花布满了波浪斜面。海面几乎完全被沿风向吹出的白沫片所掩盖，因而变成白色，只在波底有些地方才没有浪花。海面能见度显著降低。汽船遇之相当危险 |

## 4.2　海浪灾害概况

由强烈大气扰动如热带气旋（台风或称飓风）、温带气旋和强冷空气大风引起的海浪，在海上常能掀翻船舶、摧毁海上工程和海岸工程，给航海、海上施工、海上军事活动、渔业捕捞等带来灾害。因此，海浪灾害也是最严重的海洋灾害之一，也是发展海洋经济的最大障碍。

巨浪造成的海难事故占世界海难事故的60%以上。海浪是海难事故的最主要原因，是海上经济开发的最大障碍。近代研究表明，海上破坏力的90%来自海浪，仅10%的破坏力来自风。我们平常说的所谓“避风”，实际上是“避浪”，因为任何避风港和锚地都是避不住风的，而只能是避浪。

有史以来，地球上差不多有100多万艘船舶沉没于惊涛骇浪之中。据对1982—1990年的统计，中国近海因台风浪翻沉各类大小船舶14 345艘，损坏9 468艘，死亡、失踪4 734人，伤近40 000人，平均每年沉损各类船舶2 600艘，死亡520人，每年因海浪灾害造成的直接经济损失约10亿元。

1999年以来海浪灾害造成经济损失和人员伤亡情况:我国近海共发生海难事故226起,沉损船舶57艘,造成直接经济损失5.7亿元,死亡(含失踪)600多人,其中"大舜"轮死亡280多人。2000年我国近海共发生31次4m以上的巨浪过程,造成直接经济损失1.7亿元,死亡(含失踪)63人;2001年我国近海共发生34次4m以上的巨浪过程,造成直接经济损失3.1亿元,死亡(含失踪)265人;2002年我国近海共发生35次4m以上的巨浪过程,造成直接经济损失2.5亿元,死亡(含失踪)94人;2003年我国近海共发生33次4m以上的巨浪过程,造成直接经济损失1.15亿元,死亡103人;2004年我国近海共发生35次4m以上的巨浪过程,造成直接经济损失2.07亿元,死亡91人;2005年我国近海共发生36次4m以上的巨浪过程,造成直接经济损失1.91亿元,死亡234人;2006年我国近海共发生38次4m以上的巨浪过程,造成直接经济损失1.34亿元,死亡165人;2007年我国近海共发生35次4m以上的巨浪过程,造成直接经济损失1.16亿元,死亡143人。

海浪给海上油气勘探开发事业带来巨大损失,1955—1982年的28年中,由狂风巨浪在全球范围内翻沉的石油钻井平台有36座。1980年的"阿兰"(Allen)飓风,同时摧毁了墨西哥湾里的4座石油钻井平台。2004年9月16日飓风"伊万"引起巨浪同时摧毁了墨西哥湾里的7座石油钻井平台。

1979年11月25日,我国的"渤海2"号石油钻井船受寒潮浪袭击在渤海沉没,船上79名工作人员全部落水,除救起2人外,其余77人全部遇难;1989年11月3日,起于泰国南部暹罗湾的台风"盖伊"横行两天,狂风巨浪使500多人失踪,150多艘船只沉没,美国的"海浪峰"号钻井平台翻沉,84人被淹死;1983年10月6日,美国ACT石油公司的"爪哇海"号钻井平台受到波高达8.5m的8316号台风浪袭击在南海沉没,船上81名中外人员全部遇难;1984年4月23日我国的"滨海107"工程船受寒潮与气旋海浪袭击在渤海沉没;1991年8月15日,美国ACT石油公司大型铺管船"DB29"号,在躲避9111号台风的航行中被台风浪冲击折为两段后沉没,出动飞机12架、救捞船14艘,经过32h营救,救起175人,死亡、失踪20人;2006年8月3日,在广东阳江以南海域,"南海216"号海洋工程船拖带"海洋298"驳船遇"派比安"台风浪袭击,突然拖缆崩断,68名船员全部落水,经我国广州救捞局和香港救助局的及时抢救,没有人员伤亡。

2006年,0608号超强台风"桑美"是50年来登陆我国大陆最强台风,强大的风力、短时间内风向骤变、海港地形、水深及港内外海流影响,在沙埕港内形成极其复杂的海浪,渔民通常称为三角浪,船舶遇到这种海浪都会造成毁灭性的破坏。加上沙埕港停泊的渔船太多(沙埕港停泊12000多艘渔船),因拥挤相互碰撞造成船舶破坏十分严重。此次海浪过程造成的经济损失和人员伤亡惨重,特别是沙埕港避风的上万艘渔船遭到了毁灭性的打击,船只损坏和人员伤亡均为历史罕见。据不完全统计,沙埕港福建籍渔船沉没952艘,损毁1594艘,海难死亡209人、失踪130人。浙江籍渔船沉没998艘,损毁1129艘,海难死亡16人、失踪16人。图4-2所示为台风"桑美"在南麂岛引起的狂涛巨浪。

2007年3月3日—6日,受北方强冷空气和黄海气旋的共同影响,我国渤海、黄海和

图 4-2　台风“桑美”在南麂岛引起的狂涛巨浪

东海北部沿海发生了严重的温带风暴潮和海浪灾害。3 月 3—6 日，渤海、黄海先后出现 6～8 m 的狂浪区，东海出现 4～5 m 的巨浪区，辽宁、河北、天津、山东、江苏、上海、浙江等省(市)沿海先后出现 4～6 m 的巨浪和狂浪。4 日上午，在营口港锚地避风的“滨海 109”船测到 35 m/s 的最大风速。4 日 17 时，“明珠”海洋自动观测站(38.4°N，120.1°E)在渤海中南部海面观测到最大风速 33 m/s、最大浪高 10 m、有效波高 6 m 的海浪。5 日 5 时，国家海洋局 17 号浮标(31.2°N，123.5°E)在长江口外海海域测到 24 m/s 最大风速，18 号浮标(29.5°N，124.0°E)在东海观测到最大波高 7.5 m、有效波高 5 m 的海浪。6 时，国家海洋局黄海浮标(38.0°N，123.5°E)在黄海中部海面测到最大波高 11 m、有效波高 7.5 m 的海浪(图 4-3)。本次强温带风暴潮海浪过程是近年来影响渤海黄海沿海最为严重的温带风暴潮海浪灾害，破坏力巨大，造成的经济损失和人员伤亡惨重，特别是山东半岛北岸的威海、烟台市出现了 1969 年以来最为严重的温带风暴潮灾害；辽宁、江苏、上海、浙江的灾害以海浪灾害为主，其中以辽宁大连、江苏南通市出现的海浪灾害最重。据统计，此次强温带风暴潮和海浪过程共造成沿海 5 省 2 市直接经济损失约 40 亿元，3 人死亡，9 人失踪。其中山东省、辽宁省受灾最为严重，两者占到经济损失总额的 95%。

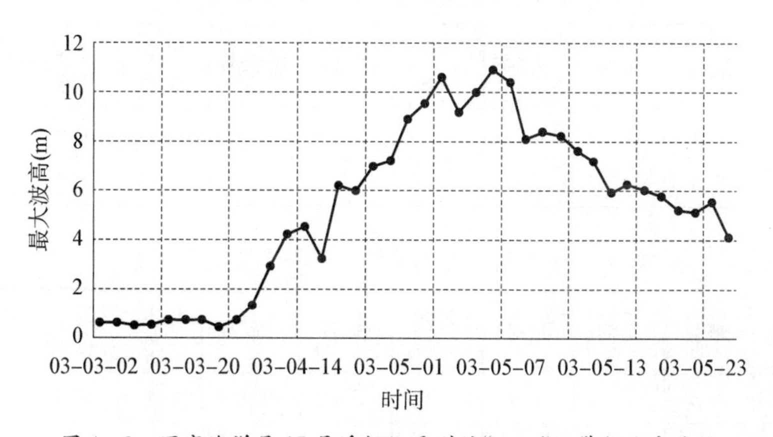


图 4-3　国家海洋局 15 号浮标记录到的“0303”温带气旋浪过程

## 4.3 灾害性海浪的分布规律

### 4.3.1 空间分布

中国海位于欧亚大陆东南部并与太平洋相通，受世界最大陆地和最大海洋的影响，南北冷暖气流交换异常活跃，冬季受西伯利亚、蒙古等地冷高压影响，夏季受台风的袭击，春秋季节常常受温带气旋的影响。因此，形成中国近海及邻近海区灾害性海浪场的主要天气系统有以下四类：一是台风型，二是冷高压型，三是气旋型，四是冷高压与气旋配合型。

根据资料统计分析，我国近海和邻近海域受台风型海浪场（波高≥4 m）影响的频率见表4-2，受波高≥4 m冷高压海浪场影响的频率见表4-3，受波高≥4 m气旋海浪场影响的频率见表4-4，受波高≥4 m冷高压与气旋配合型海浪场影响的频率见表4-5。

表4-2 台风型海浪场分布频率

| 项目 | 渤海 | 黄海 | 东海 | 台湾海峡 | 南海 | 日本海 | 日本以南 | 日本以东 | 菲律宾以东 | 关岛附近 |
|---|---|---|---|---|---|---|---|---|---|---|
| 分布频率(%) | 0.1 | 1.8 | 4.9 | 5.7 | 8.8 | 1.0 | 4.2 | 4.1 | 14.3 | 10.7 |
| 相当于天/年 | 0.4 | 6 | 18 | 21 | 32 | 4 | 15 | 15 | 52 | 39 |

表4-3 冷高压型海浪场分布频率

| 项目 | 渤海 | 黄海 | 东海 | 台湾海峡 | 南海 | 日本海 | 日本以南 | 日本以东 | 菲律宾以东 | 关岛附近 |
|---|---|---|---|---|---|---|---|---|---|---|
| 分布频率(%) | 4.4 | 12.2 | 15.8 | 7.4 | 20.5 | 6.5 | 10.8 | 11.4 | 18.0 | 7.4 |
| 相当于天/年 | 17 | 45 | 57 | 28 | 74 | 24 | 39 | 41 | 65 | 27 |

表4-4 气旋型海浪场分布频率

| 项目 | 渤海 | 黄海 | 东海 | 台湾海峡 | 南海 | 日本海 | 日本以南 | 日本以东 | 菲律宾以东 | 关岛附近 |
|---|---|---|---|---|---|---|---|---|---|---|
| 分布频率(%) | 0.6 | 4.2 | 3.8 | 3.0 | 2.2 | 7.8 | 10.5 | 31.9 | 5.7 | 5.3 |
| 相当于天/年 | 2.3 | 15 | 14 | 11 | 9 | 28 | 38 | 115 | 21 | 19 |

表4-5 冷高压与气旋配合型海浪场分布频率

| 项目 | 渤海 | 黄海 | 东海 | 台湾海峡 | 南海 | 日本海 | 日本以南 | 日本以东 | 菲律宾以东 | 关岛附近 |
|---|---|---|---|---|---|---|---|---|---|---|
| 分布频率(%) | 1.3 | 4.7 | 5.5 | 2.6 | 2.5 | 7.8 | 9.4 | 18.7 | 4.2 | 4.6 |
| 相当于天/年 | 5 | 17 | 20 | 10 | 10 | 28 | 34 | 68 | 15 | 17 |

根据历年海浪资料统计求得的中国近海和邻近海域波高≥6 m的海浪的海域分布结果见表4-6。我国近海和邻近海域遭受波浪灾害的情况如下：

表4-6 中国近海及邻近海域波高 $H\geq 6$ m 灾害性海浪统计表

| 海域 | 台风浪(次) | 寒潮浪(次) | 气旋浪(次) | 总次数 | 年均次数 |
|---|---|---|---|---|---|
| 渤海 | 2 | 9 | 12 | 23 | 0.92 |
| 黄海 | 22 | 81 | 45 | 148 | 5.92 |
| 东海 | 104 | 94 | 46 | 244 | 9.76 |
| 台湾海峡 | 68 | 74 | 11 | 153 | 6.12 |
| 南海 | 189 | 164 | — | 353 | 14.10 |
| 台湾以东及巴士海峡 | 175 | 100 | — | 275 | 11.00 |

(1) 渤海是一个面积不大的浅水内海(平均水深26 m)，因风区小，灾害性海浪的频率也小，平均每年仅0.9次(在25年中，寒潮浪9次、气旋浪12次、台风浪只有2次)。至于渤海海峡，因水较深，且当吹偏东风或偏西风时，有足够长的风区，加上狭管效应，风浪易于成长，曾出现过13.6 m的最大波高。

(2) 黄海的灾害性海浪次数较多，年平均为5.9次(在25年中，寒潮浪81次、气旋浪45次、台风浪22次)。在成山头外海的黄海中部，受沿岸流和黑潮支流影响，出现狂浪时容易发生海难，有“中国好望角”之称。

(3) 东海的灾害性海浪次数则更多，年平均9.8次(在25年中寒潮浪94次、气旋浪46次、台风浪104次)。

(4) 台湾海峡虽面积很小，但灾害性海浪频繁发生，年平均6.1次(在25年中，寒潮浪74次、气旋浪11次、台风浪68次)。尤其是冬季北—东北风时，因狭管效应，极易出现4 m以上的巨浪。

(5) 台湾以东洋面及巴士海峡，由于与太平洋相通，水深浪大，具有大洋海浪的特点。其灾害性海浪频率也较大，年平均11次(在25年中，寒潮浪100次、台风浪75次)。必须指出，台湾以东洋面和巴士海峡的灾害性海浪场常会影响和扩展到东海、台湾海峡和南海，尤其该海区的台风浪，更是预报台风西行或转向的依据，这是预报我国近海灾害性海浪的关键海区之一。

(6) 南海面积广阔，水深浪大，也具有大洋海浪的特征。在本文所涉及的海域中灾害性海浪在南海出现的频率最大，年平均为14.1次，其中台风浪年平均为7.6次。本海区是受台风浪影响最严重的海区之一，而气旋浪的影响主要限于黄海和东海，对本海区影响不大。

### 4.3.2 时间分布

灾害性海浪的时间变化，中国近海及其邻近海域在25年里(1966—1990年)共出现700次6m以上的狂浪区，平均每年出现28次，相当于每13天发生1次；9m以上的狂涛区共出现146次，平均每年出现5.8次，相当于每2个月出现1次。

1) 灾害性海浪的年际变化

1966—1990年中国近海及其邻近海域 $H \geqslant 6$ m海浪各年发生次数。中国近海及其邻近海域灾害性海浪发生次数有明显的年际变化。图4-4是1966—1990年中国近海及其邻近海域 $H \geqslant 6$ m以上狂浪发生次数的逐年变化曲线。

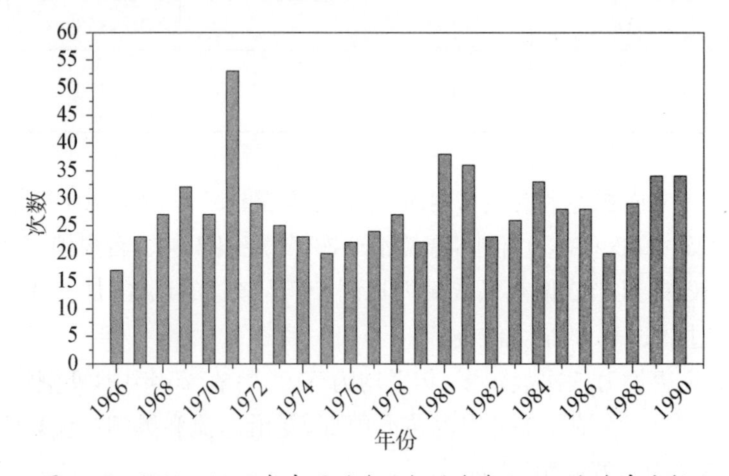


图4-4 1966—1990年中国近海及邻近海域6m以上海浪次数

1971年最多，为53次；1975年和1987年最少，为20次；1970—1971年、1980—1981年、1989—1990年为灾害性海浪频繁发生年，1966年、1975年、1986年为灾害性海浪稀少发生年。

2) 灾害性海浪的月际变化

图4-5给出1966—1990年中国近海及其邻近海域6m以上海浪各月的发生次数，中国近海虽全年都有灾害性海浪发生，但各月间的差别较大，11月最多，为122次，而最少的

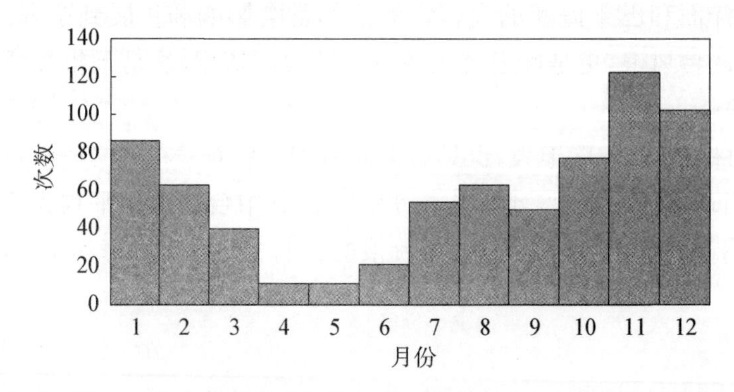


图4-5 1966—1990年中国近海及邻近海域6m以上灾害性海浪逐月次数

5月只有11次。冬季11月至翌年2月共发生373次，占全年总数的53%，而3—6月共发生83次，仅占全年总数的11%。

图4-6表示台风浪主要发生在7—10月的台风季节，发生次数占全年总数的73%，其中仅8月便占全年总数的21%，而1—6月仅占全年总数的10%。

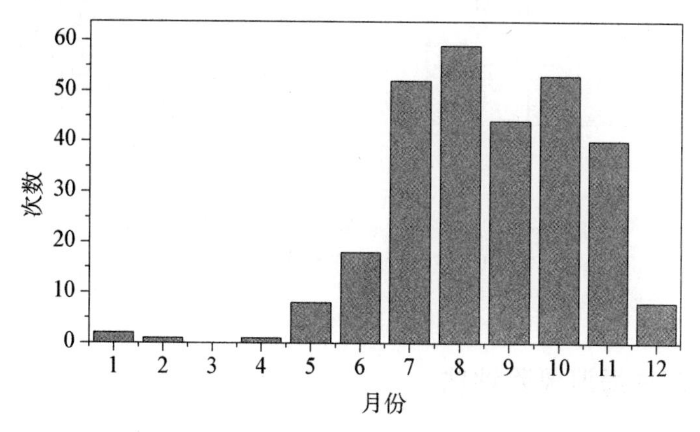


图4-6　1966—1990年中国近海及邻近海域6m以上台风浪逐月次数

图4-7表示寒潮浪主要发生在下半年，发生次数占全年总数的84%，其中仅12月便占全年总数的25%，夏季的6—8月则没有发生，春秋季仅占全年总数的16%。

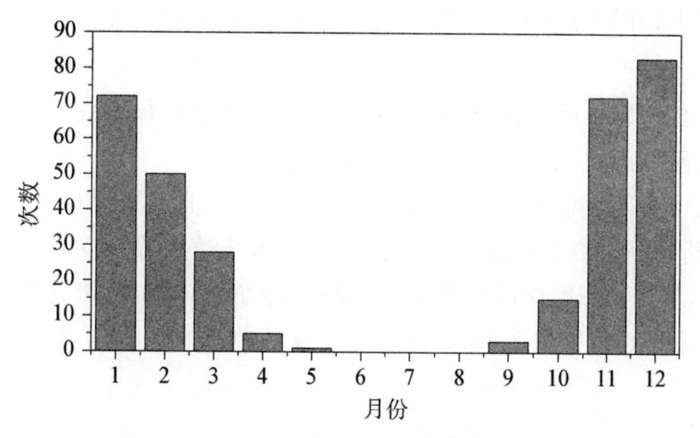


图4-7　1966—1990年中国近海及邻近海域6m以上寒潮浪逐月次数

图4-8表示气旋浪主要发生在冬半年，占全年总数的77%，而夏半年发生次数占全年总数的23%。

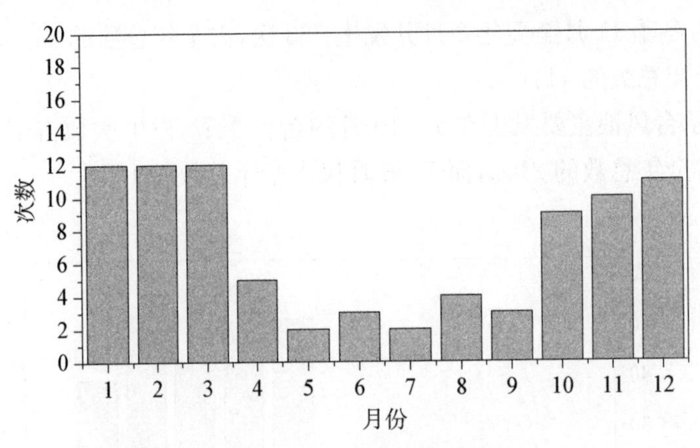


图 4-8 1966—1990 年中国近海及邻近海域6 m 以上气旋浪逐月次数

## 4.4 灾害性海浪风险评估

灾害性海浪到了近海和岸边，对海岸的压力可达到 30～50 kN/m$^2$。有记载，巨浪曾把 1 370 t 重的混凝土块移动了 10 m，20 t 的重物也被它从 4 m 深的海底抛到了岸上。海浪作用于海岸工程及海洋工程产生波浪荷载，会影响结构物稳定性，因此要对灾害性海浪进行风险评估。

按照国家海洋局的规划，应综合考虑海浪灾害风险的自然过程、成灾机制、海域功能及行政边界等特点，开展海浪灾害风险综合区划，主要分为六个步骤。

1）资料收集

根据风险评估和区划的级别，确定工作区域，调研工作区域及相邻区域内海浪灾害的基本情况，收集、整理海浪观测资料和基础地理信息资料。

开展海浪灾害危险评估所需收集的资料包括历史海浪观测资料、历史海浪实况分析资料、历史再分析风场资料、卫星测波资料、水深及岸线数据等，其中水深及岸线数据，比例尺不小于 1∶(1×10$^6$)；沿岸海洋观测站、浮标、船舶报、卫星高度计等历史海浪及气象观测资料，用以对模拟结果进行检验和订正。资料中还应包括极端天气过程的浪高等信息。

2）方法校验

对于选择的数值模拟方法，应采用多源观测资料或再分析数据，对模拟结果进行验证和评估。检验应包括强海况下的检验及一般状态下的检验。

(1) 构建再分析风场数据集。

基于中尺度大气模式，通过典型过程的对比检验，构建中国近海的再分析风场数据集，为海浪数值计算提供强迫场数据，其中构建的风场数据集的长度不少于 30 年，空间分辨率不低于 0.5°×0.5°。在分析风场构建时，为了消除边界效应的影响，应采取中尺度模式与全球模式嵌套的方式，并考虑中国海自身的特点。

由美国国家大气研究中心（National Center for Atmospheric Research，NCAR）研发的WRF（Weather Research and Forecasting Model）模式，其动力框架和计算方案比较完善，对于中尺度天气现象的模拟有着较大的优势。WRF模式采用完全可压缩非静力欧拉方程组，水平网格为Arakawa C网格，垂直坐标为基于质量的地形追随$\eta$坐标。它重点考虑1～10 km的水平网格，结合先进的数值方法和资料同化技术，采用经过改进的物理过程方案，同时具有多重嵌套及易于定位于不同地理位置的能力。它能很好地适应从理想化的研究到业务预报等应用的需要，并具有便于进一步加强完善的灵活性。

目前，WRF模式系统已成为改进从云尺度到天气尺度等不同尺度重要天气特征模拟和预报精度的工具，已在国内外气象部门的短期天气预报及同化模拟中得到了广泛应用。WRF中考虑的物理过程选项包括微物理过程、积云参数化、行星边界层、陆面模式、辐射和扩散等，每一过程又有多种选项。

WRF模型的控制方程为可压缩非静压通量形式的欧拉方程，水平方向采用Arakawa C网格，垂直方向采用地形跟随的静压坐标，地形追随的静压垂直坐标$\eta$定义为

$$\eta=(p_{\mathrm{h}}-p_{\mathrm{ht}})/\mu \tag{4-1}$$

式中，$p_{\mathrm{h}}$为气压的静力平衡分量；$\mu=p_{\mathrm{hs}}-p_{\mathrm{ht}}$，$p_{\mathrm{hs}}$和$p_{\mathrm{ht}}$分别为模型底边界（地形表面）和顶边界的气压。

通量形式的欧拉方程组可写成如下形式：

$$\partial_t U+(\nabla\cdot\mathbf{V}u)-\partial_x(p\partial_\eta\phi)+\partial_\eta(p\partial_\eta\phi)=F_U \tag{4-2}$$

$$\partial_t V+(\nabla\cdot\mathbf{V}v)-\partial_y(p\partial_\eta\phi)+\partial_\eta(p\partial_\eta\phi)=F_V \tag{4-3}$$

$$\partial_t W+(\nabla\cdot\mathbf{V}w)-g(\partial_\eta p-\mu)=F_W \tag{4-4}$$

$$\partial_t\Theta+(\nabla\cdot\mathbf{V}\theta)=F_\Theta \tag{4-5}$$

$$\partial_t\mu+(\nabla\cdot\mathbf{V})=0 \tag{4-6}$$

$$\partial_t\phi+\mu^{-1}[(\mathbf{V}\cdot\nabla\phi)-gW]=0 \tag{4-7}$$

方程组满足静力平衡的诊断关系式（4-8）和气体状态方程式（4-9）：

$$\partial_\eta\phi=-\alpha\mu \tag{4-8}$$

$$p=p_0(R_{\mathrm{d}}\theta/p_0\alpha)^\gamma \tag{4-9}$$

其中，$\mathbf{V}=\mu\boldsymbol{v}=\mu(u,v,w)$，$\mu(x,y)$代表模型格点$(x,y)$处单位面积空气柱的质量；$\Theta=\mu\theta$，$\theta$为位温；$\phi=gz$为位势；$p$为大气压强；$\alpha=1/\rho$为空气比容；$R_{\mathrm{d}}$为干空气气体常数；$p_0$为参考压强（通常取为105 Pa）；$\gamma=c_p/c_v=1.4$，为干空气定压比热和定容比热之比。式（4-2）～式（4-5）等式右侧的$F_U$、$F_V$、$F_W$和$F_\Theta$分别为由模型物理、紊流掺混、球面投影及地球旋转等产生的力源项。

时间积分采用 Runge-Kutta 时间分裂积分。近年来，WRF 模型广泛应用于预测台风期间的大气参数，在对风速强度和台风路径的预测上都体现了其良好的预测能力。

在进行模型验证优化和改进过程中，开展侧边界和底边界选取敏感性试验、侧边界双向嵌套试验、物理过程参数化方案的选取和优化试验、并行计算方案的选取和优化试验、模式下垫面的边界层优化方案试验，最终确定适用于中国近海的风场重构方案。基于多源观测资料和再分析数据，对模拟结果进行验证和评估。检验应包括强冷空气和台风等典型天气系统过程的检验及一般状态下的检验。误差要求：风速大于等于 8 m/s 以上的，后报误差不大于 3 m/s，风向误差不大于 30°；输出要素为海面上 10 m 高度处的风速、风向；输出时间间隔为 1 h。

(2) 构建历史海浪场数据集。

以再分析风场为驱动，基于成熟的海浪数值模型，重建中国近海的历史海浪场数据集，构建的海浪场数据集的长度不少于 30 年，空间分辨率不低于 0.5°×0.5°。

① 模式选择。海浪推算采用的海浪模式主要是谱模式，它基于能量守恒原理的能量平衡方程的波浪谱模型。近年来，以第三代风浪为代表的波浪生成与演化的方向谱计算模型越来越多地在工程中得到应用。SWAN 模式全面合理地考虑了波浪浅化、折射、底摩擦、破碎、白浪、风能输入等物理过程，可准确合理地模拟潮流、地形、风场环境下的波浪场，适用于风浪、涌浪和混合浪的预报。SWAN 不仅能合理预报计算域中波高的变化规律，同时能合理预报计算域中波周期、波长、波陡、波浪行进方向、近底水质点的运动速度、波能传播方向、能量耗散率及单位水面所受波力等海岸工程所需要的重要的参数。由于应用了近年来最新研究成果，合理计入浅水波浪破碎效应，和其他模式相比，该模式尤其对破波带适用。SWAN 模式采用全隐式有限差分格式，无条件稳定。近几年发展起来的非结构网格版本，为近海近岸精细化海浪预报的进一步开展提供了技术支持。

SWAN 模型采用波作用谱平衡方程描述风浪生成及其在近岸区的演化过程。在直角坐标系中，波作用谱平衡方程可表示为

$$\frac{\partial}{\partial t}N+\frac{\partial}{\partial x}C_xN+\frac{\partial}{\partial y}C_yN+\frac{\partial}{\partial \sigma}C_\sigma N+\frac{\partial}{\partial \theta}C_\theta N=\frac{S}{\sigma} \tag{4-10}$$

式中 $\sigma$ ——波浪的相对频率(在随水流运动的坐标系中观测到的频率)；

$\theta$ ——波向(各谱分量中垂直于波峰线的方向)；

$C_x$、$C_y$ —— $x$、$y$ 方向的波浪传播速度；

$C_\sigma$、$C_\theta$ —— $\sigma$、$\theta$ 空间的波浪传播速度。

式(4-10)左端第一项表示波作用谱密度随时间的变化率，第二项和第三项分别表示波作用谱密度在地理坐标空间中传播时的变化，第四项表示由于水深变化和潮流引起的波作用谱密度在相对频率 $\sigma$ 空间的变化，第五项表示波作用谱密度在谱分布方向 $\theta$ 空间的传播(即由水深变化和潮流引起的折射)。右端 $S(\sigma, \theta)$ 是以波作用谱密度表示的源项，包括风能输入、波与波之间的非线性相互作用和由于底摩擦、白浪、水深变浅引起的波

浪破碎等导致的能量耗散，并假设各项可以线性叠加。式(4-10)中的波浪传播速度均采用线性波理论计算。

$$C_x=\frac{\mathrm{d}x}{\mathrm{d}t}=\frac{1}{2}\left[1+\frac{2kd}{\sinh(2kd)}\right]\frac{\sigma k_x}{k^2}+U_x \tag{4-11}$$

$$C_y=\frac{\mathrm{d}y}{\mathrm{d}t}=\frac{1}{2}\left[1+\frac{2kd}{\sinh(2kd)}\right]\frac{\sigma k_y}{k^2}+U_y \tag{4-12}$$

$$C_\sigma=\frac{\mathrm{d}\sigma}{\mathrm{d}t}=\frac{\partial\sigma}{\partial d}\left[\frac{\partial d}{\partial t}+\vec{U}\cdot\nabla d\right]-C_g\vec{k}\cdot\frac{\partial\vec{U}}{\partial s} \tag{4-13}$$

$$C_\theta=\frac{\mathrm{d}\theta}{\mathrm{d}t}=\frac{1}{k}\left[\frac{\partial\sigma}{\partial d}\frac{\partial d}{\partial m}+\vec{k}\cdot\frac{\partial\vec{U}}{\partial m}\right] \tag{4-14}$$

式中　$\vec{k}=(k_x, k_y)$ ——波数；

$d$ ——水深；

$\vec{U}=(U_x, U_y)$ ——流速；

$s$ ——沿 $\theta$ 方向的空间坐标；

$m$ ——垂直于 $s$ 的坐标；

算子 $\frac{\partial}{\partial t}$ —— $\frac{\mathrm{d}}{\mathrm{d}t}=\frac{\partial}{\partial t}+\vec{C}\cdot\nabla_{x,y}$。

通过数值求解式(4-10)可以得到风浪从生成、成长直至风后衰减的全过程，也可以描述在给定恒定边界波浪时，波浪在近岸区的折射和浅水的变形。

② 参数比选和优化。分别选取强冷空气和台风等典型天气系统，进行海浪过程数值模拟，开展关键物理过程的参数比选试验，通过参数优化确定适合于我国近海的参数化方案。开展初始条件、边界条件的敏感性试验，最终建立适合于我国近海的海浪数值后报系统。

③ 系统检验。为了能够准确模拟真实的海浪场，需要把模拟结果和实测数据进行对比，并通过进一步调整模式参数，如底摩擦、波浪破碎指标等，使模拟结果与实测数据的偏差控制在可接受的范围内。检验要求分别开展强冷空气和台风等典型天气系统下强海况的后报检验及一般海况下的检验。误差要求：有效波高大于 2 m 以上的，相对误差不高于 25%；有效波高小于 2 m 的，绝对误差不高于 0.8 m。

④ 数据输出要求。输出要素为有效波波高、浪向和周期；输出时间间隔为 1 h。

3) 风险评估

选择开展典型重现期(如 2 年、5 年、10 年、20 年、50 年及 100 年一遇等)年平均频率、月平均频率、海浪玫瑰图的风险评估工作。

(1) 海浪典型重现期计算。

基于中国近海的海浪历史数据集，统计确定每个格点上海浪要素的年极值序列，然后分别用 Pearson Ⅲ型或 Weibull 分布极值推算方法计算确定每个格点上典型重现期的有效波波高，其中重现期分别考虑2年、5年、10年、20年、50年、100年一遇的情况。根据重现期浪高计算结果，绘制我国近海分辨率为0.5°×0.5°典型重现期的浪高等值线分布图。

(2) 海浪灾害危险性评估。

基于海浪历史资料，分别计算每个格点上Ⅰ、Ⅱ、Ⅲ、Ⅳ级浪高(表4-7)的年平均出现次数。海浪灾害危险指标 $H_w$ 如下计算：

$$H_w = 0.6N_1 + 0.25N_2 + 0.1N_3 + 0.05N_4 \tag{4-15}$$

其中，$N_1$、$N_2$、$N_3$、$N_4$ 分别为Ⅰ、Ⅱ、Ⅲ、Ⅳ级浪高的年平均出现次数。

表4-7 近海海浪强度等级划分标准

| 参数 | Ⅳ级 | Ⅲ级 | Ⅱ级 | Ⅰ级 |
|---|---|---|---|---|
| 有效波波高(m) | $14.0 \leqslant H_s$ | $9.0 \leqslant H_s < 14.0$ | $6.0 \leqslant H_s < 9.0$ | $4.0 \leqslant H_s < 6.0$ |

4) 风险区划

依据风险评估结果，确定不同尺度风险区划空间单元，对风险评估结果进行空间综合及大小分级。

海浪灾害危险分为四级，根据式(4-15)计算每个格点的海浪灾害危险指标 $H_w$，并将其进行归一化处理，归一化后的危险指数表示为 $H_{wn}$，确定每个格点上的海浪灾害危险等级。基于GIS系统，制作完成我国近海海域的海浪灾害危险区划图，分辨率为0.5°×0.5°。

归一化是一种简化计算的方式，即将有量纲的数值经过变换，化为无量纲的数值，成为某种相对值关系，是缩小量值的有效办法。

采用线性归一化函数，转换公式如下：

$$y = (x - \mathrm{MinValue})/(\mathrm{MaxValue} - \mathrm{MinValue}) \tag{4-16}$$

其中，$x$、$y$ 分别为转换前、后的值；MaxValue、MinValue分别为样本的最大值和最小值。

表4-8 海浪灾害危险等级划分标准

| 危险等级 | 危险指数 | 危险等级 | 危险指数 |
|---|---|---|---|
| Ⅰ | $0.75 \leqslant H_{wn} \leqslant 1.0$ | Ⅲ | $0.25 \leqslant H_{wn} \leqslant 0.5$ |
| Ⅱ | $0.5 \leqslant H_{wn} \leqslant 0.75$ | Ⅳ | $0 \leqslant H_{wn} \leqslant 0.25$ |

5) 成果制图

选择开展典型重现期年平均频率、月平均频率、海浪玫瑰图等风险评估和区划成果制图。其中图集包括：

(1) 我国近海不同重现期的浪高分布图。

(2) 我国近海四级浪高的年平均频率分布图。

(3) 我国近海四级浪高的月平均频率分布图。

(4) 我国近海各级浪高出现频率的饼状分布图。

(5) 我国近海海浪玫瑰图。

(6) 我国近海海浪灾害危险区划图。

6) 报告编制

编制海浪灾害风险评估和区划报告。

## 思考题

1. 低频涌浪和畸形波是如何对船只和海洋平台造成损害的?
2. 波浪是否随着风浪因子的增强而无限增强? 为什么?
3. “避风港”的实质是什么? 其将如何保护港内船只安全停靠?
4. 简述我国近海发生灾害性海浪灾害的原因。
5. 为什么我国近海灾害性海浪的发生次数月际间差异大?
6. 如何用风场数据构建波浪场数据?
7. 除了SWAN模型,还有哪些波浪建模模型?
8. 简述灾害性海浪风险评估过程。

## 参考文献


[1] 陶爱峰,沈至淳,李硕,等. 中国灾害性海浪研究进展[J]. 科技导报,2018,36(14):26-34.

[2] 许富祥,余宙文. 中国近海及其邻近海域灾害性海浪监测和预报[J]. 海洋预报,1998(3):63-68.

[3] 王智峰,董胜. 三沙近海海域灾害性海浪数值推算[J]. 海洋开发与管理,2013,30(S1):98-101.

[4] 许富祥. 台湾海峡及其邻近海域灾害性海浪的时空分布[J]. 东海海洋,1998,16(3):14-17.

[5] 国家海洋局. 海浪灾害风险评价和区划技术导则[R]. 北京:国家海洋局,2015.

[6] 莫冬雪. 中国近海寒潮影响下的灾害性海洋动力环境研究[D]. 北京:中国科学院大学,2018.

[7] 陶爱峰,胡国栋. 灾害性异常浪特性及研究方法综述[J]. 自然灾害学报,2008,17(1):174-179.

[8] 周延东,雷震名,孙国民,等. 涌浪基本理论研究综述[J]. 水道港口,2016,37(1):1-6.

[9] 裴晔,陶爱峰,张义丰,等. 东海E3海域低频涌浪生成机制研究[J]. 海洋湖沼通报,2016(1):17-24.

[10] 高志一,于福江,许富祥,等. 畸形波生成条件预报方法研究进展[J]. 海洋通报,2011,30(3):351-356.

# 第5章 海洋地质灾害

hapter 5

近海与海岸带的地质灾害类型复杂，分布广泛，有地表的，也有地下的；有直接的，也有潜在的。除了人为因素严重影响也分布广泛的海平面上升、海岸侵蚀、海水入侵、滨海滩涂湿地退化等之外，还有大量潜在的地质灾害，如地震、滑坡、液化、冲刷、海底沙体移动等影响海洋和海岸工程及人类的生活。本章将介绍几种常见的海洋地质灾害。

## 5.1 海洋地震及其次生灾害海啸

### 5.1.1 地震

1) 定义及划分

地震又称地动或地振动，是在地壳的运动并快速释放能量的过程中造成地表振动，并以地震波的形式传播的一种自然现象。地震开始发生的地点称为震源，震源正上方的地面称为震中。破坏性地震的地面振动最烈处称为极震区。地震后，在地图上把地面震度相似的各点连接起来的曲线，叫等震线。观察点到震中的地球球面距离称为震中距。

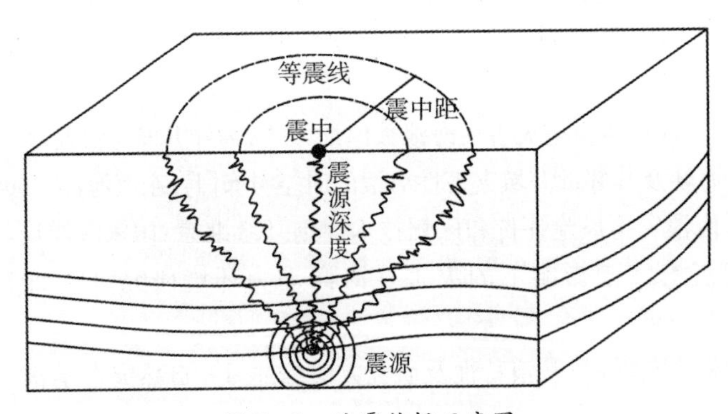


图 5-1 地震传播示意图

地震根据诱发因素的不同可以分为构造地震、火山地震和人工地震等。

(1) 构造地震是由于地壳板块与板块之间相互挤压碰撞，造成板块边缘及板块内部产生错动和破裂而引起的地振动，它是引起地震的主要原因，约占全球地震总数量的 90% 以上。

(2) 火山地震是由于火山喷发引起的地震。另外，地质塌陷和滑坡等也会引起地震，这些加起来约占全球地震总数量的7%。

(3) 人工地震是由于人为活动引起的地震，如工业爆破、地下核爆炸造成的振动；在深井中进行高压注水及大型水库蓄水后增加了地壳的压力，有时也都会诱发地震。

目前用来衡量地震强度的标准有两个：震级和烈度。震级是来衡量地震释放能量的大小。里氏震级是最通用的震级标准，里氏震级公式：$\log E=11.8+1.5M$（$E$ 为弹性波能量，$M$ 为震级），它给出了地震震级与能量间的换算关系，地震能量随着震级是呈指数增长的。由于距离震中的距离和震源深度的不同，地震引发的破坏程度都是不一样的，为了衡量地震对地表及工程建筑物影响的强弱程度，人们还提出了地震烈度的概念，根据地震造成破坏程度可分为12级烈度。以下是不同地震烈度造成破坏的经验描述：

1度：无感——仅仪器能记录到。

2度：微有感——个别敏感的人在完全静止中有感。

3度：少有感——室内少数人在静止中有感，悬挂物轻微摆动地震烈度Ⅶ度区。

4度：多有感——室内大多数人、室外少数人有感，悬挂物摆动，不稳器皿作响。

5度：惊醒——室外大多数人有感，家畜不宁，门窗作响，墙壁表面出现裂纹。

6度：惊慌——人站立不稳，家畜外逃，器皿翻落，简陋棚舍损坏，陡坎滑坡。

7度：房屋损坏——房屋轻微损坏，牌坊，烟囱损坏，地表出现裂缝及喷砂冒水。

8度：建筑物破坏——房屋多有损坏，少数破坏，路基塌方，地下管道破裂。

9度：建筑物普遍破坏——房屋大多数破坏，少数倾倒，烟囱等崩塌，铁轨弯曲。

10度：建筑物普遍摧毁——房屋倾倒，道路毁坏，山石大量崩塌，水面大浪扑岸。

11度：毁灭——房屋大量倒塌，路基堤岸大段崩毁，地表产生很大变化。

12度：山川易景——一切建筑物普遍毁坏，地形剧烈变化动植物遭毁灭。

2) 地震带分布

地震带和地质构造有密切关系，它一般分布在地壳板块的边缘。地球上最主要的地震带有三条，分别为：

(1) 环太平洋地震带，分布于濒临太平洋的大陆边缘与岛屿。从南美西海岸安第斯山开始，向南经南美洲南端、马尔维纳斯群岛（英国称“福克兰群岛”）到南乔治亚岛；向北经墨西哥、北美洲西岸、阿留申群岛、堪察加半岛、千岛群岛到日本群岛；然后分成两支，一支向东南经马里亚纳群岛、关岛到雅浦岛，另一支向西南经琉球群岛、台湾岛、菲律宾群岛到苏拉威西岛，与地中海—印尼地震带汇合后，经所罗门群岛、新赫布里底群岛、斐济岛到新西兰。其基本位置和环太平洋火山带相同，但影响范围较火山作用带稍宽，连续成带性也更明显。这条地震带集中了世界上80%的地震，包括大量的浅源地震、90%的中源地震、几乎所有深源地震和全球大部分的特大地震。

(2) 欧亚地震带（也叫地中海—喜马拉雅地震带），西起大西洋亚速尔群岛，向东经地中海、土耳其、伊朗、阿富汗、巴基斯坦、印度北部、中国西部和西南部边境，经过缅甸到印度尼西亚，与环太平洋地震带相接。它横越欧亚非三洲，全长2万多千米，基本上与东西向火山带位置相同,但带状特性更加鲜明。该带集中了世界15%的地震,主要是浅源地震和中源地震,缺乏深源地震。

(3) 大洋中脊地震带,分布在全球洋脊的轴部,均为浅源地震,震级一般较小。

此外,大陆内部还有一些分布范围相对较小的地震带,如东非裂谷地震带。

我国海域分布在欧亚板块与太平洋板块之间的洋壳与陆壳过渡带,所以地震构造比较复杂,既有板缘地震带,也有板内地震带。地震带可以划分为三个大的层次和类型:

(1) 西太平洋岛弧—海沟强活动带。西太平洋岛弧海沟系从堪察加—日本—琉球—中国台湾—吕宋—爪哇—缅甸,总体上呈北东向转南北向。再转东西向和南北向环绕中国大陆,属于西太平洋地震带的主体,是太平洋板块、菲律宾海板块、亚澳板块与欧亚大陆板块的碰撞俯冲边界,是现代构造运动虽强烈地带之一,属于强活动区,是典型的板缘地震带,包括浅源和中深源地震,最大震级超过 $M8$ 级。我国台湾岛弧是这个构造带的一部分,也是我国近海地区地震强度与频度最高的地震带。从岛孤向外侧进入大洋属于大洋板内稳定区和大洋中脊中强活动带。

(2) 弧后盆地弱活动带。其主要包括分布在岛弧向大陆一侧的盆地,包括鄂霍次克海、日本海、冲绳海槽、南海盆地的南部与中部,多是与弧后扩张有关的海槽及残留的陆块海台,也有一部分海槽是弧后盆地构成的。该带地震活动相对较弱,地震成带性不强,多零星分布。日本海与冲绳海槽虽大震级可达 $M7$ 级左右。我国的南海盆地属于这个构造带的一部分,最大震级达 $M6$ 级左右,包括浅源和深源地震。

(3) 陆架海中等活动和弱活动带。其包括渤海、黄海、东海、南海北部及台湾海峡,主要是新生代时期大陆地壳拉张破裂形成的坳骆与断陷盆地。其中,以渤海、台湾海峡、南海北部等近海区地震活动较强,虽大震级可达 $M7.5$～8 级。黄海、东海地震活动相对较弱,但南黄海西部及东海东部活动较强,最大震级可达 7 级左右。

3) 海洋地震灾害

海洋地震系指发生于海底的地震。全球地震绝大多数皆指分布在海洋,特别是发生在大洋与大陆的过渡带——边缘海。在太平洋岛弧地区 $M8$ 级左右特大地震几乎都发生在海底。表 5-1 为近半个世纪世界各国(地区)发生地震次数和震级的统计。印度尼西亚是世界上发生 6 级以上地震次数最多的国家,通过对比国家版图和地理位置可以看出,印度尼西亚地处太平洋板块、印度洋板块、亚欧板块的边界区域,使该地区的地壳运动异常活跃。

表 5-1 1964 年 1 月 1 日迄今全球 6 级以上地震统计表(国际地震中心提供目录)

| 序号 | 统计区域 | 地震发生次数(次) | | 总数(次) |
|---|---|---|---|---|
| | | 6.0～6.9 | >7.0 | |
| 1 | 印度尼西亚 | 647 | 21 | 668 |
| 2 | 美国 | 423 | 13 | 436 |

（续表）

| 序号 | 统计区域 | 地震发生次数(次) | | 总数(次) |
|---|---|---|---|---|
| | | 6.0～6.9 | ＞7.0 | |
| 3 | 日本 | 223 | 22 | 245 |
| 4 | 智利 | 174 | 9 | 183 |
| 5 | 中国大陆 | 173 | 9 | 182 |
| 6 | 中国台湾地区 | 138 | 16 | 154 |
| 7 | 墨西哥 | 131 | 17 | 148 |
| 8 | 伊朗 | 63 | 12 | 75 |
| 9 | 印度 | 49 | 3 | 52 |
| 10 | 新西兰 | 46 | 3 | 49 |
| 11 | 土耳其 | 34 | 5 | 39 |
| 12 | 希腊 | 31 | 1 | 32 |

我国大陆东临太平洋，位于西太平洋地震带，是全球地震强度与频度最高的地带之一，而且中国大陆板块受到西部的亚欧板块和东部的太平洋板块、菲律宾海板块的双重挤压，成为全球板内地震强度与频度最高、灾害最大的大陆。历史上，发生在我国领海和邻海的地震，5级以上的有1079次，6级以上的有322次，7级以上的有45次，8级以上的有3次。比如，1888年6月13日渤海7.2级、1969年7月18日渤海7.4级、1604年12月29日泉州近海8级、1600年9月29日南澳7级、1918年2月13日南澳7.3级、1994年9月16日闽粤交界外海中7.3级、1605年7月13日琼州海峡7.2级、1934年2月14日和1948年3月3日靠菲律宾的我国海域的7.6级和7.3级两次、1920年6月5日和1972年1月25日的台湾以东海域两次8级地震。

海域地震造成了严重的灾害，如1605年琼州海峡大震时的陆陷事件，1604年泉州近海8级地震引发海啸，1918年南澳7.3级地震引发海啸，海岸山崩，海岸隆起，海底火山喷发等。渤海在1548—1983年共发生4.7级以上地震39次。最大的地震是1888年6月13日渤海湾发生的7.5级地震。1969年7月18日渤海又发生7.4级大地震。这两次强震使邻近渤海的冀、鲁、辽、京津地区均有震感，且有破坏。黄海地震多发生在勿南沙和郎家沙一带。1900—1983年黄海共记录到4.7级以上地震18次，1975年以来，“两沙”地震活动增强，1976年10月6日黄海发生5.5级地震，1996年11月9日南黄海发生6.1级地震，1997年7月28日南黄海发生5.1级地震，这三次地震使苏、沪等地有震感。1984年5月21日南黄海发生6.2级地震，是黄海最强烈的一次。东海和台湾海峡历来地震较多。1919—1983年共记录到4.7级以上地震60多次。1976年9月10日台湾近海发生5.3级地震；2001年6月13日台湾苏澳东北近海发生5.5级地震。2002年5月29日台湾花莲海外发生6.2级地震。1604年12月29日福建省泉州海外发生8级地震，这是我国最大的海洋地震，这次地震使泉州和莆田破坏惨重。南海自1915—1983年共记录到4.0级以上地震70多次，其中最大的两次：一次是1600年9月29日7.0级地震；另一次是1918年2月13日7.3级地震，这两次强震对南澳岛破坏严重，波及粤、闽、赣三省。1988年11月10日北部湾海域发生5.1级地震，湛江、南宁等地震感强烈，以后北部湾又发生6.2级地震。

海洋地震灾害主要体现在对沿海陆地的破坏和海域本身的破坏两个方面。我国经济发展的主体在沿海，人口集中在沿海，对沿海陆地的破坏和影响不言而喻。即使沿海陆地及近海地震震级不很高，但因为人口密集、经济发达，其可能造成的灾害损失将非常巨大，这已为各级政府和广大民众所认同。例如，1996年南黄海6.2级地震，虽离岸边120 km，却给上海、江苏和浙江造成较大范围的社会影响。因此，加强海洋地震研究、掌握海洋地震规律、提高抵御海洋地震灾害的能力，是我国进入21世纪面临的一项非常重要的课题。

### 5.1.2 地震次生灾害——海啸

1）海啸定义及分类

由于海底地震、海底火山爆发、海岸山体崩塌和海底滑坡等诸多因素引起海水剧烈起伏，形成巨大的波浪并向前推进，在涌向沿海区域时所形成的破坏性巨浪称为海啸。道光十年也就是公元1830年，《台湾采访册》中记载了凤山县(今属高雄市)，在乾隆四十六年也就是公元1781年四五月间曾遭海啸袭击。书中记载：“时甚晴霁，忽海水暴吼如雷，巨涌排空，水涨数十丈，近村人居被淹，皆攀缘而上至树尾，自分必死。不数刻，水暴退。”这也是我国古代比较明确的关于海啸的记录。

基于不同的标准，海啸可以划分为不同的类型：

(1) 根据形成的原因不同，海啸可分为四种类型：

① 气象变化引起的风暴潮，是由于剧烈的大气扰动，如强风和气压骤变导致海水强烈地异常升降，从而形成的灾害。

② 火山海啸，是由于海底火山喷发造成的大量喷发物在短时间内进入海水，从而引起海水动荡。

③ 滑坡海啸，由于海底陆坡失稳滑塌，大量快速落下的沉淀物和岩石导致了大规模的海水移动，引发海啸。与滑坡海啸类似的还有冰川崩塌和海岸滑塌引起的海啸。

④ 地震海啸，是海底发生地震时，海底地形急剧升降变动引起海水强烈搅动。统计资料表明，最典型的海啸现象一般都是由海洋地震所引发的。通常当发生6.5级以上的地震，且震源深度小于20～50 km时，才能发生破坏性的地震海啸。如果要产生灾难性的海啸，震级则要有7.8级以上。毁灭性的地震海啸全世界大约每年发生一次，尤其是最近几年发生的地震海啸都形成了巨大的破坏性。

(2) 按运动机制的不同，可分为两种形式：

① 下降型海啸。某些构造地震引起海底地壳大范围的急剧下降，海水首先向突然错动下陷的空间涌去，并在其上方出现海水大规模积聚，当涌进的海水在海底遇到阻力后，即翻回海面产生压缩波，形成长波大浪，并向四周传播与扩散，这种下降型的海底地壳运

动形成的海啸在海岸首先表现为异常的退潮现象。

② 隆起型海啸。某些构造地震引起海底地壳大范围的急剧上升，海水也随着隆起区一起抬升并在隆起区域上方出现大规模的海水积聚，在重力作用下，海水必须保持一个等势面以达到相对平衡，于是海水从波源区向四周扩散，形成汹涌巨浪。这种隆起型的海底地壳运动形成的海啸波在海岸首先表现为异常的涨潮现象。

（3）根据地震源距离海岸的距离，海啸可分成两类：

① 近海海啸，或称本地海啸。海底地震海啸生成源地在近岸 100～200 km 范围。海啸波到达沿岸的时间很短，只有几分钟或几十分钟，带有很强的突然性，根本无法防御，危害极大。例如，2004 年印度洋海底地震的震中在印尼苏门答腊岛的西北近海，除该岛北部的亚齐地区近在咫尺外，重灾区的斯里兰卡、印度东岸、泰国、马尔代夫等，相距都不超过 1 500～2 000 km，海啸波在几十分钟至 2 h 内到达，从而造成了严重的损失。

② 远洋海啸。是从远洋甚至横越大洋传播过来的海啸。海底地震产生后，由于整层海水的抖动而在洋面上生成波长为几十或几百千米的震荡波，以高速往四外传播，传播速度约为 1 000 km/h。图 5－2 为计算出的海啸波传播图。以南美洲智利沿海为震源中心的海啸波，大约 24 h 后就可以横越整个太平洋传播到日本群岛、琉球群岛一带。

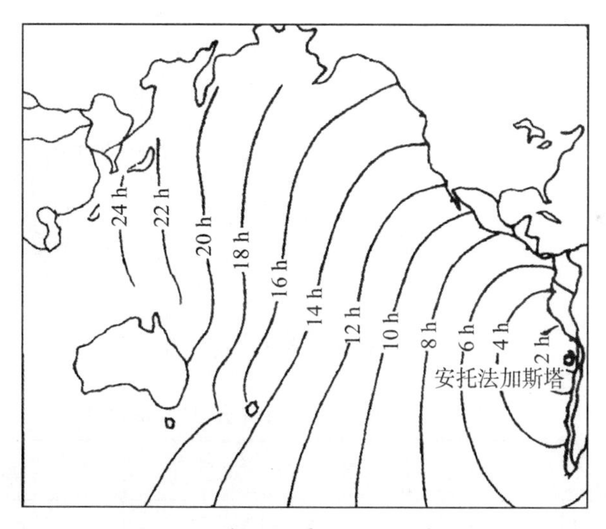

图 5－2 智利地震引起的海啸传播

2）地震海啸产生条件

从海啸的形成机理分析可知，地震海啸的产生需要满足三个条件：

（1）深海。地震释放的能量要变为巨大水体的波动能量，地震必须发生在深海，只有在深海海底上面才有巨大的水体。发生在浅海的地震产生不了海啸。

（2）大地震。要产生波长非常长的海啸波，必须有一个力源作用在海底，这个力源的尺度要和海啸波的波长相当，在它的整体作用下，才有可能产生海啸。因此，只有 7 级以上的大地震才能产生海啸灾害，小地震产生的海啸形不成灾害。太平洋海啸预警中心发布海啸警报的必要条件是：地震必须发生在深海，震源深度<60 km，同时地震的震级>7.8级，这从另一个角度说明了海啸灾害都是深海大地震造成的。值得指出的是：海洋中经常发生大地震，但并不是所有的深海大地震都产生海啸，只有那些海底发生激烈的上下方向位移的地震才产生海啸。

（3）开阔逐渐变浅的海岸条件。海啸要在陆地海岸带造成灾害，该海岸必须开阔，具备逐渐变浅的条件。1960年智利地震海啸和2004年印尼地震海啸破坏最严重的地方大多数都是在海底地形由深逐渐变浅的海湾。有些地方距离地震震中很近，但这些地方附近的海底地形陡峭，海啸造成的灾害却不大。当海啸波在深海快速传播时，海底地形没有明显变化时，在一个波长的范围（500 km）内，海啸波造成的海面高程变化不到1.0 m，几乎很难察觉。从机理上讲，海啸波是一种波浪特殊形式——孤立波，其最大特点就是水体中水质点的运动速度从水面到水底几乎是一致的，也就是沿水深整个水体都在水平前进运动，蕴含了巨大的动能。当海啸传入大陆架后，因深度急剧变浅，上千米深水体中包含的能量都在近岸处释放，使海面波高骤增，最大波幅可达20～30 m，波速极快，从而造成极大的危害，如图5-3所示。表5-2给出20世纪记录到的特大地震海啸波高。

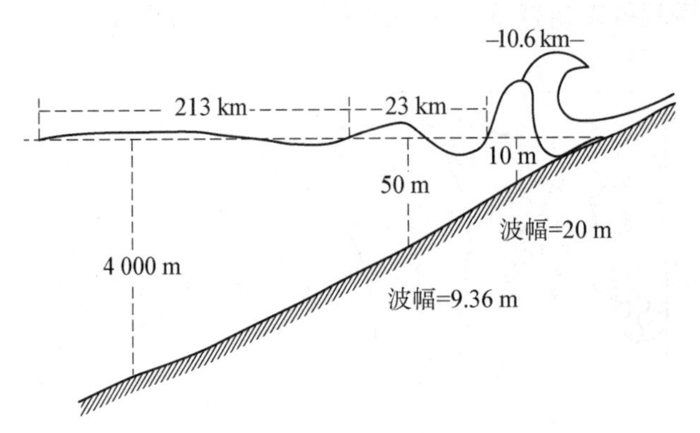


图5-3 海啸行至浅水区波高陡增示意图

表5-2 20世纪记录到的特大地震海啸波高

| 时间 | 地区 | 波高 | 时间 | 地区 | 波高 |
|---|---|---|---|---|---|
| 1964.3.28 | 阿拉斯加湾 | 70 | 1933.3.02 | 日本三陆 | 29 |
| 1994.6.03 | 印尼东爪哇 | 60 | 1917.6.26 | 萨摩亚群岛 | 26 |
| 1998.7.17 | 巴布亚新几内亚 | 49 | 1960.5.22 | 智利 | 25 |
| 1946.4.01 | 阿留申群岛 | 35 | | | |

3）地震海啸发生概况

（1）世界地震海啸。

地震海啸灾害是世界上一种极其严重的地震次生灾害。有史以来，世界上已经发生了近5000次程度不同的破坏性海啸，造成了生命和财产的巨大损失。下面介绍两次距今较近的地震海啸灾难。

① 2004年印度洋地震海啸。2004年12月26日晨7点59分，印度尼西亚苏门答腊岛西北近海(3.9°N，95.9°E，如图5-4所示)发生里氏9级强烈地震(后修正为里氏9.3级，为有记录以来的第二大地震，仅次于1960年5月23日智利发生的里氏9.5级大地震)。地震引起了巨大海啸，浪高近10 m，所到之处无数的城镇、村庄被夷为平地。这场突如其来的灾难给印度尼西亚、斯里兰卡、泰国、印度、马尔代夫等国造成巨大的人员伤亡和财产损失，而且海啸还波及非洲的索马里、坦桑尼亚等国家。这次地震海啸导致近30万人遇难(表5-3)，经济损失难以量计，其强度是100年来全球非常罕见的。美国国家海洋与大气管理局局长麦克里尼说，像这样重大的灾难大约700年才会发生1次。

表5-3 2004年印尼海啸受灾国死亡和失踪人数

| 国 家 | 死亡人数(人) | 失踪人数(人) |
|---|---|---|
| 印度尼西亚 | 124 946～127 420 | 94 994～116 368 |
| 斯里兰卡 | 31 003～38 195 | 4 698～4 924 |
| 印度 | 10 779 | 5 614 |
| 泰国 | 5 395 | 2 991 |
| 索马里 | 298 | |
| 缅甸 | 90 | |
| 马尔代夫 | 82 | |
| 马来西亚 | 68 | |
| 坦桑尼亚 | 10 | |
| 孟加拉国 | 2 | |
| 肯尼亚 | 1 | |
| 总计 | 172 674～182 340 | 107 807～129 897 |

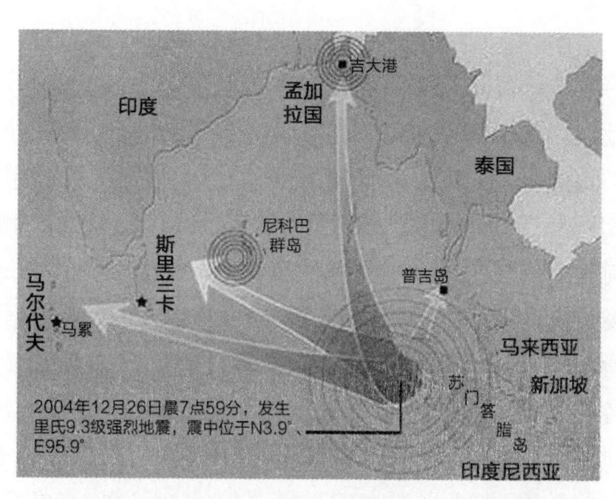


图5-4 2004年印度洋地震海啸传播示意图

② 2011年日本地震海啸。2011年3月11日14:46(当地时间)在日本东北部太平洋海域(日本称此处为“三陆冲”)发生强烈地震,震级达到9.0级(有记录以来第五大地震)。震中位于日本宫城县以东太平洋海域,距仙台约130 km,震源深度20 km。日本气象厅随即发布了海啸警报称地震将引发约6 m高海啸,后修正为10 m。根据后续研究表明海啸最高达到23 m。地震引发的巨大海啸对日本东北部岩手县、宫城县、福岛县等地造成毁灭性破坏,并引发福岛第一核电站核泄漏。据日本《产经新闻》的报道,日本警察厅统计结果显示,截至3月30日上午,日本受灾的12都道县确认遇难人数11 232人,警方接到家属报失踪人数16 361人,共计27 593人。由于海啸和福岛核事故,对当地5.2万人进行了疏散。

(2) 我国地震海啸。

中国大陆以东受宽阔的大陆架和一系列岛弧保护,包括日本列岛、朝鲜半岛、琉球群岛、中国台湾岛、菲律宾群岛、印度尼西亚群岛和中南半岛等。这种天然地理屏障得天独厚,可以阻挡太平洋传播来的远洋海啸。因而在历史上,近2 000多年来仅发生25次地震海啸,其中有8~9次破坏性海啸,频率相当低,而且70%集中于台湾和南海沿岸。

太平洋的远洋海啸波传播到我国近海,经过岛弧和浅海大陆架,能量极大衰减。以1960年智利特大地震海啸为例,当地波高25 m,传到夏威夷时为11 m,到日本时为6 m,到香港时仅为38 cm,长江口记录到的波高只有20 cm。1983年5月26日晨,日本海东北部发生7.7级地震海啸,傍晚时上海附近验潮站记录到的海啸波,波高约为40 cm。1992年1月4—5日,我国海南岛西南海域(18°N, 108°E)海底发生8次地震,最大震级3.7。海南岛南部的榆林验潮站于5日下午记录到周期30 min、波高0.78 m的海啸波,三亚验潮站也同时观测到4~6次波高0.5~0.8 m的海啸波。总的来说,中华人民共和国成立以后,我国没有遭受过较严重的海啸灾害。中国(除台湾地区外)遭受海啸袭击的频率很低。但必须指出,印度洋沿岸各国(除印度尼西亚外)历史上遭受海啸袭击的频率也很低,但在2004年12月26日却遭到海啸的毁灭性袭击。因此,我们决不能放松防御海啸灾害的警惕。

4) 海啸预警

目前海啸预报的方法已经成熟,并且有许多方法能够预测海啸。最直观的方法就是海啸浮标,海啸浮标通过对比相邻两次海底水位差来判断是否会发生海啸。当相邻两次海底水位差超过某一阈值时,系统认为海啸已经发生。更为先进的手段是利用卫星遥感技术,通过卫星测量出卫星到海面的距离,可以对海面进行实时的监测。卫星监测的原理是向地球表面发射调制后的压缩脉冲,经海面反射后,由接收机接收返回的脉冲,并测量发射脉冲的时刻与接收脉冲时刻的时间差及返回的波形,便可以测量出卫星到海面的距离,并可对海面进行实时的监测。此外,还有根据潮位站站点水位检测数据也能感知海啸的到来。潮位站又名验潮站,是在选定的地点设置自记验潮仪或水尺,记录水位升降变化,进而研究潮汐性质和掌握被验潮海区的潮汛变化规律的观测站。目前,世界上已形成了一些先进的海啸预警系统,如太平洋海啸预警系统,它通过分布在整个太平洋区域的地震台站和海洋潮汐台站组成的监测系统，评估潜在的海啸地震危险，并为环太平洋周边国家提供海啸预警信息。

## 5.2 海岸侵蚀与坍塌

### 5.2.1 海岸侵蚀

1）海岸侵蚀原因

海岸侵蚀是指海岸带的地形地貌与海岸动力过程中不相适应所造成的泥沙搬运和转移。由于海岸带地处动态平衡的特殊地理单元，因此海岸侵蚀问题复杂、原因众多、危害匪浅。

海岸侵蚀是一种灾害性的海岸地质现象，它遍及全球海岸。受全球气候变暖及人为活动的影响而产生的海平面上升加速将使海岸淹没和侵蚀范围进一步扩大，程度日益加剧。世界上一些滨海国家多年来一直在关注着它的发展和变化，并不断研究其防护对策。同样，在我国漫长的海岸线上也存在着不同程度的海岸侵蚀问题，其中不少岸段因河流改道、海岸夷平作用、暴风浪及强潮的冲刷而发生了不同程度的侵蚀后退。

海岸侵蚀的直接原因是海岸的泥沙亏损与动力增强，而引起泥沙亏损和动力增强的根本原因主要有自然因素和人类活动的影响。海岸作为一个系统，在稳定状态下，物质和能量的输入输出处于平衡状态。海岸系统的物质基础是泥沙的运移，能量因素是海岸波浪、流场、潮汐的作用。造成海岸侵蚀的物质能量机制是海岸泥沙供给减少或由于海岸海洋动力自然加强致使泥沙从海岸系统中丢失。海岸侵蚀的主要原因有如下：

(1) 海岸沿岸泥沙亏损引起的岸线侵蚀。

① 河流输沙的减少。河流输沙是海滩沙的主要来源，我国沿海入海河流的泥沙输出量巨大，泥沙量对海岸线的后退淤进有举足轻重的作用。沿海地区构造升降的不同及其引起的入海河流沉积物的分配不均也是产生海岸线淤侵的主要原因。河流改道引起泥沙来源断绝，使原来淤进的岸线迅速转变为侵蚀后退，最典型的例子就是废黄河口的岸线后退。1855年黄河北归入渤海后，废黄河口海岸一直遭受侵蚀，侵蚀最强烈的地区是废黄河口附近，向南至三角洲边缘部分，侵蚀速度逐渐减小。根据南京大学海岸与海岛实验室的研究，1930—1980年废黄河口岸段海岸线平均后退20～30 m/年，北段后退15 m/年，南段后退20～30 m/年，滩面蚀低0.5～1.0 m/年。

河流入海径流和入海输沙量的逐步减少也会引起河口海岸线的后退。引滦入津工程引起入海水沙变化，对现代滦河三角洲岸线演变有明显的影响。工程前，多年平均入海水量$41.9\times10^8$ $m^3$，入海沙量$2.22\times10^7$ t；工程后(1980—1984年)，入海水量$3.55\times10^8$ $m^3$，入海沙量$1.03\times10^7$ t。工程前海岸线向海延伸，最大延伸速率达81.8 m/年；工程后岸线普遍侵蚀后退，后退速率以口门最大为300 m/年，并向两侧变小。

② 沿岸挖沙。沙质海滩特大高潮线以上多为长草的沙丘或沿岸沙堤，不经常受到海浪冲刷，可视为天然屏障。由于人工水下采沙，破坏了海滩水下海浪动力与泥沙供应间

的动态平衡,海洋动力必然要再从岸滩系统中获取一定的沙源补充,以形成新的动态平衡。这即导致上部海滩遭受冲刷破坏,地面形态上表现为岸线的后退或海岸线下侧滩面侵蚀。全国海岸每年挖沙总量尚无法精确统计,但局部地区挖沙现象难以遏制。我国辽宁、山东、福建等沙质海岸盛产优质建筑工业沙,因此遭到不同程度的采挖。据不完全统计,山东沿海有采沙点 76 个,1998 年采沙 $4.03\times10^6$ t,1999 年采沙 $6.0\times10^6$ t。据水文资料,山东半岛入海河流向海输沙为 $8.01\times10^6$ t,这些入海泥沙仅有 20%～30%留在海滩上参加海岸过程,其余皆以悬移质形式输往海区。按此计算,1998—1999 年海岸泥沙至少亏损$(2\sim4)\times10^6$ t/年。

③ 不合理的海岸工程。不合理的海岸建筑物引起海岸侵蚀,在沿海有漂沙情况下,突堤式构筑物在其上游一侧往往因存在入射角填充作用,而形成泥沙堆积;相反在其下游一侧形成侵蚀冲刷。建于 1971 年长 1 500 m 的山东岚山港佛手湾突堤,北侧明显淤积,南侧发生侵蚀,1974 年测图同 1970 年测图相比,北侧淤积 $1.78\times10^5$ $m^3$,而南侧蚀去泥沙 $1.3\times10^5$ $m^3$,高潮线海滩被吞食,形成大片基岩新滩,低潮线向岸逼近 100 m。

(2) 海洋水动力增强。

水动力条件包括河流和海洋两方面,是塑造河口形态地貌的重要因素,其中海洋动力作用对海岸侵蚀起着更重要的影响。

① 相对海平面上升。从中长期看,海平面上升是引起大范围岸线内移的重要因素,在局部地区与构造升降运动、地面沉降叠加使相对海平面上升速度增加,引起海岸线加速后退。在过去百年中,全球海平面以 1～2 mm/年的平均速率上升。国家测绘局于 1992 年 7 月发布根据 9 个观测站的资料分析结果:过去 100 年中,中国东海与南海沿岸海平面分别上升 19 cm 与 20 cm,中国海平面年上升率为 2～3 mm,未来仍呈上升趋势。

② 灾害性气候频发。造成海岸侵蚀的海洋水动力主要包括潮流、波浪、风暴潮等。长江三角洲海区是中、强潮流区,实测最大潮流速可达 2 m/s,潮流作用成为海岸动态变化的主要动力。潮流强烈的作用及其逐月逐日的波动变化,使海滩沉积物经常处于十分活跃的冲刷、堆积状态。波浪作用是决定海岸侵蚀季节变化的主要原因,其侵蚀作用主要表现为起动泥沙,搬运泥沙,波、流结合输沙。黄河三角洲岸线侵蚀一般是受到潮流和波浪的共同作用引起的,即波浪作用下底床泥沙产生移动的临界水深,在强潮水流作用下,波浪掀沙和潮流输沙两者结合,增强了海岸的侵蚀作用。近代气候的变异和海平面上升将会引起风暴潮灾害发生概率的增大和强度的加大,风暴潮对海岸的侵蚀作用具有突发性和局部性,其危害程度极为严重。

③ 海滩植被和天然防护林的破坏。生物海岸的珊瑚礁具有明显的防波护岸的作用,红树林不仅能护岸防潮抗浪,还能阻滞悬浮泥沙,促进泥滩淤长;此外,基岩海岸的岩礁、沙砾质海岸的沙砾堤都具有良好的护岸作用。珊瑚礁、红树林、芦苇、岩礁、沙砾等的随意挖采破坏,造成了向岸波动能不受阻拦地直接击岸,岸滩遭受直接侵蚀,引起岸线迅速后退。上海和江苏沿海 20 世纪 50 年代以来围垦的土地基本上都是有植被的潮滩,大面积的围垦造成大量草滩植被的破坏,失去了海滩防风消浪的作用。又如近二十多年来,海南

岛80%海岸珊瑚礁遭受不同程度的破坏，有的地区岸礁资源已面临枯竭，文昌县每年建房烧石灰水泥挖礁达 $5\times10^4$ t，1976—1982年间海岸后退了150～180 m，平均蚀退率为15～20 m/年，岸礁破坏已成为海南岛侵蚀的主要原因。

2）我国海岸侵蚀情况

自20世纪50年代以来，我国海岸侵蚀逐渐明显。至70年代末期，除了原有的岸段侵蚀后退之外，还不断出现新的侵蚀岸段，总的侵蚀正在不断增加，侵蚀程度加剧。因此，研究海岸侵蚀并及时布设合理的防护工程就变得尤为重要。

我国海岸侵蚀长度为3 708 km，其中沙质海岸侵蚀总长度为2 469 km，占全部非沙质海岸的53%；淤泥质海岸侵蚀总长度为1 239 km，占全部淤泥质海岸的14%。

沙质海岸侵蚀严重的地区主要有辽宁省、河北省、山东省、广东省、广西壮族自治区和海南省沿岸；淤泥质海岸侵蚀严重地区主要是河北省、天津市、山东省、江苏省和上海市沿岸。沿海各省海岸侵蚀情况见表5-4。表5-5给出了我国主要侵蚀岸线分布及原因。

表5-4　沿海各省海岸侵蚀情况

| 省(自治区、直辖市) | 海岸侵蚀长度(km) | 省(自治区、直辖市) | 海岸侵蚀长度(km) |
|---|---|---|---|
| 辽宁省 | 142 | 浙江省 | 54 |
| 河北省 | 280 | 福建省 | 90 |
| 天津市 | 34 | 广东省 | 602 |
| 山东省 | 1 211 | 广西壮族自治区 | 168 |
| 江苏省 | 225 | 海南省 | 827 |
| 上海市 | 75 | 合计 | 3 708 |

表5-5　中国沿海主要侵蚀区域及原因

| 地区 | 侵蚀区域 | 侵蚀程度 | 主要原因 |
|---|---|---|---|
| 辽宁省 | 辽西海岸旅顺柏岚子砾石堤、营口田家藏子、大凌河口东等 | 采沙、砾石处蚀退率为0.5～2 m/年，河口处50 m/年 | 人为过度采沙，河口侵蚀 |
| 河北省<br>天津市 | 秦皇岛市的河察、唐家屯沙砾堤、北戴河、汤河口、滦河口至大青河口 | 河口蚀退率为2～3 m/年 | 汤河口河道挖沙，滦河改道，渤海湾西岸陆地沉降 |
| 山东省 | 黄河三角洲除现代入海口附近外，其他岸段以蚀退为主，刁龙嘴至蓬莱段沙岸、牟平至威海段、荣成大西庄、崂山头及胶州湾两侧、岚山头附近 | 侵蚀程度严重，蚀退率为2～150 m/年，钓河口1976—1981年后退6 km | 黄河改道；龙口、牟平、蓬莱西庄等地的过渡海滩采沙；岚山头一带不合理的海岸工程 |
| 江苏省 | 废黄河三角洲、云台山至射阳河口段、东灶港至高枝港的古长江三角洲 | 各段蚀退率为2～20 m/年 | 海岸采沙，黄河北徙，东沙向南退缩，海岸失去掩护 |

（续表）

| 地区 | 侵蚀区域 | 侵蚀程度 | 主要原因 |
| --- | --- | --- | --- |
| 上海市<br>浙江省 | 芦潮港至中港、澉浦东至金丝娘桥段、杭州湾南岸段、部分沙质海岸 | 杭州湾南岸蚀退率达3～5 m/年 | 自然侵蚀，沙质海岸则由于人工挖沙遭破坏 |
| 福建省 | 霞浦、闽江口、长乐以东、平潭流水海岸、莆田嵌头、湄洲岛沙岸、澄瀛、厦门沙坡尾高崎、东山湾沙滩 | 蚀退率为1～5 m/年 | 自然侵蚀作用 |
| 广东省 | 韩江三角洲、漠阳江口北津、北仑河口 | 水下岸坡变陡，蚀退率为8～10 m/年 | 自然侵蚀作用 |
| 海南省 | 文昌邦塘、三亚湾、洋浦半岛、澄迈湾、海口湾、南渡江口至白沙角等岸段 | 近50年内，蚀退率为0.5～2 m/年不等 | 礁坪挖掘；南渡江上游水库拦沙；人工取沙和海岸工程 |

2009年沙质海岸侵蚀严重的地区主要在辽宁省的营口鲅鱼圈海岸和葫芦岛绥中海岸、河北省秦皇岛海岸、山东省龙口至烟台海岸、福建省闽江口以东海岸和莆田海岸、海南省文昌和南渡江口海岸。淤泥质海岸侵蚀严重的地区主要在江苏省连云港至射阳河口沿岸。

2009年重点岸段海岸侵蚀监测显示，辽宁省绥中海岸侵蚀主要在六股河南至新立屯30多千米岸线，平均侵蚀率为2.5 m/年，最大海岸侵蚀宽度在南江屯附近，一年海岸侵蚀5 m。表5-6为其他重点岸段海岸侵蚀监测结果。

表5-6　重点岸段海岸侵蚀监测结果

| 省(自治区、直辖市) | 重点岸段 | 平均年侵蚀率(m/年) |
| --- | --- | --- |
| 辽宁省 | 营口盖州鲅鱼圈 | 0.5 |
| 山东省 | 龙口至烟台 | 4.6 |
| 江苏省 | 连云港至射阳 | 13.2 |
| 上海市 | 崇明东滩岸段 | 11.2 |
| 海南省 | 海口市镇海村 | 5.0 |

### 5.2.2　海岸坍塌

1）海岸坍塌的原因及分类

海岸坍塌是指陡峻海岸的岩土体在重力作用下脱离母体发生坍落、崩塌造成的灾害，主要发生在陡峭的岩岸或由沙、土组成的海岸。海岸坍塌的主要诱发因素是海浪、潮流和海平面上升，其次是风暴潮、地震和人为活动。海岸坍塌会导致滨海土地面积的损失，其中沙岸比岩岸损失面积较大，海岸坍塌还会破坏滨岸工程建筑，危及港口、船只安全。与海岸侵蚀的缓慢发展过程不同的是，海岸坍塌的发生具有突发性和不可预测性。

海岸坍塌发展过程与破坏形式与水动力条件和海岸土体结构类型密切相关，根据其破坏过程和破坏形式可分崩塌（块塌）、条塌和片塌三种。

① 崩塌。崩塌主要发生在海水顶冲或横向环流发育的海岸部位。海岸介质由粉质黏土或软土和沙层组成，其结构类型多为双层或多层结构。崩塌常发生在汛期大潮的落潮时刻或大浪后退时刻。对于沙层的掏蚀，其发展情况不易被察，一旦发现地表土层出现裂缝，就会向四周迅速扩展，因此崩塌具有突发性，规模也一般较大。

② 条塌。条塌主要发生在横向环流不发育，海流基本平行于海岸的地段，介质以沙性土为主，土体结构类型多为均一型或上部黏性土较薄的双层结构。由于水动沙流的原因，与水面接触线以下的岸坡沙体随着水的冲刷流失，表层土体失去支撑而塌落。条塌发展过程是渐变的，几乎常年可见；汛期加剧，塌岸带会长达数千米，岸线多而且参差不齐。

③ 片塌。片塌是指在比较宽阔的海岸段，由于风浪拍打岸坡沙体，沙体被掏蚀形成孔穴，致使表层黏土失去支撑而塌落，而且由于波浪此起彼伏，海岸塌落最终呈片状分布。片塌的破坏深度较浅，只限于水面附近。片塌的发生有一定的时间性，一般东南风引起的波浪主要破坏北岸，西北风引起的波浪主要破坏南岸。片塌经常和条塌相伴一起出现。

2）国内外海岸情况

（1）英国诺福克郡海岸崩塌。

2018年3月受到寒流“东方野兽”的影响，英国诺福克郡的一段海岸线被风浪摧毁，海岸的坍塌使建在悬崖边的房子一夜之间成了“危房”。海浪不停地拍打岸边的砂岩导致了这一带的悬崖坍塌，沙石坠入海中，建在悬崖边的房子变得岌岌可危，一些房子甚至已经部分悬空在外，如图5-5所示。2015年，当地居民共同筹款在悬崖上加筑蜂窝状的混凝

图5-5 诺福克郡海岸崩塌

土块来加固海岸、抵御海浪，但似乎并未奏效，海岸被侵蚀的速度远远超出人们的想象。当地居民回忆道："两年前，我的房子离海有 90 m 远，而现在只剩 1.5 m 了。"

(2) 晋江东石张厝村海岸崩塌。

2017 年 2 月，晋江东石张厝村村民家门口的海岸出现了崩塌。崩塌海岸段是一段小山坡，距离海滩的高度约 30 m，在距离岸边一栋建筑前不足 10 m 的位置有一处裂开的海岸，形成一道宽约 0.3 m 的裂缝。坍塌下方的沙滩是成堆的崩塌下来的土方和石料。坍塌的原因是海水不断侵袭海岸造成的。当时在岸边修建了海堤保护海岸，早在 2013 年该地也曾发生过崩堤事故，相关部门对海岸进行了紧急加固，但 2015 年 8 月的一次天文大潮，海浪将加固的护堤卷垮，海岸再次发生了崩塌。事发海岸周边有大面积农田和几十栋村民住宅。海岸坍塌将使周边建筑岌岌可危，如再遇天文大潮，将引发严重的内涝和水土流失。

(3) 长江江苏岸段海岸坍塌。

1998 年，长江流域发生特大洪水，江苏段险情不断，险象环生，共发生重大险情 50 起，其中 38 起为江岸崩塌，共损失面积 31.21 $km^2$。坍塌离主江堤最近处仅 30 m，有 3 处外江堤被冲坍，总长度 300 m，最大的一次坍损面积达 6 $km^2$(润州)。在抢护过程中，共搬迁居民 205 户，拆毁房屋 4 间，沉船 21 条，抛石 $77.45\times10^4$ t，沉树梢石 6 080 组，投入了大量的人力物力，付出了较大的代价，江岸坍塌的严重性与危害由此可见一斑。

长江江苏段自 20 世纪 50 年代以来，江水的侵蚀作用非常强烈。江岸线(含江心洲)在水流作用下发生崩坍的岸段长约 343 km，由塌岸引起的岸线蚀退幅度，最大达 3 550 m，最大蚀退率为 225 m/年。江岸坍塌从某种意义上讲是长江河床不断演变的结果，它由长江水流对江岸产生侵蚀作用而引起。

(4) 黑龙江干流海岸坍塌。

黑龙江同仁江段主流宽 1 500 m 左右，水深 15～30 m，地面高程为 58～63 m，地面植被有大量森林和少数耕地。该段江道在近岸水流与河床土体的相互作用下，形成了横向环流，江道演变成 S 形。同仁护岸处为黑龙江凹岸，上游水流趋势是由西北向东南流，当水流到达该段时方向转向东偏北，水流直冲我国江岸。由于江水横向环流作用、河床土质松散、波浪冲刷、地表水汇流、地下水渗透、冻融效应等共同作用下，江岸大面积坍塌，主河槽向我国一侧移动。据历年黑龙江干流查勘资料统计，平均每年坍塌岸 6～8 m。塌岸严重段长为 3 850 m，对紧邻岸边的旅游景点及同仁边防哨所构成极大的威胁。

通过以上对于海岸或江岸坍塌案例的介绍，可见近些年来坍塌事故频繁发生，造成海岸坍塌的主要原因是海水、波浪的长期冲刷侵蚀，以及风暴潮的突然侵袭或地震等突发作用引起的。此外，研究表明海岸坍塌背后还有一个间接原因——全球海平面上升。因为海平面的上升会导致海岸地基持续浸泡变弱，强度降低，在外力作用下极易发生破坏。此外，海平面上升还将加剧风暴潮灾害的破坏程度，更容易造成海岸坍塌事故。而海平面上升本身就是一种海洋灾害，这也是我们下面要介绍的内容。

## 5.3　海平面上升

### 5.3.1　海平面上升的原因

全球气温变暖及海平面上升已经成为一个全人类共同关注的话题。研究表明，近百年来全球海平面已上升了 10～20 cm，并且未来还有加速上升的趋势。2016 年，中国沿海海平面比 2015 年高 38 mm，达 1980 年以来的最高位。海平面上升对世界上有许多国家地区，尤其是一些岛国的影响巨大。例如，马尔代夫的平均海拔只有 1.2 m，有研究预测表明，由于全球变暖引起的海平面上升，马尔代夫将会在 50 年内从地图上逐渐消失；同样夏威夷群岛位于太平洋中间部位，随着海平面上升，使其面临着被全面淹没的危险。还有太平洋岛国汤加，在 1945 年以来，由于全球气温的升高，其周围海平面上升了接近一英尺(30 cm)。

海平面上升既有全球性特征，也具有区域性特性。在沿海地区海洋地质环境灾害中，相对海平面上升相对于理论海平面上升来讲更加不容忽视。世界某一地点实际海平面变化是全球海平面上升值加上当地陆地上升或下降值之和，这便是相对海平面。世界一些大三角洲(包括长江和黄河三角洲)的地面沉降速率均在 6～100 mm/年，为目前理论海平面上升率的 5～100 倍。近年来，国际科学家十分重视相对海平面的研究，因为它在评估海平面上升对人类社会的影响方面比理论海平面变化更有实际意义。

海平面上升原因总体可分为两大类：冰川性海平面上升和区域性相对海平面上升。

(1) 冰川性海平面上升主要受到太阳能辐射量的变化、地球对太阳辐射的接受率及温室效应等因素的影响。因为太阳在银河系中的位置并不是固定的，因此太阳能的辐射量不是恒定不变的，进而也影响地球表面热量接收的多少和局部的温度变化；同时由于太阳内部活动和地球的黄赤交角变化，使得地球对太阳辐射的接受率也会发生变化。温室效应是指透射阳光的密闭空间由于与外界缺乏热交换而形成的保温效应。随着工业化进程的发展，人类排放的温室气体，如二氧化碳、甲烷、含氯氟烃等日益增多，使地球表面的温室效应不断加重，引起全球温度升高，加速了极地冰川的融化；同时海水温度的升高还会引起水体膨胀效应，进一步加速了海平面的上升，这些效应引起的海平面上升是全球性的。

(2) 区域性相对海平面上升主要由于构造运动引起的区域性沉降、松散土层因压实而下陷，以及超采地下水、开采石油、天然气引起地面沉降等，最终引起局部海平面的相对上升。目前，我国有近 20 座城市发生了不同程度的地面沉降，绝大多数都与超采地下水有关。我国沿海除山东、苏北沿岸外，渤海、北部湾海岸的下沉尤为明显，其中天津地区自 1959 年以来的 30 余年间，受地壳升降、沉积物压实和抽取地下水的多重影响，沉降速度在 1.3～2.0 mm/年，最严重的地方已下沉 2.2 m。下沉速度十分惊人，超过中国沿海任何一个地方。

### 5.3.2 海平面上升的灾害效应

海平面上升的灾害效应是指海平面上升所引起的海洋动力条件的变化及其对海岸带系统的作用所造成的灾害性影响，并由此构建海平面上升成灾模式(图 5-6)。海岸带系统的地质构造、陆地地貌、海岸类型、海岸冲淤状态、水动力条件是研究海平面上升灾害效应的基础条件。由图可知，区域海平面上升引起了区域海洋动力条件的变化，主要表现在潮汐、波浪、径流和泥沙等方面，并成为成灾动力。首先，海平面上升使得区域各种特征潮位相应增高，潮汐作用增强；同时海平面上升也使得沿海地区水深增大，波浪作用增强；海平面上升也造成河口地区径流比降变小，影响径流携沙入海等。这些海洋动力条件变化作用于成灾对象，如海岸带系统的潮滩、海堤、湿地、码头、涵闸、居民点和工业设施，将带来风暴潮加剧、海岸侵蚀、潮滩湿地减少、涵闸废弃、洪涝灾害加剧、海堤破坏、海水入侵等灾害效应，具体的灾害形式如下：

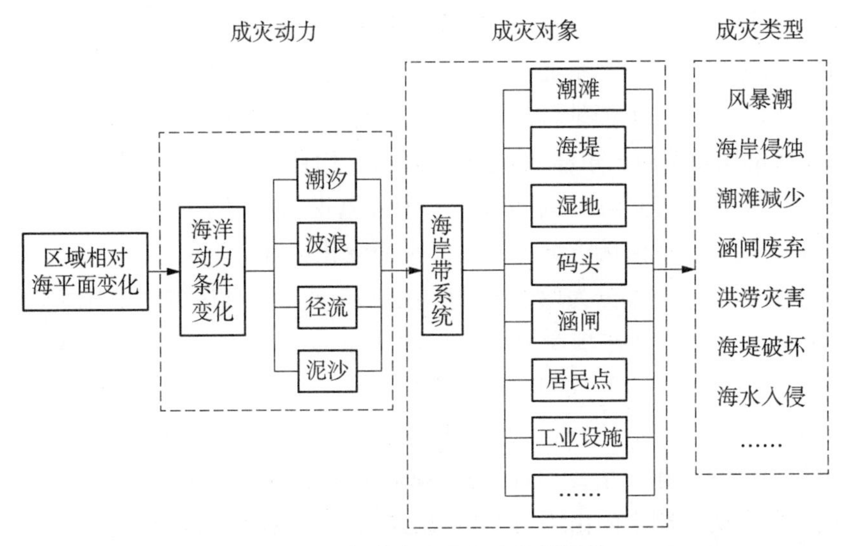


图 5-6 相对海平面上升成灾模式

1）海岸侵蚀

海平面上升在海岸带的主要反应是海岸侵蚀和海岸沙坝向岸位移。30 多年前，除个别废弃河口三角洲被侵蚀后退外，我国绝大多数海岸呈缓慢淤积或稳定状态。自 20 世纪 50 年代末以来，我国海岸线迁移方向出现了逆向变化，多数沙岸、泥岸或珊瑚礁海岸由淤积或稳定转为侵蚀，导致岸线后退。据估计，约有 70%的沙质海滩和大部分处于开阔水域的泥质潮滩受到侵蚀，岸滩侵蚀范围日益扩大，侵蚀速度日益增强。

海岸侵蚀的日益加剧已造成道路中断、沿岸村镇和工厂坍塌、海水浴场环境恶化、海岸防护林被海水吞噬、岸防工程被冲毁、海洋鱼类的产卵场和索饵场遭破坏、盐田和农田被海水淹没等严重后果。

海平面上升引起海岸侵蚀的系统概念是1962年由Bruun首先提出来的。季子修等(1993)按Bruun定律计算的长江三角洲附近海岸的后退距离见表5-7。

表5-7 海岸随海平面上升的海岸后退量预测

| 岸段 | 海滩坡度(‰) | 海平面上升1 cm时的海岸后退量(m) |
|---|---|---|
| 废黄河三角洲海岸 | 1.3～3.6 | 2.8～7.7 |
| 江苏中部海岸 | 0.3～0.9 | 11.2～33.4 |
| 江苏南部海岸 | 1.1～1.2 | 8.3～9.1 |
| 南汇嘴海岸 | 0.6～3.9 | 2.2～16.7 |
| 杭州湾北部海岸 | 2.8～4.5 | 2.2～3.6 |

2）风暴潮灾害

随着海平面的升高，我国沿海风暴潮灾害的重现期也随之降低，发生的概率相应升高。在珠江三角洲地区，未来海平面上升50 cm，广州站附近岸段现今50年一遇的风暴潮位将变为10年一遇，其他岸段现今100年一遇的风暴潮位就可能变为10年一遇。在长江三角洲及邻近地区潮位相对较大岸段(如澉浦和小洋口)，海平面上升50 cm，将可能使100年一遇的风暴潮位变为50年一遇；而在潮差相对较小的其他岸段，海平面上升20 cm就可能使现今100年一遇风暴潮位变为50年一遇。在渤海湾西岸地区，海平面上升90 cm，现今100年一遇的风暴潮位也将可能变为20年一遇。

3）海水入侵

海水入侵灾害加剧是海平面上升的重要影响之一。目前已有的研究主要集中在有一定资料基础的长江口和珠江口地区。杨桂山等(1993)利用相关经验模型和数值计算等方法对海平面上升引起的长江口海水入侵强度的综合研究表明，未来海平面上升50 cm，枯季南支落憩1‰和5‰等盐度线入侵距离将分别比现状增加6.5 km和5.3 km，危害明显增加。此外，对珠江口的计算结果也显示，海平面上升将加剧海水入侵灾害，未来海平面上升40～100 cm，各海区0.3‰等盐度线入侵距离将普遍增加3 km左右。

4）水资源和水环境遭到破坏

中国沿海地区，特别是长江口以南地区，供水水源以河流地表水为主，许多重要城市均位于入海河口区。随着相对海平面上升，潮流将上溯至内陆更远的地方，涨潮流顶托，污水回荡，加重了江河污染。受污染的河水常停滞在河道内潮流与径流间的界面上，阻碍城市污水排泄，造成城市内河流水质严重污染，进一步引起供水水源污染。

在上海市，黄浦江及其支流苏州河的水质均已严重污染，目前黄浦江三分之二河道的河水污染物含量已经超标。对主要供水水源地吴淞口的水质分析计算表明，现状海水入侵对吴淞口水质产生危害(指水源含氯度 $>200\times10^{-6}$ g/m$^3$)一般发生在长江下泄入海流量不足 $11\times10^3$ m$^3$/s 的情况下，海平面上升50 cm，在长江下泄流量保持在11×

$10^3$ $m^3/s$ 时就将对其产生明显影响。从长江大通站多年月均流量资料来看，枯季长江月均流量不足 $11\times10^3$ $m^3/s$ 的概率仅 40%，而不足 $13\times10^3$ $m^3/s$ 的概率则高达 60%。

5）沿海低地被淹没

我国海岸带海拔高度普遍较低。据专家估计，若未来海平面上升 50 cm，整个长江三角洲、杭州湾北岸、苏北滨海平原地区潮滩和湿地损失面积将分别达 550 $km^2$ 和 246 $km^2$，分别占现有滩地和湿地面积的 11%和 20%，其中海平面上升影响所占比重可达 44%～65%。渤海湾西岸和天津市为大片低洼地，若海平面上升 30 cm 而不加保护，自然岸线将后退 50 km，达天津市区，淹没土地约 10 000 $km^2$；若海面上升 100 cm，海岸线将后退 70 km，海水可能影响的总面积约 16 000 $km^2$。潮滩与湿地损失既丧失了宝贵的土地、旅游和生物等资源，也使滩面消浪和抗冲能力减弱，当风暴潮产生，甚至遭遇天文大潮时，沿海低地都将受到严重威胁。

6）防护工程功能降低

相对海平面上升无疑会对沿海重要工程设施产生直接而长远的影响，这些工程设施主要有海岸防护工程、水利工程及港口与码头工程；同时，相对海平面的上升也会加大城市防洪与排涝的困难。

（1）海岸防护工程。中国滨海平原基本都建有海堤等海岸防护工程，但其防御能力普遍偏低。除少数城市和工业区（上海外滩防汛墙、秦山核电站和金山石化总厂护堤等）局部海堤标准较高可达千年一遇外，其余绝大部分海堤一般仅达到 20～50 年一遇。海平面上升、潮位升高及潮流与波浪作用加强，不仅会导致风浪直接侵袭和掏蚀海堤的概率大大增加，同时导致出现同样高度风暴潮位所需的增水值大大减小，从而使极值高潮位的重现期明显缩短，增多海水漫溢海堤的机会，使防御能力下降甚而遭到破坏。在长江三角洲，未来海平面上升 50 cm，遇历史最高潮位，受潮水漫溢的海堤长度约占全区海堤总长的 32%。此类影响在其他一些现状海堤防御标准更低的三角洲地区（如废黄河与现代黄河三角洲）可能更加严重。

（2）水利工程。中国大部分入海河口（长江、珠江等大河除外）均兴建了大量涵闸工程，这些工程一般都具有挡潮、排涝与蓄淡灌溉等综合功效。海平面上升，闸下潮位抬高，潮流顶托作用加强，将导致涵闸自然排水历时缩短、排水强度降低，从而导致低洼地排水不畅，加剧洪涝灾害。珠江三角洲相当部分地面低于当地平均海平面，目前低洼地积水自排已十分困难，大多依赖机电排水。据初步估算，若未来海平面上升 50 cm，则机电排水装机容量将至少需增加 15%～20%，才能保证现有低洼地排涝标准不降低。

（3）港口与码头工程。未来相对海平面上升，波浪作用增强，不仅将造成港口建筑物越浪概率增加，而且将导致波浪对各种水工建筑物的冲刷和上托力增强，直接威胁码头、防波堤等设施的安全与使用寿命。这大大降低了工程原有设计标准，使码头、港区道路、堆场及仓储设施等受淹频率增加，范围扩大。初步计算，若相对海平面上升 50 cm，遇当地历史最高潮位（大部分地区的重现期约为 50 年一遇），全国 16 个主要沿海港口中，除少数新建港口外，其余港口均不同程度受淹，其中尤以上海港和天津港老港区受害最为严重（表5-8），若加上波浪爬高影响，受淹情况将更加严重。

表5-8 海平面上升50 cm对中国沿海主要港口(除台湾地区)淹没影响预测

（单位：m）

| 港口名称 | 码头顶高程 | 历史最高潮位 | 海平面上升50 cm最高潮位 | 超过码头顶高 |
|---|---|---|---|---|
| 大连港 | 2.9～4.9 | 2.5 | 3.0 | +0.1～-1.9 |
| 营口新港 | 3.4 | 2.7 | 3.2 | -0.2 |
| 秦皇岛港 | 4.1 | 1.6 | 2.1 | -2.0 |
| 天津港 | 2.4～2.6 | 3.2 | 3.7 | +1.3～+1.1 |
| 烟台港 | 2.9～3.2 | 2.7 | 3.2 | +0.3～0 |
| 青岛港 | 3.2～3.8 | 3.0 | 3.5 | +0.3～-0.3 |
| 石臼港 | 3.4～12.3 | 2.8 | 3.3 | -0.1～-9.0 |
| 连云港港 | 4.1 | 3.6 | 4.1 | 0 |
| 南通港 | 4.5 | 4.8 | 5.3 | +0.8 |
| 上海港 | 3.1～4.0 | 4.1 | 4.6 | +1.5～+0.6 |
| 宁波港 | 3.9～5.9 | 3.3 | 3.8 | -0.1～-2.1 |
| 厦门港 | 4.3 | 4.5 | 5.0 | +0.7 |
| 黄埔港 | 3.9 | 3.3 | 3.8 | -0.1 |
| 湛江港 | 5.1 | 5.4 | 5.9 | +0.8 |
| 海口港 | 3.1 | 3.3 | 3.8 | +0.7 |
| 三亚港 | 2.8 | 1.7 | 2.2 | -0.6 |

### 5.3.3 海平面上升率研究

我国著名学者任美锷、施雅风教授认为，在1850—1950年的100年间，全球海平面上升了10～20 cm，平均每年上升0～1 mm。中国科学院地学部在1993年4月的咨询报告中也指出，根据世界上数百个验潮站的资料的分析，过去100年内全球海平面平均以每年1～2 mm速度上升。

目前，对未来一百年全球海平面上升率的最佳估计为政府间气候变化委员会(Intergovernmental Panel on Climate Change, IPCC)提供的数值。假定温室气体继续按目前情况排放，该委员会海岸管理小组提出的最佳估计是到2030年为18 cm，2070年为44 cm，2100年为66 cm，即全球海平面平均上升率分别为1990—2030年4.5 mm/年、2031—2070年6.5 mm/年、2071—2100年7.3 mm/年（图5-7）。

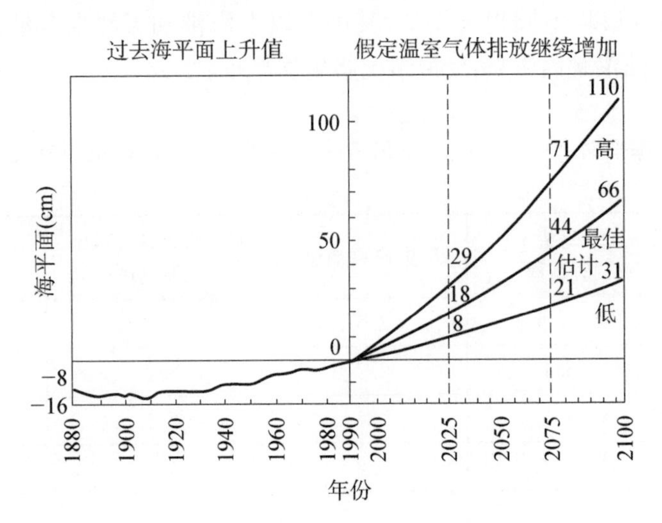


图 5-7 未来 100 年全球海平面上升率估计

我国是世界上遭受海平面上升影响最为严重的地区之一。统计资料表明:过去 30 年,我国黄河三角洲、长江三角洲和珠江三角洲的相对海平面上升率比世界平均海平面 1.5 mm/年的上升率要大许多。据预测,到 2030 年,废黄河三角洲(即天津地区)和现代黄河三角洲(即山东省东营市地区)相对海平面上升量分别为 60 cm 和 30~35 cm,长江三角洲(即上海地区)和珠江三角洲相对海平面上升量分别为 30~40 cm 和 20~25 cm。到 2050 年,上海和天津地区相对海平面上升值将高达 50~70 cm 和 70~100 cm。表 5-9 为采用 IPCC 最佳估计的我国沿海区域 2030 年理论海平面上升率的预测值。

表 5-9 2030 年沿海各主要区域相对海平面上升率预测值 (单位:mm/年)

| 地 区 | 理论海平面上升率 | 地面沉降率 | 相对海平面上升率 | 海平面上升估计值 |
|---|---|---|---|---|
| 废黄河三角洲 | 4.5 | 10 | 14.5 | 60 |
| 现代黄河三角洲 | 4.5 | 3~4 | 7.5~8.5 | 30~35 |
| 长江三角洲 | 3~3.5 | 1.6~5 | 4.6~8.5 | 16~34 |
| 珠江三角洲 | 1.8 | 1.5~2 | 6.5~7 | 22~23 |

但实际上我国各地相对海平面差别比较大,沿海各岸线的海平面上升率也有较大不同,见表 5-10。据任美锷对全国 32 个验潮站潮位记录的分析,在最近 30~80 年,有 20 个站相对海平面上升,12 个站相对海平面下降,升降速度不尽相同。表 5-11 中列出较有代表性的研究者估算我国沿岸相对海平面上升率值。

表5-10 国内岸段或区域海平面上升速率 (单位:mm/年)

| 岸段或区域 | 上升率 | 岸段或区域 | 上升率 |
|---|---|---|---|
| 渤海沿岸 | 2.0 | 上海地区 | 4.5 |
| 黄海沿岸 | 1.0 | 浙江沿岸 | 3.4 |
| 东海沿岸 | 2.7 | 福建沿岸 | 1.9 |
| 南海沿岸 | 2.1 | 广东东部沿岸 | 2.1 |
| 辽宁沿岸 | 2.6 | 广东西部沿岸 | 2.8 |
| 津塘地区 | 2.2 | 海南沿岸 | 1.7 |

表5-11 中国沿岸近几十年来相对海平面上升趋势估算

| 研究者及发表年份 | 平均上升率(mm/年) | 资料依据 |
|---|---|---|
| K.O.埃默里等(1986) | 2.5(−1.9～11.5) | 8个验潮站(1950—1980) |
| 于道水(1986) | 2.1(−3.0～10.8) | 16个验潮站(1960—1980) |
| 王志豪(1986) | 3.5(−9.5～10.5) | 20个验潮站(1950—1980) |
| 周天华等(1992) | 0.7(−2.9～2.6) | 7个验潮站(1950—1989) |
| 黄立人等(1993) | 0.3(−3.3～2.2) | 12个验潮站(1953—1983) |
| 郑文振等(1993) | 1.4～2.0 | 50个验潮站 |
| 任美锷(1993) | 1.0～4.0(−3.4～27.8) | 32个验潮站(1960—1989) |

## 5.4 结构物局部冲刷

### 5.4.1 冲刷现象概述

冲刷是在水动力作用下海床或河床发生的侵蚀现象,其根源是泥沙输运的不平衡。冲刷一般可分为床面大范围变动造成的一般冲刷和受工程影响而发生的局部冲刷。

随着海洋资源与空间的开发利用,各类海洋工程构筑物数量不断增多,体型日益庞大,结构也越来越复杂,构筑物存在改变了原来水动力和泥沙条件。一般来说,构筑物附近的近底流速将增大,引起海床的剪切力增大,导致局部输沙率增大,破坏基础周围地形平衡状态,引发局部冲刷现象,如海堤堤前冲刷、海底管道冲刷悬空、海洋平台基础冲刷、突堤堤头冲刷、桥墩冲刷等(图5-8),这些都属于局部冲刷的范畴。

国内外因局部冲刷而导致构筑物失效的案例屡见不鲜。研究报告指出在过去30年中美国有1000座桥梁遭到破坏,其中有60%事故损坏的原因是桥梁基础的局部冲刷。美国密西西比河三角洲1958—1965年间海底管道失效事故中,冲刷悬空所引起的海底管道

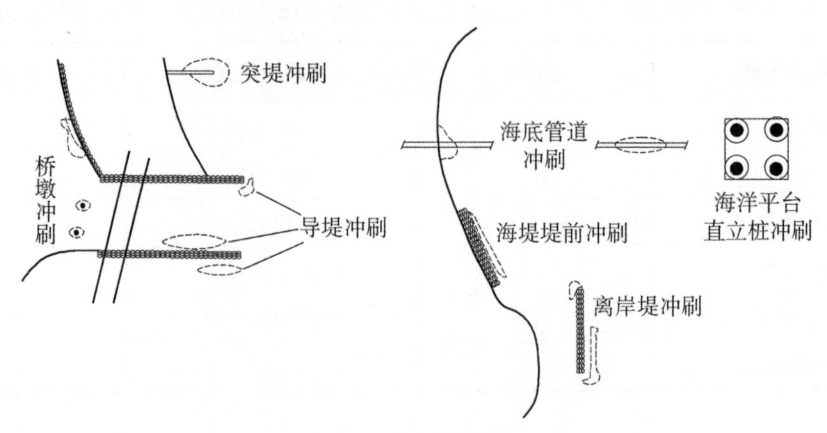


图 5-8 海洋构筑物局部冲刷现象

失效占总失效的36.2%。我国东海平湖油气田海底管道工程岱山登陆段由于局冲刷管道多处出现裸露或悬空，最大悬空距达41 m，致使2000年连续发生两次管道疲劳断裂。事故酿成溢油污染，导致局部停产，因改建工程还耗资数亿，造成重大经济损失。随着海洋经济迅猛发展，海洋工程大量建设，海洋构筑物基础局部冲刷及工程防护研究将是未来研究的重点及热点。

### 5.4.2 典型构筑物局部冲刷

虽说海洋构筑物基础冲刷的机制十分复杂，但究其本质，就是局部泥沙输运的不平衡。只要把握了泥沙运动的基本规律，我们就很容易理解局部冲刷的机制。由于各种海洋构筑物的体型和形状各异，在波浪和水流作用下，建筑物周围的流态就存在差异，泥沙运动规律也将有所差别，于是冲刷的形态也就各不相同。以下对几种典型构筑物的冲刷进行介绍。

1) 海底管道冲刷

在过去30年里，伴随着近海石油工业的发展，世界各国铺设的海底管道总长度已达十几万千米，海底管道已成为石油工业的生命线。数据统计表明：海床运动和波浪海流冲蚀引起海底管道悬空断裂失效是主要原因之一。因此，研究海底管道悬空的成因及其冲刷机理，对海底管道工程设计与防灾具有重要现实意义。

典型的海底管道直径约20 cm～1 m不等；长度从数百米到数百千米不等；水深变化从几米到2 000多m。它们有的掩埋于人工挖槽内，有的直接放置于海床面上。当管线裸露或半裸露在可侵蚀海床上时，在水动力(海流、波浪等)作用下，管道周围就可能发生冲刷，甚至导致悬空。悬空的管道在重力作用下弯曲下沉，促进冲刷孔道的发展，当冲刷发展到一定深度，伴随而来的可能是冲刷坑的回填与管道的自埋。

海底管道的冲刷与自埋可以分成以下几个阶段，如图5-9所示：

(1) 冲刷起动(onset of scour)。当管道水平放置于可侵蚀的海床上，如果其埋置深度较浅且水动力(海流、波浪等)足够强,管道下方的海床将可能被冲蚀,冲刷起动开始,并逐渐形成冲刷孔道。一般观点认为:管道两侧压力差产生的渗流和管涌是孔道形成的主要原因。

(2) 冲刷扩展。冲刷孔道是以空间三维形式发展,当冲刷孔道形成后,管道下方局部贯通,冲刷会沿着管道走向拓展,形成管道悬跨段。在相邻的冲刷孔道之间靠跨肩(span shoulder)支撑。当冲刷发展到一定阶段,冲刷坑中部的冲刷就可以认为是二维冲刷。

(3) 悬空下沉。由于管道与冲刷坑交界处不断受到水流掏蚀,冲刷坑沿走向方向发展,悬空长度增加,管道在其本身的自重作用下开始下沉。

(4) 触底掩埋。随着管道沉入冲刷坑内,管道的阻水效应逐渐减弱,冲刷坑内水动力也减弱,于是转而进入掩埋阶段。

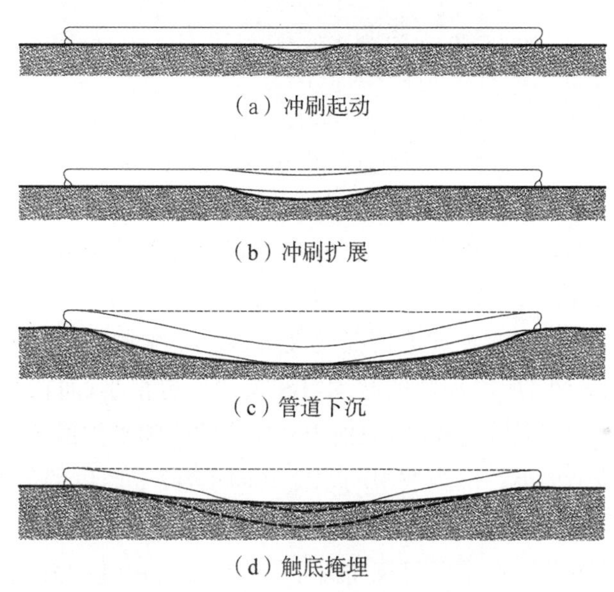

(a) 冲刷起动

(b) 冲刷扩展

(c) 管道下沉

(d) 触底掩埋

图5-9 海底管道冲刷发展不同阶段

海底管道冲刷发展的各个阶段所经历的时间差异也很大。比如,风暴潮期间水动力很强,管道可能在几个小时内完成从初始冲刷到掩埋的过程;也有可能在风暴潮时候发生冲刷,在风暴潮过很长一段时间后才逐渐回填;如果两个风暴潮之间的间隔较短,海底管道可能发生反复的冲刷和掩埋过程。有时候由于悬跨端部土体坚硬及岩石的存在,管道不总是发生自埋,而处于始终悬跨的状态,这个时候就会发生涡激振动的现象。涡激振动是工程中比较关注的问题,长时间的管道振动会引起疲劳破坏,是工程设计和维护中关注的一个重要问题。

2) 单桩基础冲刷

海洋平台和海上风机的基础多是以单桩的形式设计。当单桩矗立在海床上,其周围的流场将发生很大改变。水流在桩的迎流面受阻,部分水流下潜形成下降流;在桩的迎流端底部形成马蹄形漩涡,绕桩内侧流向下游;桩的下游掩护区由于存在较大的流速梯度而产生分离流,形成尾流旋涡不断地从圆柱两侧释放,并随着水流向下游移动消散;桩的两侧水流增速,床面剪切力显著增大。这一系列变化将导致局部输沙率增大,造成局部冲刷。单桩周围的流场形式如图 5-10 所示。

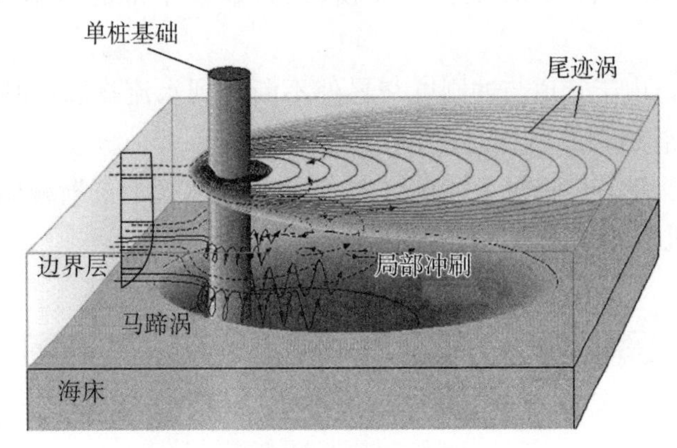


图 5-10 单桩桩周水流和冲刷示意图

马蹄形漩涡产生需要具备以下两个条件:①来流存在流速边界层;②桩周形成的压力梯度必须足够强,能够使得边界层分离以产生马蹄形漩涡。当波浪与水流共同作用时,单桩基础的局部冲刷较纯水流或纯波浪情况要大得多。在纯水流情况下,一般水流速度与波浪水质点速度相比较小,所以泥沙的起动量和输沙率也很小;而在纯波浪作用下,虽然较大的波浪水质点速度使泥沙易起动,但由于其速度的时间平均值为零或为一很小的值,所以时间平均的输沙率很小。但当波浪与水流共同下,波浪产生的剪切应力使泥沙起动后,水流便很容易将起动后的泥沙搬运走,引起较强的输沙率,即所谓的“波浪掀沙,潮流输沙”。实践证明,波流共同作用下建筑周围冲刷程度要比单纯的海流或波浪作用下大好几倍。

3) 突堤构筑物冲刷

突堤构筑物冲刷特指丁坝、突堤、桥台、防波堤或离岸堤等海洋构筑物的端部,由于本身束水效应及波浪的幅聚作用造成的堤头冲刷破坏的现象。突堤构筑物一般垂直于岸线布置,堤头深入海中,此时构筑物对水流的影响主要有两方面:①堤身截断了沿岸流等水流运动,使得堤头水流增速,造成堤头冲刷;②波浪在堤头产生幅聚作用,增强了堤头的水流紊动,也将加剧堤头的冲刷。

丁坝是典型的突堤构筑物,许多学者围绕丁坝的水流作用下的坝头冲刷进行了大量试验研究,总结其冲刷的特点。首先丁坝的阻碍作用使得丁坝坝头前沿的水流增速,丁坝上游侧壅水,坝头附近的水流下潜。与单桩周围流场相似,在堤头形成向下游的马蹄形漩涡,在马蹄形漩涡的作用下,丁坝坝头周围河床上的泥沙被冲起带向下游,最后在坝头形成倒锥形冲刷坑。由以上分析可见，在恒定流作用下，坝头的流态和冲刷情况都与单桩一侧的冲刷类似，但丁坝的阻水效应更加强烈，因此局部冲刷将更严重。在河口海洋环境中，突堤构筑物除了遭受水流冲刷外，还遭受波浪的冲击，因而更容易造成冲刷破坏。

目前，为了安全起见，一般突堤构筑物设计规定堤头段护面块体和护底块石重量应大于堤身块体重量，并且有条件时可适当放缓堤头段两侧的坡度以减轻冲刷。

### 5.4.3 基础冲刷研究基本方法

对于冲刷问题的一般研究和预测方法，主要包括原位观测、模型试验和数值模拟等，但每种方法都各有优缺点，所以目前通常采用多种方法相结合的手段来研究冲刷问题。

1）原位观测

原位观测是指采用特定的技术(主要是海底声学探测技术)对构筑物周围的冲刷状态进行调查，获取真实的冲刷状态信息。原位观测成本高，需依靠特定的设备，而且常常受到海况的限制。不过它能获得实际构筑物的冲刷现状的第一手资料，这对分析构筑物的冲刷情况及其提出有效对策至关重要。目前，海洋构筑物基础冲刷掩埋状态原位观测方法有单波束、多波束、侧扫声呐、浅地层剖面仪等，同时无人遥控潜水器(remote operated vehicle，ROV)等设备也逐渐推广应用。

在工程检测时，由于各种设备有各自的优缺点，很多时候单个仪器的调查结果往往只能反映构筑物某一方面的原位特征，并不能完全反映构筑物的真实状态，而不同设备有很强的互补性。因此，一般调查过程中会同时采用多种探测手段，各项检测成果相互检核、综合分析，从而最终确定构筑物冲刷掩埋状态。

2）模型试验

模型试验主要是指在实验室水槽内按照一定的比尺制作和原型相似的小尺度模型，来模拟真实海区条件或给定海区条件对构筑物周围水流和冲刷情况进行研究，预测原型将发生的冲刷情况。局部冲刷模型试验主要包括局部水流的测量、冲刷坑的位置与形状、平衡冲刷深度和冲刷随时间的变化过程等内容。物理模型试验优点在于通过控制引起局部冲刷的各个因素的变化，得到不同条件下的冲刷结果，针对性强，能在一定程度上缩短研究周期，加深对局部冲刷机制的理解。但当前条件下，水槽试验只能模拟简单的水动力环境，且存在比尺效应，此外模型试验的费用也比较昂贵。

3）数值模拟

数值模拟是目前局部冲刷问题研究中一种常用的手段，主要通过计算流体动力学(computational fluid dynamics，CFD)软件对冲刷的发展过程进行仿真模拟。数值模型主要包括两部分模块：水动力模块和泥沙地形模块。水动力模块用来求解结构物周围，尤其是海床附近的流场结构，从而确定海床表面的剪切应力，这是判定泥沙是否发生运动的先决条件。水动力模型一般通过求解时均 N－S 方程，并结合相应的湍流模型进行封闭。

泥沙运输模型分别考虑了推移质和悬移质两种泥沙形式的运输方式，通过求解泥沙运输和质量守恒方程，最后得到局部海床地形的变化。理论上，数值模型可以模拟任何条件下的冲刷问题，不受模型比尺的影响。但是由于求解三维流场结构及精细化的网格系统，其计算量巨大，计算效率并不高效。此外，数值模型的准确度也依赖于紊流模型、网格划分等，还需要进行验证才能进行局部冲刷的模拟和预测。

### 5.4.4 基础冲刷的工程防护

为了使海洋构筑物免遭冲刷破坏造成损失，在基础设计时必须考虑冲刷所带来的不利影响，并采取一定的防护措施。在水深较浅、波浪破碎带、沿岸流强劲海区的海洋构筑物一般都需要采取一定的防护措施。

常用的冲刷防护的措施有护坦保护、抛石、沉排垫层、挖沟（管道）或基础深埋、填充沙袋、设置消能装置、基础加固等。工程中需要根据不同构筑物的结构特点选用适当的防护措施，表 5－12 所示显示不同防护方法对各种构筑物的适用性。由表可知，抛石及采取一定的消能措施对绝大部分构筑物都能起到防护作用，也是较为常用的防冲方法。采取适度合理的措施可以有效提高防护效果，降低维护成本，延长构筑物的寿命。

表 5－12 海洋构筑物对冲刷防护措施适用性

| 防护方法 | 桩式构筑物 | 墩式构筑物 | 海底管道 | 海堤 | 破波构筑物 | 海洋平台 |
|---|---|---|---|---|---|---|
| 护坦 | ★ | ★ | | ★ | ★ | |
| 抛石 | ★ | ★ | ★ | ★ | ★ | ★ |
| 垫层 | | ★ | ★ | ★ | ★ | ★ |
| 挖沟或深埋 | | ★ | ★ | | | ★ |
| 沙袋 | ★ | ★ | ★ | | | ★ |
| 消能 | ★ | ★ | ★ | ★ | ★ | ★ |
| 基础加固 | ★ | ★ | | ★ | ★ | ★ |

防护的措施和方法很多，但归纳起来主要有三种：

（1）对构筑物基础进行加固，提高构筑物的稳定性，抵御冲刷的危害。常见的方法有：将基础埋置于预测的最大冲刷深度以下；采用打桩、换填等措施对基础进行加固处理。

（2）增大海床的抗冲刷能力，抑制冲刷坑的发展，减轻冲刷程度。常见的方法有：在构筑物周围海床上铺设石块、沉排垫层及沙袋垫层等，提高局部海床抗冲刷的能力，以减少冲刷量。

（3）改善构筑物基础周围局部流场或安装消能装置，减小水动力强度，主动控制冲刷的发展。常见的方法有：铺设柔性材料，如“人工草”，减缓床面流速，防冲促淤；改变构筑物的几何外形改变其周围流场有时也可以有效减小冲刷。

以上几种防冲刷思想并不是相互独立的，在实际工程中，我们常常需要综合运用以上思想，灵活采用多种措施，以保证构筑物的安全。此外，防冲刷设计还要讲究经济性，防护过度有时不仅会造成浪费，甚至会引起更强烈的冲刷。

## 5.5 海床液化

在地震及其他荷载的强烈作用下，对于地下水位以下的或饱和的沙土，其性质可能发生明显的变化，致使它的表现具有类似液体的特征，这种现象人们称之为沙土液化灾害现象，也称喷砂现象。这种现象在陆地上广泛存在，是我们进行地震安全性评估、抗震设防、震害预测等工作的一个重要的环节。同时，在海洋环境下，海床中的沙土也会发生液化现象，将对海岸及海洋工程的安全运行带来严重危害。

### 5.5.1 沙土液化的概念和机理

1) 液化概念

关于沙土液化，人们从不同角度和方面进行了描述，先后提出了不同的液化概念。Seed 和 Lee 使用“液化”一词描述了沙土试样在动三轴试验中的反应，提出初始液化的概念，即在循环荷载作用下，饱和沙土孔隙中的孔隙水压力初次等于所施加的围压时的状态，也就是峰值循环孔压与围压的比值首次达到100%的条件或状态。初始液化时，观察到试样的双幅轴向应变通常为5%，因此有时也把试样双幅轴向动应变首次达到5%时作为初始液化的标准。

Casagrande 把沙土液化分为两类：第一类为实际液化，第二类为循环液化。实际液化是指在外荷载作用下，松散饱和沙土的强度极大地降低，累积孔隙水压力达到围压，在极端情况下将导致流动滑移破坏；循环液化是指外荷载作用下，具有膨胀性趋势的、较密实的沙样中孔隙水压力在每一循环中将瞬时达到围压的相应状态，造成的间歇性液化和有限制的流动性变形现象。循环液化是动力和静力荷载同时作用的结果。

值得注意的是，实际液化并不要求达到初始液化后才发生，当触发应力大于既有强度时就可能发生，并且很多实际液化发生时其抗剪强度并不等于零。初始液化也并不意味着实际液化或流动破坏。在中密或较密实的沙土中，当荷载作用时，孔压上升到接近或等于围压时，会产生某种程度的软化，相应地也会产生显著的残余循环应变量，但还具有较高的强度，其变形也不会无限制地增加。因此，初始液化后一般不会发生实际液化，但可能产生循环液化，因为进一步的应变使得具有膨胀趋势的中密或密实饱和沙土产生膨胀和负孔隙压力。一旦循环荷载停止，饱和沙土还是稳定的，只不过会产生一定量的残余变形，除非密沙在振动过程中，先由密振松然后才可能产生实际液化。

上述液化概念，目前都被广泛应用，但它们的适用范围不同。初始液化在分析液化能否被触发的问题时较为合理和方便。Seed 学派把初始液化作为判别液化势的一个准则，并得到了广泛的应用，但当分析液化后能否发生失稳破坏或变形时，则需使用实际液化和循环液化的概念。

无论对于哪一种液化概念，均可作如下描述：饱和沙土的液化是在固定静载之外的外载作用下，抵抗有效应力的能力下降甚至丧失的一种过程。饱和沙土的有效应力能力来自沙粒间的结构，其值不仅取决于初始状态，还取决于偏应变和体应变历史。由于体应变等于从单元流出或流入单元的液化量，在饱和沙土的动力学过程中，应力—应变历程与液化的渗流紧密耦合。在循环荷载作用过程中，沙粒产生滑移，改变排列状态，饱和沙土中，由于水不能瞬态地排出以适应体积压缩的变化，沙的体积压缩将被推迟，结果所增加的应力由沙骨架转移到水，引起孔隙水压力增加，有效应力相应降低，发生液化。

2）沙土液化机理及影响因素

汪闻韶针对饱和沙土提出三种典型的液化机理：沙沸、流滑、循环活动性。

(1) 沙沸。当饱和沙性土中的孔隙水压力由于水头变化而上升到等于或超过它的上覆压力时，沙土就会发生上浮或"沸腾"现象，并丧失全部承载能力。这个过程与沙的密实程度和体应变无关，而是渗透压力引起的液化。渗透压力与土中的孔隙水压力水头场分布有关，这种孔隙水压力水头场的变化可以是非动力作用的渗流场改变所造成的，也可以是动力作用引起的间接或直接孔隙水压力上升所造成的。

(2) 流滑。流滑主要发生在疏松而排水不畅的饱和沙性土中，相对密度大多小于40%。实际情况是饱和松沙的颗粒骨架在单程剪切和循环剪切作用下出现不可逆的体积压缩，在不排水条件下引起孔隙水压力的增大，在尚未达到其颗粒间的有效内摩角时，沙土骨架结构突然破坏，孔隙水压力猛升，抗剪强度大幅度下降，最后导致"无限度"的流动变形。可以看出，饱和沙土在流滑时的孔隙水压力趋近于周围压力，但仍略小于周围压力，表明当时仍存在一定有效法向压力和残余抗剪强度。

(3) 循环活动性。其主要发生在相对密度较大的(中密以上到紧密)的饱和无黏性土中，在固结不排水循环三轴或循环单剪切和循环扭剪试验中，由于土体积剪缩与剪胀交替作用引起孔隙水压力时升时降而造成的间歇性瞬时液化和有限制的流动性变形现象。只有剪缩或剪胀的饱和松沙，则不会出现循环活动性，只能出现流滑。

上述液化机理从不同角度描述了液化的过程和现象，虽有一定区别，却又互有联系，其本质都是因孔隙水压力的上升，差异是孔隙水压力上升的形式不同。

### 5.5.2 沙土液化的影响因素

沙土的液化影响因素可从宏观与微观两种角度讨论。宏观影响因素有地质地貌、埋藏条件、土性、动荷历史等；微观影响因素有颗粒的粒径、密度、黏粒含量、透水性等。另外，荷载的形式和幅值大小也是影响因素之一。处于复杂海洋环境的海底沙土，相比陆域沙土，承受了更为恶劣的荷载条件，除了地震作用以外，还受到波浪的长期作用和暴风巨浪的瞬间作用，其液化影响因素有所不同。这里介绍一些主要的影响因素：

1）土性条件

(1) 平均粒径。与细颗粒砂土相比，粗颗粒砂土超静孔压消散快，难于液化悬浮，使得中、粗砂较粉细砂、粉土更难于液化。不同粒径砂土的液化试验研究表明，平均粒径对抗液化强度有明显影响，平均粒径为0.07 mm的砂土最易液化，平均粒径越大，抗液化强度越大；若颗粒更细，并含有一定量的黏粒时，则随着平均粒径的减小，抗液化强度反而增大。室内试验与现场调查均表明，可液化土的平均粒径变化范围为0.01～2.0 mm。

(2) 黏粒含量。黏粒含量对土的动力稳定性起着不可忽视的作用，土中的黏粒含量增加到一定程度(如10%以上)时，土的动力稳定性将有所增大，因此含黏土颗粒的粉土一般比沙土更难液化。黏粒含量在9%附近时，粉土的微观结构特性发生变化；当黏粒含量小于9%时，黏粒与粗粒成接触式连接而起润滑作用，使得动剪应力比随黏粒含量的增加而减小；当黏粒含量大于9%时，黏粒胶结并填充大孔隙，使其起着稳定、镶嵌作用，随着黏粒含量的增加，土的整体结构强度加强，动剪应力比也逐渐增大；当黏粒含量为9%时的粉土其动剪应力比最小，抗液化性能最低。随着研究的深入，工程地质人员发现，容易发生液化的土类为黏粒含量小于15%的饱和沙性土，主要包括黏粒含量小于3%的饱和沙土和黏粒含量为3%～10%的饱和粉土。

(3) 相对密度。从土密实特征看，一般研究其相对密度的影响。试验表明，相对密度愈大，抗液化强度愈高。

(4) 透水性。液化发展过程必定伴有孔隙水压力的不断上升，这种孔压上升是因振动产生孔压上升和因排水造成孔压消散综合作用的结果，因此土的渗透性是影响海床应力动态变化的一个重要因素。渗透系数越大，孔压消散作用也越明显，但随着土层深度的增加，渗透性的影响减弱。

2）动荷载条件

波浪引起的荷载与地震引起的荷载在幅值大小、频谱特性、持续时间及传递方式等方面不同。

首先，荷载施加位置不同，导致可能液化位置不同，地震液化可以是深部沙层，也可以是浅部沙层，而波浪液化仅发生于沙层表面。

其次，荷载历时不同，地震由于历时以秒、分计算，而风暴浪历时则以小时、天计算，使得沙土液化过程中表现不同。地震由于历时较短，土体以看作近似不排水，孔压单调累计增加；而波浪历时较长，土体部分排水，孔压表现为振荡孔压与残余孔压。

最后，特别要指出的是，地震和波浪加载频率也不同，地震频率约为1 Hz，波浪频率较小，仅为0.1 Hz，但大量室内土工试验结果表明，频率由1 Hz变为0.1 Hz的周期荷载对沙土动力特性的影响不大。

事实上，波浪在海床土体中引起的应力状态有其独特的性质，主要特点是海床土体单元的主应力轴周而复始地180°连续旋转，它会明显降低沙土的强度，并影响孔隙水压力的分布。表5-13为对波浪荷载与地震荷载对海床土体的作用的区别描述。

表5-13 波浪荷载与地震荷载对海床土体作用的区别

| 分类 | 地震荷载 | 波浪荷载 |
|---|---|---|
| 荷载形式 | 循环剪应力，体力 | 振荡波压力，面力 |
| 施加位置 | 地基深处 | 海洋表面 |
| 施加方式 | 对土颗粒和孔隙水同时施加质量力 | 孔隙中的波压力施加在土颗粒表面 |
| 频率 | 0.5～5 Hz | 0.05～0.2 Hz |
| 持续时间 | 几十秒 | 几小时至几天 |
| 排水条件 | 近似不排水 | 部分排水 |
| 孔压特征 | 单调累计 | 振荡孔压＋残余孔压 |
| 液化现象 | 一次性发生 | 重复发生 |
| 液化位置 | 不固定 | 土层表面 |

波浪作为一种长期作用于海床的环境荷载，在海底产生循环压力，这种循环压力随水深的增加而降低，当水深超过150 m后，波浪产生的底压力通常就不是导致海底土层液化的重要因素，但是对于水深小于150 m的非地震活动区，波浪荷载是引起沙土液化的主要诱发力。波浪产生的周期性海底压力不但在海床产生瞬态的附加孔隙水压力，还可能引起土体中孔隙水压力的动态累积。影响沙质海床中孔隙水压力变化的因素除了前面介绍的土性参数之外，还与波高、波长、周期等波浪参数有关。

有限厚度沙质海床对波浪荷载响应研究表明：在饱和弹性沙质海床的水-土交界面附近，孔隙水压力的衰减不大，与波高几乎保持着线性正比关系，随着土层深度的增加，孔隙水压力的衰减呈非线性，孔压越高衰减越快。因此，在沙床中层，孔隙水压力与波高的关系明显呈非线性。在相同波高情况下，在沙床上部，长波在沙床中引起的孔隙水压力比短波引起的孔隙水压力高；直到沙床中部，波长的变化对孔隙水压力改变的影响才趋于平缓。就海洋工程设计来说，应该十分重视海床土层对长波的响应。对于海洋中的波浪，低频长波引起的孔压不仅幅度高，而且衰减慢，对海洋工程结构的危害也最大。

### 5.5.3 沙土液化的工程评价及防治措施

实际液化后地面的位移受场地条件、动荷载特性及土性等条件的影响。在土体内或其下部土层中，如果发生了液化，整个土体就会流动或向没有支撑的一边作侧向移动，即流滑。流滑是地面大位移中危害性最大的一种。土体的不均匀性、土层的分层现象是导致液化土层滑动和变形的主要因素，而重力场和地形条件则是流滑的诱发因素。流滑具有较大的侧向移动特点，坡度较缓甚至小于1°的海床也可发生侧移破坏。

当海床表层液化，由于波浪及海流作用，液化后土体易形成泥流，悬浊体扩散至较远距离；当液化发生在海床以下某些土层，孔隙水压力消散较陆地缓慢地多，强度恢复较慢，使得侧移规模较大，若转化为泥流将引起更大规模的滑移。动荷能量和可能液化土体的赋存条件影响液化流滑的剧烈程度和不同的流滑形式，顺坡方向的沙土层可能会导致滑坡，若可液化的土体以透镜体状存在，则可能会导致泥石流或粉沙流。

1）液化的工程影响

（1）对地下管线的影响。

液化土中管线破坏主要表现为管线下沉、上浮、侧向位移、拉压等几种形式。液化时地基土将逐渐丧失强度，埋设其中的管道将处于无支撑的悬跨状态，当管线受结构物牵连、管线附近有大量喷砂冒水孔造成土层松动或地面陷落，或者管线周围液化土体密度小于管线密度，管线将发生下沉；而当管线单位体积重量小于液化土的容重时，管段将以一定速率向上浮起。管线下沉或上浮的位移、速度等受管端约束条件、埋设深度、液化区长度等多种因素影响。液化产生的浮力使得管线产生垂直位移，侧向扩展使得管线产生水平位移，但由于管线存在约束，管线在非液化层与液化层之间或在管线约束端会产生较大的应变，使得管线产生轴向拉伸、弯曲或压缩，最后导致管线破裂或断裂。管线表现为何种形式的破坏、破坏程度如何，主要取决于动荷载、地基土土性、管线所处的地形地貌及管材管径等因素。从多年液化场地管线破坏的统计资料来看因管线下沉而造成的破坏较管线上浮或侧向位移造成的破坏少。

（2）对桩基的影响。

桩基是海洋工程构筑物常用的基础形式之一。研究表明，地震液化引起的桩基破坏是不容忽视的。液化地基对桩基的震害可分为两种：液化无扩展地基上的桩基破坏及液化侧向扩展地基中的桩基破坏。

液化无扩展地基上桩基破坏主要表现为：地震后桩基普遍突出地面，液化层与非液化层交界面刚性突变处桩身均有全断面的水平裂缝；由于流动的土体对桩的侧向压力，桩身在液化底层和液化层中部出现剪切破坏和弯曲破坏；桩顶嵌固，在地震惯性力作用下发生弯剪破坏；上部结构因桩身折断而产生不同程度的不均匀沉降，海洋工程构筑物则因重心处水平位移大，产生较大的附加弯矩。无侧向扩展的液化一般较有侧向扩展的液化对桩的危害较轻，上部结构危害亦较轻。

液化地基对桩基的破坏形式除受液化有无侧向扩展影响之外，还受到桩类型的影响。钢管桩的破坏主要是水平位移过大所致，混凝土桩易压坏，而木桩、钢桩及一般实心钢筋混凝土桩抗压较好。从震害事例来看，液化引起桩头大变形位移的破坏占第一位，桩头压坏占第二位，其次是剪坏及弯曲破坏，而上部结构损害主要是倾斜与不均匀下沉。

2）沙土液化防治措施

要减小沙土液化所带来的各种损失，必须弄清沙土液化的产生条件及其后效。通常避免海洋工程构筑物因液化造成不必要的损失有两种方法：提高液化预测精度和采取正确的防治措施。

提高液化预测精度主要有两种方法：提高测试方法和液化计算方法。随着现代科技的发展，应大力提高原位测试技术（如静力触探）和取样技术及室内测试技术（如离心机试验），同时改进和提高解释原位资料的经验或半经验关系式及数值模拟方法。随着计算技术的进步，人们越来越倾向于采用符合各种荷载作用特性的弹塑性本构模型来预测液化可能性。

在海床液化的工程防护措施上，对海底管线工程而言，可采取的措施有：选择变形适应能力强的管材与接头；避免管线穿过液化层或其上的覆盖层，改变管线走向或局部加大埋深；当必须穿越液化层侧向扩展地段时，管线宜埋在液化层的底部，以减少竖向应变和水平应变；用锚将土体液化段的管线紧固；回填填料采用不会液化的材料、土体液化段采用石块堆在土层上等方法。

对于桩基工程而言，由于受到海床侧向位移的影响，在液化层及软硬交接处桩身承受很大的弯矩和剪力，容易在液化层及软硬交界处发生弯剪破坏。因此，在液化侧向扩展基础上的防治措施既要对潜在发生大位移的地基进行处理，也要在桩基构造方面采取积极的措施，才能真正确保桩身的安全。

对桩基结构方面应采取的措施，主要是加强桩头与承台的连接，由于液化土中桩头部位总是出现大弯矩与剪力的危险部位，损坏部位主要在桩头与承台连接处及承台下的桩身上部，由压、拉、剪压等导致破坏。

解决方案有：增加桩头埋入承台的长度不小于桩径；桩内钢筋要深入桩头相当大长度且在基础内，围绕桩头伸入基础的钢筋或钢材加配竖向钢筋，以使桩头嵌固较好；增大桩身截面的配筋和材料强度，并使桩端进入非液化层一定深度。

## 5.6 海底沙波与沙脊

陆架海底沙质沉积物在海洋浪、潮、流等水动力作用下，发育了各种起伏的地貌，有侵蚀地貌，也有堆积地貌，通称它们为底床形态，简称底形。常见的沙质底形有沙波（沙丘）和沙脊。它们的高度不一，通常为 0.5～2 m，高者可达数十米。活动性的沙质底形常影响海底工程地基或基础的稳定性，引发各类工程事故。认识该类灾害发生和发展过程，研究海底动力及底形的发育、演化和运动规律，最大限度地减少和防止海底工程事故，已成为海洋地质和海洋工程领域最受关注的课题之一。

### 5.6.1 海底沙波

波脊线垂直于陆架主水流方向的丘状或新月形底形称为沙波或水下沙丘，它是最常见的水下底形，如图 5－11 所示。凡陆架沙质海底，底流速超过 20 cm/s 的区域就容易发育大小不等的沙波，它的活动与海底工程的稳定性有密切关系。

1）沙波形态特征

陆架水下沙波与河道沙波的形态特征基本相似，但陆架水流包含周期性变向的潮流、定向的海流和偶发性的暴风浪流，远比河道里的定向持续水流复杂得多，两者所塑造的沙波在形态特征上也存在许多差异，分别表现于波高、波长、沙波指数、不对称指数、两坡坡度、脊线形态等方面。不同的形态结构反映海底动力和底沙差异。

陆架水下沙波形态特征往往通过旁扫声呐、多波束探测仪和水下摄像等方法间接取

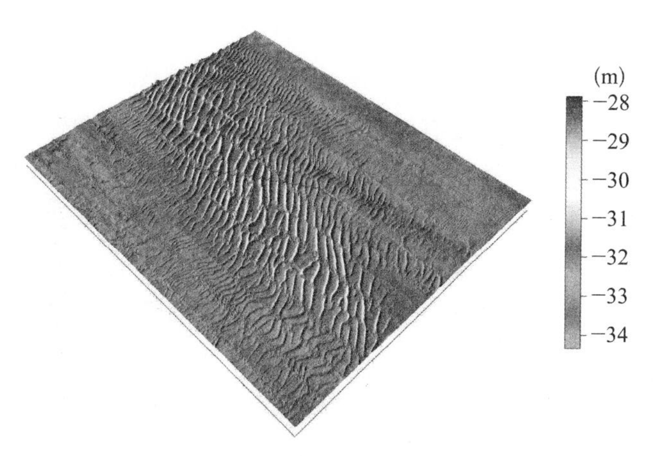


图5-11　南海北部湾区域典型海底沙波(马小川,2013)

得,波长小于20 cm的波痕往往显示不出来,所以水下沙波影像资料只反映中沙波、大沙波和巨沙波。

(1) 波高和波长。

陆架水下沙波的外部形态特征通常围绕波脊线而展开,波峰与相邻波谷间的垂直高差称波高($H$),相邻两波峰的间距称波长($L$),波长波高之比为沙波指数$L/H$,它们均反映沙波的规模和动力环境。常见中、大型水下沙波波高0.5～2.0 m,然而就目前所知,陆架上有一些巨大沙波,如北海的沙波群中最大者波高9.1 m、波长1250 m。因为沙波的波高和波长是粒度和水流剪应力的函数,研究者们可通过沙波指数间接推断沙波的动态和沙源多寡。

(2) 迎流坡和背流坡。

沙波坡面朝向水流的一侧称迎流坡,沙波坡面背向水流的一侧称为背流坡,通常迎流坡较缓,不过1°～3°,而背流坡较陡,大致10°～15°,最陡不会超过沙的休止角。河道沙波的水流,由于持续定向性较强,两坡角度之差较大;陆架水下沙波的水流方向多变,两坡坡度之差亦相对较小。迎流坡水平投影长度($L_1$)与背流坡水平投影长度($L_2$)之比($L_1/L_2$)称为沙波的不对称指数,该指数值愈大,反映水流的剪应力愈强。

(3) 波脊线的形态。

海底沙波波脊线的形态与水动力的变化息息相关。波脊线常垂直主水流方向延伸,若水动力横向变化不大,波脊线高度也不变化,就形成直线形沙波,即所谓的二维沙丘;若水动力横向扰动较大,沙脊线高度横向起伏多变,就发育弯曲状沙波,亦即三维沙波。它们的内部沉积层理亦有差异,前者为板状斜交层理,后者的前置纹层畸变成弯曲的束状纹层组。详细统计沙波两坡的坡度及倾向方位可以阐明主次流速的方向和相对大小,如格子状沙波就是不同向浪(或流)相交叉干扰的结果。

水槽试验的成果表明:随着流速的增加,沙波波脊线依次呈直线形、链形、舌形、新月形和菱形的顺序演变,成为沙波形态分类的基础。陆架水下沙波也不例外,通过描述沙波的形态可以解释其成因机制和动力环境。

2）沙波形成发育的环境条件

陆架水下沙波底形的发育需要有较平坦的海底、丰富的沙源和较强的水动力条件。

（1）水动力条件：陆架水下沙波在形态上有浪成和流成之别，这反映了陆架水动力的复杂性。陆架海底塑造沙波底形的动力要素包括定时变向的潮流、定向的海流（洋流）和具有偶然性的风暴浪流，前两者对海底作用频繁，后者作用强烈。

（2）底沙的作用：陆架底沙是水下沙波形成发育的物质基础，其中包含沙源多寡和沙粒成分两个参数。前者是输沙率大小的问题，输沙丰富的海区是沙波形成的先决条件。高输沙量的陆架区，多发育不对称沙波，沙波尺度大，前置纹层厚，爬高的幅度大，如东海陆架外缘和 50 m 等深线一带，海底沙丰富，也是现代水下沙波的活跃发育区；反之，沙源不足的海区，引起床沙粗化，已形成的沙波也被降低、变疏甚至消失。

（3）海底地形的作用：首先海底陡与缓影响底沙的运移效率，从而影响水下沙波的发育；其次海底坡度陡缓也直接影响水下沙波的生存，从而改变沙波的两坡形态。东海陆架大部分是冰期低海面时的古长江下游平原，地形平坦，适合于沙波的发育。海底粗糙度也影响底沙运移和水下沙丘的迁移，而已形成沙波的海底，也因沙波的存在，引起粗糙度增大而放缓了底沙运移的速率。

### 5.6.2 海底沙脊

陆架海底顺主水流方向延伸的沙质线状高地称为沙脊，是陆架上常见的大型沙质堆积底形（图 5－12）。从经济资源考虑，陆架沙脊常是鱼类洄游的渔场，又是建筑材料的产沙场，近岸沙脊有护岸作用，老沙脊地层又可能是油气的储集层，但活动性沙脊会对海底工程的安全构成威胁，对于陆架沙脊的研究已成为近代海洋地质和海底工程领域关注的课题之一。

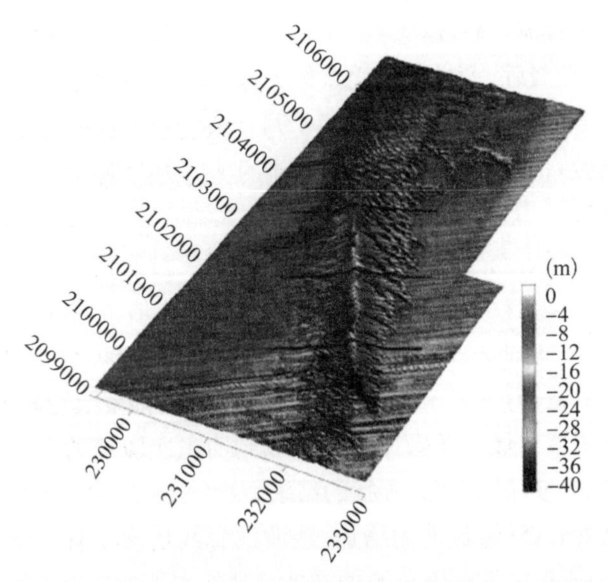


图 5－12　南海北部湾区域典型海底沙脊（马小川，2013）

1）陆架沙脊形态特征

陆架沙脊多分布于30～50 m水深区域，这与冰消期古岸线沙质物丰富和古三角洲平原较为平缓有关。但有些沙脊分布区自30～50 m向下直到约100 m水深处，如东海的残留和埋藏沙脊群，与残留沙的丰度大和潮流主轴的垂直岸线分布有关。也有些沙脊向岸伸至滨面，连接滨面甚至脊顶水深接近破浪带，这可能与浪控沙脊或与区域特殊潮流动力有关。

沙脊尺度大小相差悬殊。沙脊的高度以高出周围海底为准（并非脊顶与槽底的水深差），通常5～20 m，最高如北海沙脊可达60 m，我国邻近海域沙脊一般15～20 m。沙脊宽度一般数百米至上千米，长度至数十千米，最长者我国弥港沙脊长120 km。

陆架沙脊形成发育的基本条件是丰富的沙质物源和较强的定向水流：

（1）沙质物丰富。丰富的物源是塑造沙脊的物质基础，有了沙才能在一定动力作用下塑造大型底形。陆架底沙丰富区大致分布于以下几个地区：

① 海水淹没的古三角洲和冲积平原。这里松散物质多，地势平坦，在海水动力作用下容易形成沙脊。

② 海侵前的古岸线附近。岸线上的海滩、沙坝、沿岸堤等都由沙质碎屑组成，在海水动力作用下容易塑造成沙质底形。

③ 陆架残留沉积区。那里分布大面积海侵前的沙质碎屑，可在现代水动力作用下塑造新沙脊或改造老沙脊。

（2）较强的定向流。较高的底流速和定向的往复流是塑造沙脊的动力基础。据对海南东方岸外的研究，80～90 cm/s的底流速利于沙脊的塑造，当流速太大，达到150 cm/s以上时，潮流将侵蚀海底，已形成的大、小底形均被侵蚀掉，而成为平床。

2）陆架沙脊成因类型

陆架沙脊按成因可分为如下类型：

（1）潮控沙脊（又称“潮流沙脊”）。我国近海该类型的沙脊较多，这主要是由于当地的往复型潮流流速较强所形成。该类沙脊由分选好的中细沙组成，脊沙粗槽沙细，长、宽之比较大，主水流与沙脊延伸方向逆时针夹角10°～20°，如我国海南岛东方岸外的沙脊。

（2）浪控沙脊。浪控沙脊由风暴浪流、风海流和波流运移沙质物而形成。沙脊由粗砂组成，分选不好，夹黏土、小砾和贝壳碎屑薄层，显示风暴浪的偶发性。浪控沙脊长/宽值较小，内部层理倾向两坡，如美国东岸马里兰的浪控沙脊。我国东海风暴浪流的强度也较大，但频率远不及潮流，故而常形成浪潮混合控沙脊。

（3）河口沙脊。河口沙脊是由强潮河口径流和涨落潮往复流塑造的沙脊。沙脊的延伸方向与主水流一致，沙脊长/宽比大小视河口开阔程度而定，通常小于潮控沙脊，由中细沙组成。我国较大的河口湾，如钱塘江河口湾，输沙少，现代沙脊较小，长江输沙多而无河口湾，沙脊也较短而粗，而长江古河口湾沙脊较多。

（4）残留和埋藏沙脊，即淹没的古岸线沙体（古沙坝、海滩、三角洲和古沙脊）或沉溺型沙脊。若物源丰富，海面上升慢，沙脊被淹没后可继续再发育沙脊；若物源贫乏，海面上升快，残留沙脊就变成埋藏沙脊。

### 5.6.3 海底活动性沙质底形的工程危害性

海底沙波与沙脊底形长期处于海洋水动力的作用之下，处于不断运动状态。活动性的海底沙波会对海底浅基础构筑物的安全造成严重威胁，如引起海底管道的裸露、掏空和断裂，酿成重大工程事故。例如，我国南海北部湾某海区的海底油气管道只建成一年，就因台风过境沙波活动迁移而发生数十处管道裸露、悬空，最大悬空距离超过 20 m，从而不得不一再采取潜水应急加固措施。

此外，陆架沙脊底形的面积大、沙层厚，酿成的工程事故的严重性和波及的范围甚至会大于海底沙波。海底沙波迁移所引起的管线掏空高差一般不过 1～2 m，而受侵蚀的沙脊有可能造成 10～20 m 的沙质陡坎，除引发管线裸露、悬空断裂外，还可能造成沙层突然滑塌，存在导致钻塔、平台等海底构筑物地基失稳的危险。

为了防止和减少活动性沙波沙脊引起的工程灾害，在工程选址时应尽可能避开此类区域。当工程布置无法避开时，则需对活动性底形海区做详细、有针对性的调查研究，查明沙波或沙脊的分布、形态特征、动力环境和底形的迁移活动性，以便在工程设计、施工、运行阶段采取相应的对策与措施。

## 思 考 题

1. 地震发生过程中地壳是如何运动的？震动是如何传播的？
2. 海洋地震灾害是如何对人类社会、自然环境造成破坏的？
3. 根据地震海啸的原因和发生过程，考虑地震海啸的产生条件？
4. 除了利用海啸浮标对比相邻两次海底水位差来判断是否会发生海啸外，还有哪些预测海啸的方法？
5. 海岸侵蚀与坍塌会对人类生活造成什么影响？
6. 相对海平面上升较大的区域有哪些？思考其原因。
7. 应该建设什么工程应对海平面上升带来的灾害？
8. 应该采取什么措施减缓海平面上升的速度？
9. 根据泥沙运动的规律，简述局部冲刷的发生机制。
10. 在水利物理模型试验中，一般根据什么判断沙土已经发生液化？

## 参 考 文 献

[1] 中国科学院地球环境研究所. 地震基本知识[EB/OL]. 2008-05-13.
[2] 赖伶，佟颖. 建筑力学与结构[M]. 北京：北京理工大学出版社，2017.
[3] 杨港生，赵根模，邱虎. 中国海洋地震灾害研究进展[J]. 海洋通报，2000，19(4)：74-85.

[4] 陈运泰,杨智娴,许力生.海啸、地震海啸与海啸地震[J].物理,2005,34(12):864-872.
[5] 王晓青,吕金霞,丁香.我国地震海啸危险性初步探讨[J].华南地震,2006,26(1):76-80.
[6] 叶琳,于福江,吴玮.我国海啸灾害及预警现状与建议[J].海洋预报,2005(S1):147-157.
[7] 张赫路,张桂平.海岸防护工程建筑物类型与效果分析[J].建筑设计,2019,46(12):15-16.
[8] 吉学宽,林振良,闫有喜,等.海岸侵蚀、防护与修复研究综述[J].广西科学,2019,26(6):604-613.
[9] 夏东兴,王文海,武桂秋,等.中国海岸侵蚀述要[J].地理学报,1993,48(5):468-476.
[10] 左书华,李九发,陈沈良.海岸侵蚀及其原因和防护工程浅析[J].人民黄河,2006,28(1):23-26.
[11] 胡景江.中国沿海海岸侵蚀灾害分析[J].中国地质科学院562综合大队集刊,1994,第11-12号:73-85.
[12] 陈吉余,夏东兴,虞志英,等.中国海岸侵蚀概要[J].北京:海洋出版社,2010.
[13] 林峰竹,王慧,张建立,等.中国沿海海岸侵蚀与海平面上升探析[J].海洋开发与管理,2015,32(6):16-21.
[14] 甘肃省地质矿产勘查开发局.海岸坍塌灾害[EB/OL].2012-06-25.
[15] 丰爱平,夏东兴.海岸侵蚀灾情分级[J].海岸工程,2003,22(2):60-66.
[16] 孙佳胜.黑龙江干流同仁段江岸坍塌原因分析[J].黑龙江水利科技,2006(5):41.
[17] 孙友臣,韩青科,曹锡山,等.浅谈黑龙江江岸坍塌原因及治理对策[J].黑龙江水利科技,1999(2),12-13.
[18] 徐元芹,刘乐军,李培英,等.我国典型海岛地质灾害类型特征及成因分析[J].海洋学报,2015,37(9):71-83.
[19] 吴涛,康建成,王芳,等.全球海平面变化研究新进展[J].地球科学进展,2006,21(7):730-737.
[20] 穆大鹏,闫昊明.全球平均海平面上升的瞬时速率[J].地球物理学报,2018,61(12):4758-4766.
[21] 赵宗慈,罗勇,黄建斌.全球变暖和海平面上升[J].气候变化研究进展,2019,15(6):700-703.
[22] 李加林,张殿发,杨晓平,等.海平面上升的灾害效应及其研究现状[J].灾害学,2005,20(2):49-53.
[23] Bruun P. Sea-level rise as a cause of shore erosion. Journal Waterways and Harbours Division [J]. American Society Civil Engineering, 1962, 88(WW1):117-130.
[24] 季子修,蒋自巽,朱季文,等.海平面上升对长江三角洲和苏北滨海平原海岸侵蚀的可能影响[J].地理学报,1993,48(6):516-526.
[25] 杨桂山,施雅风.海平面上升对中国沿海重要工程设施与城市发展的可能影响[J].地理学报,1995,50(4):302-309.
[26] 任美锷.黄河长江珠江三角洲近30年海平面上升趋势及2030年上升量预测[J].地理学

报,1993,48(5):385-393.

[27] 任美锷,张忍顺.最近80年来中国的相对海平面变化[J].海洋学报,1993,15(5):87-97.

[28] 杨桂山,施雅风.中国沿岸海平面上升及影响研究的现状与问题[J].地球科学进展,1995(5):475-483.

[29] 叶银灿.中国海洋灾害地质学[M].北京:海洋出版社.2012.

[30] Herbich J B. 海底管线设计原理[M].董启贤,译.北京:石油工业出版社,1988.

[31] Sumer B Mutlu, Fredsøe Jørgen. The Mechanics of Scour in the Marine Environment [M]. Singapore: World Scientific, 2002.

[32] Zang Z, Cheng L, Zhao M, et al. A numerical model for onset of scour below offshore pipelines [J]. Coastal Engineering, 2008,56(4):458-466.

[33] Cheng L, Yeow K, Zang Z, et al. Three-dimensional scour below pipelines in steady currents [J]. Coastal Engineering, 2009, 56(5-6):577-590.

[34] Sumer B M, Fredsøe J. Hydrodynamics around Cylindrical Structures [M]. Singapore: World Scientific, 1997.

[35] Zang Z, Zhou T. Transverse vortex - induced vibrations of a near-wall cylinder under oblique flows [J]. Journal of Fluids and Structures, 2017(68):370-389.

[36] 余建星,罗延生,方华灿.海底管线管跨段涡激振动响应的实验研究[J].地震工程与工程振动,2001(4):93-97.

[37] Melville B, Chiew Y. Time Scale for Local Scour at Bridge Piers [J]. Journal of Hydraulic Engineering, 1999, 125:1(59):59-65.

[38] 祁一鸣,陆培东,曾成杰,等.海上风电桩基局部冲刷试验研究[J].水利水运工程学报,2015(6):60-67.

[39] 祝志文,刘震卿.圆柱形桥墩周围局部冲刷的三维数值模拟[J].中国公路学报,2011,24(2):42-48.

[40] 孙东坡,杨慧丽,张晓松,等.桥墩冲刷坑的三维流场测量与数值模拟[J].水科学进展,2007(5):711-716.

[41] 崔占峰,张小峰,冯小香.丁坝冲刷的三维紊流模拟研究[J].水动力学研究与进展(A辑),2008(1):33-41.

[42] 张剑波,袁超红.海底管道检测与维修技术[J].石油矿场机械,2005(5):6-10.

[43] 王金龙,何仁洋,张海彬,等.海底管道检测最新技术及发展方向[J].石油机械,2016,44(10):112-118.

[44] Whitehouse R J S. Scour at Marine Structures: A Manual for Practice Applications [M]. London: Thomas Telford Ltd, 1998.

[45] 汪闻韶.土的动力强度和液化特性[J].北京:中国电力出版社,1997.

[46] Seed H B, Lee K L. Liquefaction of saturated sands during cyclic loading [J]. J Soil Mech Found Div, ASCE, 1966, 92(SM6): 105-134.

[47] Casagrande A. Liquefaction and cyclic deformation and sands: a critical review [C]//

Harvard Soil Mechanics Series. Cambridge: Harvard University, 1975.
[48] 鲁晓兵,谈庆明,王淑云,等. 饱和砂土液化研究新进展[J]. 力学进展,2004(1):87-96.
[49] 牛琪瑛,张素姣. 地基土液化机理的研究[J]. 太原理工大学学报,2002(3):246-248.
[50] 吴梦喜,楼志刚. 波浪作用下海床的稳定性与液化分析[J]. 工程力学,2002(5):97-102.
[51] 邱大洪,孙昭晨. 波浪渗流力学[M]. 北京:国防工业出版社,2006.
[52] 章根德,顾小芸. 有限厚度砂床对波浪载荷的响应[J]. 力学学报,1993(1):56-68.
[53] 林均岐,李祚华,胡明祎. 场地土液化引起的地下管道上浮反应研究[J]. 地震工程与工程振动,2004(3):120-123.
[54] 刘惠珊. 桩基震害及原因分析——日本阪神大地震的启示[J]. 工程抗震,1999(1):3-5.
[55] 叶银灿. 海洋灾害地质学发展的历史回顾及前景展望[J]. 海洋学研究,2011,29(4):1-7.
[56] 郭立,马小川,阎军. 北部湾东南海域海底沙波发育分布特征及控制因素[J]. 海洋地质与第四纪地质,2017,37(1):67-76.
[57] 单红仙,沈泽中,刘晓磊,等. 海底沙波分类与演化研究进展[J]. 中国海洋大学学报,2017,47(10):73-82.
[58] 钱宁,万兆惠. 泥沙运动力学[M]. 北京:科学出版社,1983.
[59] Allen J R L. Developments in Sedimentology [M]. Amsterdam: Elsevier, 1982.
[60] 马小川. 海南岛西南海域海底沙波沙脊形成演化及其工程意义[D]. 北京:中国科学院大学,2013.
[61] 陈报章. 苏北弶港地区埋藏潮沙体的发现与现代辐射状潮流沙脊群的成因[J]. 海洋通报,1996,15(5):46-52.
[62] 夏东兴,吴桑云,刘振夏,等. 海南东方岸外海底沙波活动性研究[J]. 黄渤海海洋,2001,19(1):17-24.
[63] 庄振业,林振宏,周江,等. 陆架沙丘(波)形成发育的环境条件[J]. 海洋地质动态,2004,20(4):5-10.
[64] 刘振夏,夏东兴. 中国近海潮流沉积沙体[M]. 北京:海洋出版社,2004,47-193.

Chapter 6

# 第6章 海洋生态灾害

作为海洋灾害其中的一类，海洋灾害类别的界定是确定海洋生态内涵的关键。借用陆地生态灾害的定义引申海洋生态灾害的定义，可以认为由入海的陆源污染物引发的赤潮、海域污染、工程失误及海上油井和船舶漏油、溢油等事故造成的海岸带和海洋生态环境恶化事件为海洋生态灾害。自 20 世纪 80 年代以来，海洋生态灾害无论发生的规模、频率还是造成的危害都呈逐年上升趋势，给人类社会发展带来了不利影响。为阐明海洋灾害发生的机理和规律，以便进行科学的防灾、减灾，本章将介绍几种常见的海洋生态灾害。

## 6.1 赤潮

### 6.1.1 赤潮概述

赤潮是一种自然现象(图 6-1)，它是指海洋中某些微小的浮游藻类、原生动物或细菌(图 6-2)，在一定条件下暴发性繁殖(增殖)或高度聚集而引起的一种有害的生态异常现象的总称。

工业化社会以来，沿海地区城市化进程加快，大量的工农业废水和生活污水排放入大海，导致海洋环境污染日趋严重，水体富营养化程度加剧，赤潮灾害频繁发生，危害越来越大。赤潮不仅破坏海洋渔业资源和生产、恶化海洋环境、影响滨海旅游业，而且还会因误食被有毒赤潮生物污染的海产品而造成人体中毒、死亡，赤潮已成为工业化进程中沿海国家普遍面临的严重海洋环境灾害之一。

图 6-1 赤潮

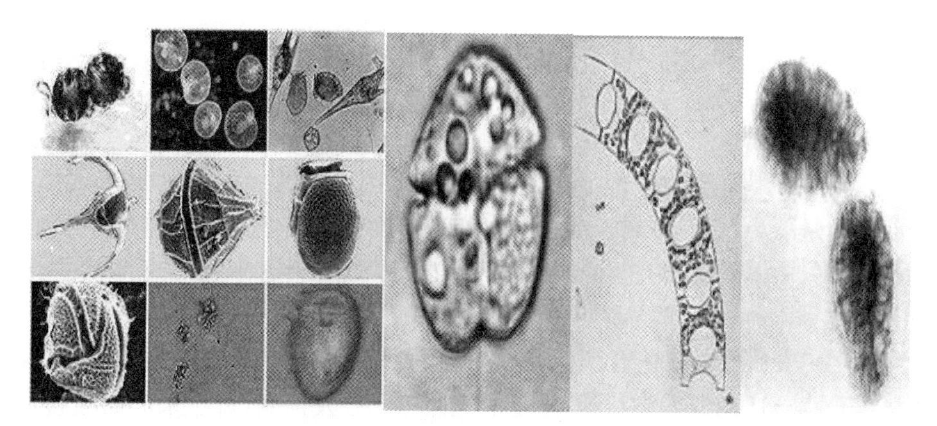

图6-2 几种常见的引发赤潮的生物

全球海洋中目前已发现的赤潮生物有330多种，我国赤潮生物约150余种，其中浮游植物占绝大多数，原生动物和细菌很少，有毒、有害赤潮生物以甲藻居多，其次为硅藻、蓝藻、金藻、隐藻和原生动物等。

实际上，赤潮并非总是红赤色的，它是各种色潮的统称。由于形成赤潮的生物种类的不同，它可以呈现出不同的颜色。除了最常见的红赤色之外，还有粉红色、茶色、土黄色、灰褐色、绿色、白色等，如图6-3所示。因此，有时也把呈现其他颜色的此类灾害称为褐潮、绿潮、金潮、白潮等。

(a) 2003年福建连江黄岐半岛夜光藻赤潮

(b) 2004年福建嵛山具齿原甲藻赤潮

(c) 2009年福建厦门同安湾血红哈卡藻赤潮

(d) 2003年福建莆田南日岛夜光藻赤潮

图6-3 各种颜色的赤潮

### 6.1.2 赤潮灾害爆发机制

赤潮发生的原因主要有：

(1) 海洋污染。随着经济的高速发展和沿海地区人口的膨胀，工业废水、生活污水和地表径流将大量陆源污染物质排入海洋，海洋遭受严重污染，造成海域的富营养化。而海水中大量氮、磷、微量元素和有机营养物质的增加，为赤潮生物快速生长繁殖提供了充足的物质基础。

(2) 水文气象和海水理化因子。赤潮生物的快速生长需要具备一定的环境条件，这些环境条件包括合适的温度和盐度、充足的光照等。有人推测，近年来的赤潮频发也可能和全球气候的变化有关，如温室效应和厄尔尼诺现象造成的海水温度异常改变。此外，风、潮汐、海流等因素也有利于赤潮生物向某一个方向聚集，造成了局部海域的赤潮形成。

(3) 过度的海产养殖。我国是水产养殖大国，沿岸水域已经形成了密集的水产养殖产业。缺乏科学和规范的管理导致了养殖密度过高，过量的投饵和排泄物的增加使得养殖海区有机污染加剧，造成了海洋的富营养化。这也是养殖海域赤潮发生频率较高的根本原因之一。

(4) 赤潮生物的异地传播。经济的发展促进了海上航运业的繁荣。频繁的国际航运导致了船舶在世界各港口间穿梭，而这些船舶在各港口不断地纳入和排放压舱水，导致大量海水的异地搬运，从而造成了不同赤潮生物种类的异地传播，使得世界各地新的赤潮种类不断出现。

由人类活动引发的海洋灾害，如赤潮、海洋污染等，是由于人类过多地排放有害和有毒的物质入海造成的。这些物质很难在短期内净化，有的沉入海底，有的被海浪带到别处，有的被海生物吸收，转而对人体健康造成威胁，特别是石油、重金属和放射性物质的污染，其危害最严重。这类灾害随着人类社会经济的发展，在某种程度上有加重的趋势，不仅在灾害的频次上，更突出地表现在危害性上。赤潮是近几十年来开始增多的海洋灾害，发生的范围不断扩大，危害程度也越来越重，已成为当今困扰沿海国家的一种较普遍的灾害。

生物与其生活的环境是一个相互依存、相互制约的统一整体。至于当外界环境(海洋)的各种理化条件基本能满足生活于其中的某种赤潮藻生理、生态需求时，该种赤潮藻才有可能形成赤潮。赤潮生物的异常繁殖与周围环境因素有着非常密切的关系。赤潮生物的生长、发育和繁殖都要从环境中索取营养物质和能量。同时，赤潮生物的生长发育和繁殖的各个阶段又都受周围环境条件的制约。因而，在某种程度上环境因子决定着是否发生赤潮。虽然赤潮发生的具体原因目前尚不清楚，但普遍认为海域的有机污染、富营养化是赤潮发生的物质基础，水文、盐度、溶解氧(dissolved oxygen, DO)、化学需氧量(chemical oxygen demand, COD)等是赤潮发生的主要条件，气温、降雨、气压是赤潮发生的诱发条件。赤潮的发生是各种自然因素综合作用的结果，包括光照、风力等气象因素，海水温度、盐度、流速、流向等水文因素，营养盐、微量元素等理化因素，赤潮藻种等生物因素(图6-4)。

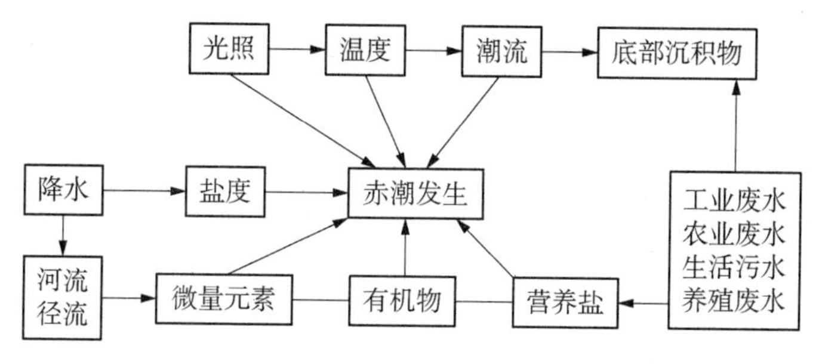


图6-4　赤潮发生与主要环境因素之间的关系

人类活动所造成的水体富营养化是近年来赤潮频发的主要原因之一,主要是指人类过度排放的污水及水产养殖过程中剩余在水体中的饲料,使营养物质在水体中富集,造成海域富营养化,水域中氮、磷等营养盐类和铁、锰等微量元素及有机化合物的含量大大增加,促进赤潮生物的大量繁殖,引发赤潮。近年来,赤潮监测的资料表明,在赤潮发生海域的环境多为干旱少雨、天气闷热、水温偏高、风力较弱或潮流缓慢等。

### 6.1.3　赤潮灾害类型与强度划分

1) 赤潮灾害类型

关于赤潮灾害成因的分类,不同专业领域的研究人员从不同角度作了很多有益的探索,如有毒赤潮和无毒赤潮,外来型和原发型赤潮,单相型、双向型和复合型赤潮等。对在我国近岸海域记录到的赤潮分布特征分析的基础上,主要依据赤潮发生的空间位置、营养物质来源及水动力条件,将赤潮灾害划分为以下类型:

(1) 河口型赤潮。

淡水径流在此类赤潮的发生过程中起着重要的作用,为赤潮生物细胞的增殖提供了环境条件和物质基础,尤其在夏季降雨之后,由于河流注入的淡水盐度低、温度高、营养盐、腐殖质、微量元素等的含量大大增加,提供了赤潮发生的物质基础。淡水径流导致河口区水体分层程度增加,使水体更具有潜在的稳定性,利于赤潮的持续发展;河口区水体盐度的大小是河流淡水和海洋盐水相互混合的结果。向口外盐度逐渐增加,表底层盐度的分布存在着极其明显的差异,垂直分布明显。

长江口的研究结果表明,生源要素在河口的时空分布不仅受化学过程、生物过程和沉积过程的影响,也受到河口物理过程和地形特征的影响,N、P、Si等值线在河口区的分布呈舌状;长江口最大混浊带的浮游生物调查结果表明,浮游生物按种类的生态习性可大体分为3种类型,即河口和近岸低盐性类群、江湖淡水类群和外海暖水性类群,其中数河口和近岸低盐性类群的种类最多,约占总数的80%,并细分为代表性种为缘状中鼓藻和具槽直链藻的半咸水类群,代表性种为布氏双尾藻、尖刺菱形藻等的广盐性和代表种为骨条藻和园筛藻的广温性的近岸种。

(2) 海湾型赤潮。

此类赤潮发生类型是其营养物质不是通过大的江河输运而来，多来源于沿岸的工业、生活污水的排放，水交换能力差且封闭或半封闭型的海湾，其水流缓慢，有利于赤潮生物的生长。

潮汐的作用大，沿岸有机物随潮汐的反复回荡，使底部营养物质扰动起来，又被推到沿岸，加剧了氮、磷等营养元素在沿岸的积聚，同时沿岸的微量元素也易于进入海域，为赤潮生长提供了所需的营养物质。

(3) 养殖型赤潮。

① 岸滩型。主要指沿海滩涂养虾开发利用过度，养虾废水、残饵和排泄物的大量排放使近岸海水污染。近岸海水动力条件弱，水体运动方向与岸线垂直，以潮汐作用为主，污染物聚集在沿岸，稀释扩散速度慢、底泥易于保存和释放营养细胞。此类赤潮发生的面积小，持续时间短，对水产养殖业的危害大。

② 近岸型赤潮。海产养殖自身污染的一个重要特点是造成大量生物性堆积。人工养殖的滤食性贝类的大量排泄物和死亡个体堆积在海底，不断分解，在高温、大风等异常环境条件下，加速矿化并进入水体，造成海水的富营养化，为赤潮生物的生长繁殖及赤潮发生提供丰厚的物质基础。筏式养殖架及扇贝笼等提供了附着基，附着生物全年的排粪对营养物质也有重要的贡献。而且，大面积的人工水产养殖导致养殖水域食物链趋向简单化，生物多样性降低，生态系统进行自我调节和抵御外界扰动的能力减弱，容易爆发赤潮。近岸海区内大量养殖扇贝的吊笼和吊养的贻贝明显阻碍了海水的正常流动。潮流不畅大大降低了海域的自净和自我调节能力，容易出现有机污染物在海底堆积和海水的富营养化。同时，水体的相对稳定有利于赤潮生物的聚集。

(4) 上升流型赤潮。

典型的上升流型赤潮区为浙江近海，约在每年 5 月中、下旬，随着台湾暖流向北伸展势力的逐步加强，在向岸剩余压强梯度力和西南季风的作用下，台湾暖流下层水向西北逆坡爬升产生上升流，7—8 月达最强，9—10 月台湾暖流向北伸展态势逐渐消衰而使上升流逐渐消失。上升流携带底层营养盐至表层，为浮游生物提供了丰富的营养盐，导致了海水的富营养化，上升流区及其边缘海水比较肥沃，往往导致浮游生物大量繁殖。

(5) 沿岸流型赤潮。

近岸水体的流动速度慢，水体的交换程度差，岸线为平直海岸，赤潮藻种和营养物质来源于近岸污水的排放或外部的输入，水体的运动方向与岸线平行。

(6) 外海型赤潮。

这类赤潮主要分布在滨内或滨外区，远离海岸，有关这类赤潮我国只有少量报道推测，国家海洋局的海监船在巡航期间曾在距岸 100 km 的黄海中部海域发现过一次。据国外的研究结果，这类赤潮的主要类型为钙板金藻(coccolithophore)，其被认为是地球上含钙最多的有机质。钙板金藻最丰富的种类为 Emiliania huxleyi，从赤道到亚北极区的广大区域内的浅海和陆架海均有发现，一直延伸到水温小于 0 ℃的海域。赤潮发生时水体呈白色，具有较高的反射率，叶绿素含量低。由其离岸较远，对海洋经济不会造成影响，但因其含有大量的钙，这类赤潮的爆发对全球气候变化具有很重要的意义。

尽管我国海域由南向北跨越多个气候带，自然地理差异大，单个成因类型的赤潮在持续时间、发生位置、发生面积、赤潮区的形态及灾害造成的经济损失等方面有很多共性，其基本特点见表 6-1。

表 6-1 各赤潮成因类型的基本特点

| 类型 | | 持续时间 | 位置 | 发生面积($km^2$) | 经济损失 | 赤潮区形状 |
| --- | --- | --- | --- | --- | --- | --- |
| 河口型 | | 数天～月 | 河口锋面附近 | 200～1 000 | 中 | 团块状 |
| 海湾型 | | 数天 | 沿岸 | 100 | 小 | 团块状 |
| 养殖型 | 岸滩 | 数时～数天 | 沿岸及虾池 | 50～100 | 大 | 条带状 |
| | 近岸 | 数时～数天 | 养殖区内 | 10～50 | 大 | 团块状、条带状 |
| 上升流型 | | 数天～月 | 距岸数十千米 | 100～1 000 | 中 | 团块状 |
| 沿岸流型 | | 数天 | 沿岸距岸数千米之内 | 50～100 | 中 | 条带状 |
| 外海型 | | 数天～月 | 距岸数十～数百千米 | 500～10 000 | 小 | 团块状 |

2）赤潮灾害强度划分

赤潮灾害所造成的损害主要集中在对海洋生态系统的影响、对海洋经济的影响及对人体健康的危害等三个方面。灾变等级和灾度等级是灾害分等定级的两个重要内容。前者是从灾害的自然属性出发反映自然灾害的活动强度或活动规模，后者则是根据灾害破坏损失程度反映自然灾害的后果。根据对我国多年赤潮发生的规模（面积）、造成的经济损失、贝毒对人体健康的影响等方面的统计，将灾害等级定为五级（表 6-2）。

表 6-2 赤潮灾害分级

| 级别 | 特大赤潮 | 重大赤潮 | 大型赤潮 | 中型赤潮 | 小型赤潮 |
| --- | --- | --- | --- | --- | --- |
| 人员伤亡 | 死亡 10 人以上 | 死亡 1～10 人 | 出现贝毒症状的，中毒 50 人以上 | 中毒 10 人以上 | 中毒 1～10 人 |
| 面积 | 单次赤潮面积在 1 000 $km^2$ 以上 | 单次赤潮面积在 500～1 000 $km^2$ | 单次赤潮面积在 100～500 $km^2$ | 单次赤潮面积在 50～100 $km^2$ | 单次赤潮面积低于 50 $km^2$ |
| 经济损失 | 在 5 000 万元以上 | 在1000万～5000万元 | 在 500 万～1 000 万元 | 在 100 万～500 万元 | 低于 100 万元 |

### 6.1.4 中国沿海赤潮灾害时空分布

1）赤潮的发生次数

我国近代最早的赤潮记录见于1933年，但20世纪70年代以前，赤潮的记录是不连续的。其后，几乎每年都有赤潮的记录，至2001年，中国沿海有明确时间、地点等基本信息的赤潮次数为460次。在这些赤潮记录中，其规模极不相同，其中面积小于50 $km^2$ 的赤潮次数为185次，占总数的40.2%；面积大于50 $km^2$ 小于100 $km^2$ 的赤潮次数为36次，占总数的7.8%；面积大于100 $km^2$ 小于500 $km^2$ 的赤潮次数为48次，占总数的10.4%；面积介于500 $km^2$ 和1 000 $km^2$ 之间的赤潮次数为16次，占总数的3.6%；面积大于1 000 $km^2$ 的赤潮次数为24次，占总数的5.3%；面积不详的为151次，占总数的32.8%。

在中国的海域中，发生赤潮比较集中的海区有渤海（主要是渤海湾、黄河口和大连湾等地）、长江口（主要包括浙江舟山外海域和象山港等地）、福建沿海、珠江口海域（大亚湾、大鹏湾及香港部分海区等地），见表6－3。

表6－3 中国沿海赤潮多发区

| 四大海域 | 分 布 |
| --- | --- |
| 渤海 | 渤海湾、辽东湾、大连渤海一侧海域 |
| 黄海 | 丹东东港、大连港、海州湾 |
| 东海 | 长江口外海域、浙江近岸海域、泉州湾、厦门近岸海域 |
| 南海 | 珠江口、深圳湾和香港近岸海域 |

20世纪90年代以来，我国赤潮发生次数增加之快、危害之大令人震惊，已严重威胁我国的海洋生态环境，其主要特点为：①1933—2011年，我国海域共观测到赤潮事件1 047起。2000年以后我国进入赤潮高发期，赤潮发现频率和影响范围明显增加。②我国沿海从南到北均有赤潮分布，时空分布差异显著。其中，河口、内湾为赤潮多发区。东海年发现频率最高，高发期集中于每年4—9月水温较高的季节，南海一年四季均有发现。③截至2009年，我国由优势种引发赤潮的次数为417次，约占赤潮总数的45%，有毒赤潮发现频率明显增加。④对营养盐输入为赤潮发生提供了物质基础进行了探讨，提出了加强赤潮预警和强化污染控制是赤潮防灾减灾的主要措施。

2）赤潮发生的空间分布特征

早期（1980年以前）赤潮灾害主要发生在福建省、浙江省沿海、黄河口、辽宁省大连湾等少数几个海域。1980年以后，发现赤潮灾害的地区逐渐增多，沿海各省都有发现，赤潮灾害的影响面已经扩展到全国沿海，成为严重的海洋灾害之一。

渤海的赤潮记录共有84条，主要集中在辽东湾的中部和西部海域、渤海湾和莱州湾的西侧黄河口附近。尽管发现的赤潮次数较少，但规模大于500 $km^2$ 或造成严重经济损失的赤潮事件就达15次，由于渤海为一近封闭浅海，总面积仅为7.8万$km^2$，严重的赤潮灾害给沿海的水产养殖业、旅游业和海洋生态环境造成了严重的影响。其中1989年8月发生在河北省黄骅市的裸甲藻赤潮，面积达1 300 $km^2$，直接经济损失达1.3亿元，而1998年发生在辽东湾的叉角藻赤潮，导致水产养殖业的直接经济损失达6.51亿元。渤海赤潮大规模爆发的主要原因归结于其半封闭型的地理形态导致的水交换不畅和沿岸径流的大量陆源物质输入。渤海沿岸具有常年径流的入海河流共40余条，分别注入辽东湾（15条）、渤海湾（16条）、莱州湾（9条），主要是黄河、海河、大辽河、滦河、双台子河、大小凌河、小清河等，年径流量720亿$m^3$，年入海泥沙13亿t。

黄海的赤潮记录共有59条，主要发生在黄海北部即辽宁省大连市至丹东市沿岸、烟台北部海域和胶州湾、海州湾海域。其中，大连湾的赤潮记录达到32次，赤潮规模多小于50 $km^2$，这与大连湾的水产养殖和湾内水交换不畅有关。黄海的赤潮发生区内均没有大的河流输入，其营养物质来源只要为排放入海湾的工业和生活污水及养殖废水。

东海区的赤潮记录为170条，主要集中在两个区域，一是长江口和杭州湾的中轴线交汇处，即北纬30°30′—32°00′和东经122°15′—123°15′海域。此海区的赤潮多发与长江口携带的大量陆源物质有直接的关系，长江多年年平均径流量为29 300 $m^3/s$，年径流量为9 240亿$m^3$。此外，独特的地理环境也是重要原因，长江冲淡水、台湾暖流和黄海冷水团在此交汇、混合，加上气候变化、潮汐和波浪运动因素，为赤潮爆发提供了适宜的环境。二是浙江宁波至福建厦门沿海，这个区域的赤潮多发区又可分为两个区域，即沿岸海湾和近海。沿岸的赤潮主要分布在象山港、三门湾、福建东山岛、平潭岛、厦门岛附近海域。这些赤潮多发生在湾内，面积较小，多不足100 $km^2$，但其危害很大。这一带赤潮的多发主要与海湾水交换不畅和海水养殖有关。

南海的赤潮次数为147次，主要集中在珠江口外侧香港岛、大鹏湾、大亚湾、红海湾及海南岛附近海域。这一海域的赤潮主要发生在海湾内，多以海水网箱养殖为主，发生赤潮的规模较小，多小于100 $km^2$，但造成的经济损失却十分巨大。

在以上四个海区中，渤海、东海的长江口和杭州湾的附近海域，以及南海的珠江口东侧及粤东济南是我国三大赤潮多发区。图6-5为我国沿海各省在2009年发生的赤潮数量统计。

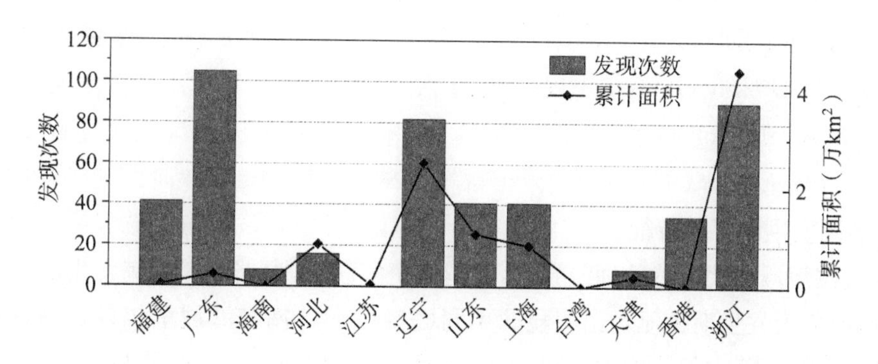


图6-5　沿海各地区赤潮发生情况

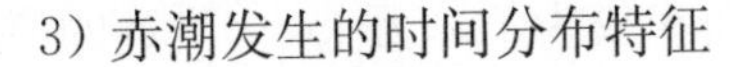

3）赤潮发生的时间分布特征

(1) 赤潮发生的年际特征。

从1933年的第一个赤潮灾害纪录至今，赤潮灾害的发现次数和灾害面积均呈明显的波动式增长趋势。从赤潮发生次数的周期性变化来看，1972—1982年的10年间，出现三次赤潮发现次数的峰值，时间间隔为5～6年。1982—2001年的20年间，赤潮灾害次数呈现3年左右的波动周期，峰值时间分别为1984年、1987年、1990年、1995年、1998年和2001年，其中至1990年峰值为逐渐增加的趋势，1995年的峰值低于1990年，但至2001年又呈现上升的趋势，并达到了有记录以来的最高值71次(图6-6)。从图中可以看出，尽管每次赤潮发生的面积不尽相同，每年发生的赤潮面积与发现的赤潮次数显示了相同的趋势。

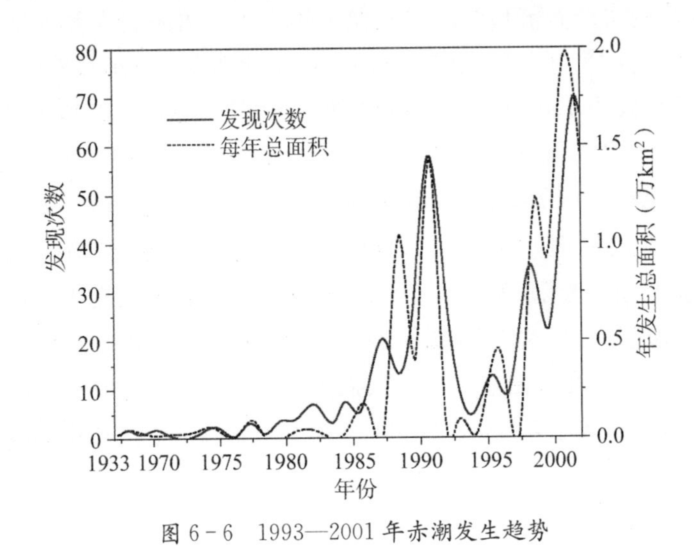


图6-6　1993—2001年赤潮发生趋势

近70年来，每年平均赤潮面积即赤潮的规模呈现越来越大的趋势。1933年以来的35年的记录表明，除了1952年的一次赤潮面积为1 400 km$^2$(次数为1次)外，出现三次赤潮爆发的高峰期，一次比一次高。第一次出现在1977年，赤潮灾害次数为2次，平均面积为282 km$^2$，高峰持续期约为2年；第二次出现在1988年，赤潮次数为12次，平均面积为1 497 km$^2$，高峰持续期约为3年，至1990年；第三次高峰出现在1998年，赤潮次数为35次，平均面积为417 km$^2$，1999年出现赤潮21次，平均面积529 km$^2$，2000年发生赤潮37次，平均面积588 km$^2$，2001年发生赤潮71次，平均面积479 km$^2$，此次高峰持续期为4年。

(2) 赤潮发生的年内特征。

由于我国海域南北自然地理差异大，跨越多个气候带，根据历年赤潮发生的月份统计分析，赤潮的年内发生期也显示出明显的不同(表6-4)。南海海域全年各月均有赤潮发生，发生次数多于10次的月份为每年的3—5月，4月最高，为33次，其后降低，至9月又出现一个小高潮(9次)；东海赤潮灾害发生次数多于10次的月份为4—8月，发生次数最多的月份为每年的5月和6月，分别为50次和36次，其高发期只有一个，赤潮发生的规模也主要集中在这个时期。每年的12月至来年的3月赤潮的发生次数低于3次，基本没有赤潮发生；黄海、渤海的赤潮月发生次数多于10次的月份为5—9月，发生次数最多的月份为7月和8月，分别为42次和38次。每年的11月至来年的3月的发生次数多低于3次，基本没有赤潮出现。我国海域的赤潮发生期由南向北依次出现，每年的4—9月为高发期，因此是赤潮灾害监测、预警和防治的重要时段。

表6-4　南海、东海、黄海和渤海各月赤潮发生次数和规模（单位：$km^2$）

| 海区 | | 1月 | 2月 | 3月 | 4月 | 5月 | 6月 | 7月 | 8月 | 9月 | 10月 | 11月 | 12月 |
|---|---|---|---|---|---|---|---|---|---|---|---|---|---|
| 南海 | 次数 | 5 | 9 | 24 | 33 | 11 | 7 | 8 | 4 | 6 | 4 | 9 | 6 |
| | 面积 | 38 | 8 | 28.2 | 347 | 87 | 7.1 | 838 | 41 | 34 | 40 | 9 | 615 |
| 东海 | 次数 | 2 | 0 | 1 | 13 | 50 | 36 | 25 | 19 | 9 | 6 | 3 | 1 |
| | 面积 | 无 | 0 | 无 | 229 | 30 786 | 4 834 | 7 949 | 9 458 | 530 | 89 | 121 | 无 |
| 黄渤海 | 次数 | 1 | 1 | 0 | 9 | 14 | 14 | 42 | 38 | 19 | 5 | 0 | 0 |
| | 面积 | 100 | 200 | 0 | 75 | 1 877 | 1 745 | 11 154 | 7 219 | 13 857 | 2 280 | 0 | 0 |

### 6.1.5　赤潮的危害

1）赤潮对渔业的危害

（1）影响鱼、贝类呼吸，造成渔业减产。有些赤潮藻类能产生黏性物质，如许多涡鞭毛藻，能将大量的黏性物质排于细胞外，当鱼、虾、贝类呼吸时，这种黏性物质及浮游生物死后所排出的黏性物质，能附着于贝类和鱼类鳃上，影响其呼吸，导致海洋生物窒息死亡。一些微细的浮游生物大量繁殖，也会黏住海洋动物的鳃，使其呼吸困难，严重者也可致其死亡。

（2）导致海水缺氧，产生有毒物质。赤潮发生后，赤潮生物的急剧繁殖，过量的藻类使海水造成缺氧，对海洋生物产生很大的威胁。由于赤潮生物大量繁殖，覆盖整个海面，使下层水中严重缺氧，海水中和海底的海洋生物呼吸困难，而且死亡的赤潮生物极易为微生物分解，从而消耗了水中溶解氧，使海水缺氧甚至无氧，导致水产养殖对象的大量死亡。海水缺氧会导致海水和海底介质中处于还原状态，从而产生硫化氢和甲烷，这些有毒物质的产生，对海洋生物也有致死的作用。

（3）产生毒素，毒死鱼、虾、贝类。有些赤潮生物具有毒素，这些毒素有的对鱼、虾、贝类直接有毒害作用，使其死亡，如涡鞭毛藻赤潮造成日本渔业严重的损害。赤潮生物的死亡还会促使细菌繁殖，有些种类的细菌或由这些细菌产生的有毒物质能将鱼、虾、贝类毒死。

2）赤潮对人类健康和生命的威胁

根据赤潮藻类的是否有毒，可以把赤潮藻类分成三类：第一类为无毒赤潮，无毒赤潮一般是无害的，不会引起海产养殖太大的麻烦，只是由于赤潮藻类数量过高，当它们死亡分解时消耗大量溶解在水中的氧气，导致鱼类和无脊椎动物因缺氧而死亡，如夜光藻、硅藻等引起的赤潮。第二类赤潮对人无害，但是对无脊椎动物和鱼类有害，这类赤潮主要是对鱼的鳃产生堵塞损害，影响其呼吸，导致海洋生物窒息死亡或产生溶血性物质造成鱼类死亡，如硅藻中的角刺藻和甲藻种的米氏裸甲藻等产生的赤潮。一些微细的浮游生物大量繁殖，也会黏住海洋动物的鳃，使其呼吸困难，严重者也可致其死亡。第三类赤潮为有毒赤潮，人类一旦食用这样的贝类就可能造成人类肠胃消化系统和神经系统中毒，人体中毒轻者会损害健康，重者会导致长期丧失记忆，甚至导致中毒死亡。赤潮对人体健康的影响，除了“病从口入”以外，接触赤潮毒素会引起皮肤不适，在含神经性毒素赤潮期间，挥发性毒素还能对眼睛和呼吸道产生影响。毒素除了残留在贝类中外，还会残留在虾蟹、鱼类等海产品中。

另外，赤潮的出现还会使海水变色从而破坏环境的美感，特别是发生在滨海沙滩或开展水上活动的风景区，使人们的海上休闲娱乐活动受到影响。

## 6.2 海上溢油

在石油勘探、开发、炼制及运储过程中，意外事故或操作失误会造成原油或油品从作业现场或储器里外泄，溢油流向地面、水面、海滩或海面，同时由于油质成分的不同，形成薄厚不等的油膜（图 6-7），这现象称为溢油。

图 6-7 海上溢油

### 6.2.1 海上溢油概况

随着石油工业、交通运输业的发展，石油开采、炼制和水上运输量逐年增加，每年都有相当数量的石油由于突发事件进入海洋、河流和其他水域，造成极其严重的石油污染。石油对水域的污染不仅范围广，而且对水生物资源、渔业、海岸环境和人类自身都会造成危害。例如，2010 年墨西哥湾漏油事件给附近海域造成了极大的危害。世界各国对这一问题非常重视，国际上已制定了许多条约、法规来约束航运、造船、海洋工程及近岸工程，使得造成这类事故发生的可能性下降到最低程度，但是目前还没有一种有效的方法完全阻止其发生。

1）主要原因

石油进入海洋的过程有：自然泄漏、油轮事故、炼油厂污水排放、油轮洗舱水、油井的井喷、海上石油钻探及采油、输油管道的泄漏、城市污水等。

水中溢油大致主要来自四个方面：

(1) 含油污水的排放。油船的机舱油污水、压载水、洗舱水，这些废水中均含有大量石油，浓度可达15 000 mg/L，如直排即对水体造成油污染。另外，船舶进厂修理前，必须将货油和燃料油舱的残油清洗干净，油气排放后才能进厂修理当油船改装油品时，也必须先清洗货油舱，这些也成为水域的污染源。

(2) 操作性溢油。船舶在加装燃料油和油船油舱装货期间的溢油。日常装卸储运中石油产品的零星跑冒滴漏，对水陆地、作业机械容器均造成轻微污染；船岸双方驳油速度不协调和联系不及时或封闭式装货标示不准确而造成溢油；货油驳运时，输油软管在高压下工作，软管的残旧、老化及伸缩接头、阀门的松动等也会造成油渗漏。

(3) 海损事故溢油。一般是指突发性的泄漏事故，即溢油事故。船舶或油轮因碰撞、触损、搁浅等事故的原因造成对水域的油污染，特别是油轮发生事故后油箱的泄漏溢油。它造成大量的石油泄漏到水域或陆地，对环境造成很大的污染，危害极大。

(4) 海上采油造成的污染。随着人类工业的迅速发展，陆地上的油田已经不能满足人们的需求，人类从事海上石油的开采已经有半个多世纪的历史。从事海上石油的勘探开发等行为都会造成石油的外泄，海上油井事故的发生更使大量的石油瞬间进入海洋，给海洋生态造成毁灭性的破坏(墨西哥湾漏油、康菲漏油事件)。

2) 溢油发展历程

石油溢入海洋之后，在海洋特有的环境条件下，有着复杂的物理、化学和生物变化过程，并通过这些变化，最终从海洋环境中消失。这些变化有扩散、漂移、蒸发、分散、乳化、光化学氧化分解、沉积及生物降解等。石油的理化特性和其溢入海洋环境中的变化，使其在海面上有着与其他物质不同的情形，即溢油在海面上形成了非均匀分布的情形——中间部分比边缘部分厚，类似薄透镜形状，并且大部分油聚集在溢油点的下风向。这种现象不是油的单一特性和海洋环境的单一因素所能决定的，而是多种因素的综合作用。

溢油事故发生后原油在海上的历程：

(1) 溢油的扩散。溢油发生之后，在重力、黏度和表面张力等联合作用下产生水平扩散。起初，重力起主要作用，故油的扩散受油的溢出形式影响很大。如果油的溢出形式是瞬间大量溢油，则其扩散要比连续缓慢溢油快得多。油溢出几小时后，油层厚度大大减小，此时表面张力作用将超过重力作用，成为导致溢油扩散的主要因素，溢油在水面将形成镜面似的薄膜，它的中间部分比边缘部分厚。对于少量高黏度的原油和重燃料油，它们不易扩散而以块状逗留在海面上。这些高黏度油，在环境温度低于其倾点温度时，几乎不扩散。当溢油扩散在水面上形成薄膜后，进一步的扩散主要是靠海面的紊流作用。

(2) 溢油的漂移。漂移是指海面油膜在风、海流及波浪作用下的平移运动，油膜漂移主要取决于海面风场和流场。流场可以认为是潮流、风海流、密度流、压力梯度流及冲淡水流的合成矢量场。在近海海域，潮流和风海流是决定溢油漂移的重要因素。实际观察表明：溢油若发生在开阔海域，溢油的漂移速度主要取决于风的作用；而在近海或沿岸，潮流将是溢油漂移不可忽视的因素。

(3) 溢油的蒸发。溢油中易挥发组分的蒸发能够导致溢油特性的变化。蒸发后留在海面上的油比其原来的密度和黏度都要大。蒸发带来了海面溢油量的减少,还影响着溢油的扩散、乳化等,并且还会引起火灾和爆炸危险。影响蒸发的因素有油的组分、油膜厚度、环境温度、风速及海况等。

(4) 溢油的溶解。溶解是指溢油中低分子烃进入水体的质量传输过程。溶解的速率和强度取决于油的成分、物理性质、油膜面积、水温、湍流和垂直分散作用。研究表明,物理过程(扩展、掺混和分散作用)通常增大暴露到水面的面积而促成降解性溶解。溶解同蒸发同样是自限制过程,在低沸点组分去除后油膜物理性质随之发生变化。

(5) 溢油的分散。分散是指溢油形成小油滴进入海水中的过程。海面的波浪作用于油膜,产生一定尺寸的油滴,小油滴悬浮在水中,而较大的油滴升回海面。这些升回海面的油滴处在向前运动的油膜后面,不是与其他油滴聚合形成油膜,而是扩展成为很薄的油膜,而呈悬浮状的油滴则混合于水中。自然分散率很大程度上取决于油的特性及海况,在碎浪出现时分散过程进展得快。低黏度的油在较好的海况下,可以几天内就完全分散。相反,黏度高的油能够形成稳定的厚油层,就不易分散。

(6) 溢油的乳化。乳化是指溢油形成油包水乳化液的过程。在破碎波产生的湍动过程中,水滴被分散到油里形成油包水乳浊液,呈黑褐色黏性泡沫状漂浮于海面。乳化作用一般在溢油发生后的几个小时才发生。乳化过程的后果是增加了原来溢油的体积,使油的黏性和密度增大,对溢油的进一步扩散起到阻碍作用,使蒸发量相对下降。

(7) 生物降解。生物降解是海洋环境自身净化的最根本途径。溢油发生之后,生物降解过程一般可持续数年之久,其清除石油的能力,取决于能够降解石油的不同海洋微生物。由于生物降解过程极其复杂,就海洋环境而言,至今人们尚不能用数学公式定量描述原油生物降解的速率。据报道,在适宜的水域中生物降解油的速率为每天可从每吨海水中清除 0.001～0.003 g 油,在常年受油污染的地区每天可从每吨海水中清除 0.5～60 g 油。

### 6.2.2 海上溢油事故概况

1) 我国溢油事故现状

自 1993 年我国从石油出口国转为石油净进口国以来,石油进口数量不断上升,沿海的石油运输量大幅增加。我国进口的石油 90%是通过海上船舶运输来完成的,2006 年我国沿海石油运输量达到 4.31 亿 t,其中运输原油 1.87 亿 t。石油进口量的迅速增加,使港口和沿海油轮密度增加,2006 行于我国沿海水域的各类油轮达到 162 949 艘次,平均每天 446 艘。油轮特别是超大型油轮在我国水域频繁出现,使得原已十分繁忙的通航环境更加复杂,导致船舶溢油污染,特别是重特大船舶溢油污染的风险增大。

经过综合研究评估,渤海湾、长江口、台湾海峡和珠江口水域是我国沿海四个船舶重大溢油污染事故高风险水域。

据统计,1973—2006 年,我国沿海共发生大小船舶溢油事故 2635 起,其中溢油 50 t 以上的重大船舶溢油事故共69起，总溢油量37077 t，平均每年发生两起，平均每起污染事故溢油量537 t。

迄今为止，我国从未发生过万吨以上的特大船舶溢油事故，但特大溢油事故险情不断。除69次溢油50 t以上的重大溢油事故外，1999—2006年，我国沿海还发生了7起潜在重特大溢油事故。

例如，2001年，装载26万t原油的“沙米敦”号油轮进青岛港时船底发生裂纹。2002年，在台湾海峡装载24万t原油的“俄尔普斯·亚洲”号因主机故障遭遇台风遇险。2004年，在福建湄洲湾两艘装载原油12万t的“海角”号和“骏马输送者”号发生碰撞。2005年，装载12 t原油的“阿提哥”号在大连港附近触礁搁浅。2006年4月22日，英国籍“现代独立”轮于舟山马峙锚地永跃船厂进坞过程中与船坞发生触碰，造成左舷破损，并导致第三燃油舱477 t燃油（重油）外溢。事故发生后，海事部门立即采取清除措施，共组织回收了油污水407.75 t。事故造成周围海域严重污染，经济损失数千万元。2010年7月16日，中石油大连大孤山新港码头一储油罐输油管线发生起火爆炸事故，部分石油泄漏入海，海上漂油分布范围已达到183 $km^2$，其中较重污染面积达到50 $km^2$，主要集中在近海区域，已开始影响大连湾及附近海域海水水质。以上事件，虽然经海事部门及时采取措施，未造成重大污染，但也可以看到，船舶特大溢油事故的风险的确在增大。

我国已在渤海、秦皇岛、烟台、上海、厦门和广州等区域建立了港口溢油应急响应中心。在渤海从事石油开采的多家中外公司，虽各自拥有自己的溢油应急设备和设施，但溢油应急反应能力不强。据不完全统计，自20世纪90年代以来，渤海共发生海上溢油事故大约20次（表6-5），合计溢油$2.5\times10^4$ t左右，相当于年均排放石油类污染物$1.3\times10^3$ t左右。由此可见，研究海洋溢油行为及归宿问题是我国水环境工作的一项重要任务。

表6-5　20世纪90年代初至21世纪初渤海主要突发溢油事故

| 时　间 | 地　点 | 原　因 | 污染状况 |
| --- | --- | --- | --- |
| 1990年6月 | 大连西南海域 | 两艘外籍货轮相撞 | 1260 $km^2$ 漂油区 |
| 1993年4月 | 河北唐海县附近海域 | 华北油田井喷 | 560多亩虾池被污染 |
| 1993年5月 | 辽东湾北部 | 原油泄漏 | 500 $km^2$ 漂油区 |
| 1994年4—6月 | 秦皇岛海滨 | “华海2”号轮三次冒舱溢油 | |
| 1994年4月 | 渤海湾西南海域 | “明珠”轮违章排污 | |
| 1996年3月 | 胜利五号平台 | 排污 | 4000 m×20 m 漂油带 |
| 1996年4月 | 渤海海面 | 土耳其籍“马威”（MAVI）号货轮违章排污 | 2000 m 漂油带 |
| 1997年3月 | 天津大沽镇附近海域 | 塞浦路斯籍“爱利亚斯船长”号货轮排放油污 | 200 m×20 m 漂油带 |

(续表)

| 时　间 | 地　点 | 原　因 | 污染状况 |
|---|---|---|---|
| 1997 年 4 月 | 胜利二号平台 | 排污 | 300 m 漂油带 |
| 1997 年 4 月 | 胜利开发一号平台 | 排污 | 400 m×200 m 漂油带 |
| 1997 年 4 月 | 胜利八号平台 | 排污 | 200 m 漂油带 |
| 1998 年 12 月 | 渤海埕岛油田 | CB6A－5 井侧塌 | 250 $km^2$ 漂油区 |
| 2000 年 11 月 | 东营港南 | “乐安 16”号油轮撞防波堤 | 975 m 漂油带 |
| 2002 年 2 月 | 河北黄骅局部海岸 | 未明 | 6 000～7 000 m 漂油带 |
| 2002 年 11 月 | 天津大沽口东部海域 | 马耳他籍“塔斯爱海”号油轮与中国“顺凯 1”号货轮相撞 | 200 t 原油泄漏造成 4 600 m×2 600 m 漂油带 |
| 2002 年 11 月 | 绥中 36－1 油田平台 | 溢油 | 2.6 t 溢油 |
| 2004 年 3 月 | 锦州湾 | 越南籍“太平洋鹰”轮原油泄漏 | 海面、油码头等轻度污染 |

渤海之殇——“康菲中国”石油泄漏事件：2011 年 6 月渤海湾蓬莱 19－3 油田作业区 B 平台、C 平台先后发生两起溢油事故，事故造成污染的海洋面积至少为 5 500 $km^2$，其中劣四类海水海域面积累计约 870 $km^2$，而对于周边渔民的损失及对于邻近污染海域生活的居民影响还无法预计。康菲石油中国有限公司在蓬莱 19－3 油田生产作业过程中违反总体开发方案，制度和管理上存在缺失，明显出现事故征兆后，没有采取必要的防范措施，由此导致一起造成重大海洋溢油污染的责任事故。

2）国际上重大溢油事故

（1）“埃克森・瓦尔迪兹”号事故：1989 年 3 月 24 日晚 9 时，“埃克森・瓦耳迪兹”号在阿拉斯加州美、加交界的威廉王子湾附近触礁，5 000 万 L 原油漏出，在海面上形成一条宽约 1 km、长达 800 km 的漂油带。事故起因是船长过度饮酒后没有及时调转方向致使触礁。事故发生后 3 天内 3 万只海鸟、海豹和其他哺乳动物及无数条鱼死亡，并污染破坏了成千上万只候鸟一年两次来觅食的这片土地。

（2）巨型油轮“威望”号沉没：2002 年 11 月 19 日，载有 7.7 万 t 燃料油的“威望”号在西班牙西北部距海岸 9 km 的海域遇风暴船体断为两截，燃料油外泄，导致附近海域鱼虾贝类等海洋动物的大范围死亡、多种有害物质进入海洋食物链，进而威胁到人类本身。事故起因是“威望”号已有 26 年船龄，早在 1999 年就应停驶，但在 2002 年 6 月该船在直布罗陀海峡和希腊停留时，当地官员均未再检查便批准放行，可以说是人员的疏忽导致了此次事故。

（3）墨西哥湾原油泄漏事件：英国石油公司租赁的“深水地平线”海上石油钻井平台 2010 年 4 月 20 日在路易斯安那州附近的墨西哥湾水域发生爆炸并沉没，导致了这场美国

历史上最严重的漏油事故。2010年7月15日，在墨西哥湾漏油事件发生近3个月后，英国石油公司控油装置成功罩住水下漏油点，大约有440万桶的原油已经泄漏到了墨西哥湾。油污的清理工作耗时近10年。墨西哥湾在长达10年的时间里将成为一片废海，造成的经济损失将以数千亿美元计。这场灾难发生前后存在监管不足、应急不力等人为因素，可以说是一场人祸。糟糕的电线线路、防喷阀失灵，甚至是没有电的电池，一连串错误导致了钻井平台的爆炸和漏油的加剧。

### 6.2.3 海上溢油的危害

石油本身具有毒性，进入海洋后不仅会对海洋环境、野生动物和养殖资源等造成不同程度的危害，而且这种危害的周期往往是很长的，主要表现在：

(1) 溢油对鸟类的危害。海面上的溢油对鸟类的危害最大，尤其是潜水摄食的鸟类。这些鸟类以海洋浮游生物及鱼类为食，当接触到油膜后，它们的羽毛能浸吸油类，从而失去防水、保温能力。另一方面，它们因不能觅食而用嘴整理自己的羽毛，摄取溢油，造成内脏的损伤，最终它们会因饥饿、寒冷、中毒而死亡。在溢油事故发生时，从保护自然生态的角度急救鸟类的工作是非常重要的。

(2) 溢油对海洋浮游生物的影响。石油污染海洋，首当其冲的受害者是浮游生物。浮游生物一旦遇上漂浮在海面的黏糊糊的石油，就会被紧紧黏住并失去自由活动的能力，最后随油块一起冲上海滩或沉入海底。一方面它们对油类的毒性特别敏感，即使在溢油浓度很低的情况下也会被污染；另一方面浮游生物与水体是连成一体的，海面浮油会被浮游生物大量吸收，并且它们又不可能像海洋动物那样避开污染区。另外，海面油膜对阳光的遮蔽作用影响着浮游植物的光合作用，会使其腐败变质。变质的浮游植物及细胞中进入碳氢化合物的藻类都会危及以浮游生物为食的海洋生物的生存。一旦浮游生物受到污染，其他较高级的海洋生物也会由于可捕食物的污染而受到威胁。如果在溢油海域喷洒溢油分散剂，并且该水域的交换能力差，那么被分散的油对海洋生物的危害将更为严重。据统计，浮游生物的生产力大约占整个海洋总生产力的95%。浮游生物受到损害，就等于从根本上动摇了海洋生物"大厦"的基础。

(3) 溢油对海洋鱼类的影响。鱼类大多对油污染很敏局部海区受到石油污染时会很快逃脱或回避。但当油积很大或大量石油突然倾斜入海，在逃离前成鱼的鱼鳃被油黏住而窒息致死。溶解在海水中的石油对鱼类的危害更大，它可通过鳃或体表进入鱼体，并在其体内蓄积起来且损害各种组织和器官。石油对鱼卵和仔鱼的危害更加明显。仔鱼仔虾、卵对石油污染的毒性敏感程度要比成熟的鱼高100倍。

(4) 溢油对水产业的危害。养鱼场网箱里的鱼因不会逃离，受溢油污染后将不能食用。近岸养殖的扇贝、海带等也是如此。另外，用于养殖的网箱受油污染后很难清洁，只有更换才能彻底消除污染，这样费用是十分昂贵的。

(5) 溢油对海洋哺乳动物的危害。海面上休眠或运动的海洋哺乳动物受溢油污染危害的情况是不同的，如鲸鱼、海豚和成年海豹对油类非常敏感，它们能及时地逃离溢油水域，可以避免遭受污染。有皮毛覆盖的哺乳动物（如海狮和海豹等）比较容易受到伤害。因为石油较易黏在毛上，降低这些海兽的保温特性，还可能伤害表皮及暴露在体外的部位。关于油污染对海兽的伤害，现场调查和试验都表明，大量的油污能造成海兽死亡或器官受伤害，其中有物理窒息的作用，也有化学毒害作用。成年海豹和小海狗栖息海滩时，会被油类的污染所困，以至于死亡。水獭遭受油污染后，通常会窒息死亡，主要原因是水獭不愿离开栖息场所。

(6) 溢油对底栖生物的影响。生活在海底的底栖动物，如海参、各种贝类、海星、海胆等，它们不仅受到海水中石油的危害，而且还受到沉到海底的石油更大的危害。这类生物对石油极其敏感，即使生活有少量的石油，也会影响它们的活动和繁殖，甚至会造成死亡或无法食用。在一些石油污染比较严重的海区采捕到的贝类、蛤等煮熟后常常有一股浓烈的油臭味。

(7) 溢油对浅水域及岸线的影响。浅水域通常是海洋生物活动最集中的场所，如贝类、幼鱼、珊瑚等活动在该区域，也包括海草层。该类水域对溢油的污染异常敏感，污染造成的危害在社会上反应强烈。如果在这类水域使用溢油分散剂，其危害会更大。因此，当溢油污染会波及该类水域时，决策者的首选对策应是如何避免污染，而不是等待污染后再采取清除措施，更不适合使用分散剂。

溢油对岸线沙滩的污染威胁直接影响到旅游业。靠海滨浴场、沙滩发展的旅游业是有季节性的，在溢油发生的初始阶段首先要考虑这一问题，以便及时地采取措施，把溢油对旅游业的影响控制到最低程度。

### 6.2.4 海上溢油的处理措施

1) 物理方法

一般来说，处理水面溢油的最理想的方法是物理清除，采用物理清除可以避免对环境的进一步污染，但不适合清除乳化油。物理方法大致分为围栏法、吸附法和油拖把法。

图 6-8 围栏法

(1) 围栏法。石油泄漏到海面后，应首先用围栏将其围住，阻止其在海面扩散，然后再设法回收(图 6-8)。围油栏的种类很多，较为常见的是乙烯柏油防水布制作的带状物，在紧急的情况下，也可用泡沫塑料、稻草捆、大木料、席子、金属管等物替代。正规的围油栏在构造上分为浮体、垂帘和重物三部分。浮体部分浮在水面，防止浮油越过；垂帘位于浮体下面，形成围栏，防止油从下面溢走；重物垂在垂帘下面，使其保持垂直稳定。在较平静的水域正确使用围油栏，能够有效地防止浮油进一步扩散。但在有波浪的情况下，当浪头涌起的时候，浮油可能被冲过围油栏，使收集在围油栏同的浮油被冲走，当风浪很大时，用锚定位的围油栏常常会没入水中。不管何种形式的围油栏，都要靠机械方法来回收栏内的浮油，且最终回收的油水，都须采取进一步分离措施并且要防止产生火灾或爆炸的危险。

(2) 吸附法。回收水面浮油主要采用吸油性能良好的亲油材料(图6-9)。制作吸油材料的原料有高分子材料，无机材料和纤维。对于聚合物用得比较多的是由聚丙烯或聚亚安酯做的人工合成吸收剂。它的抗水性能和亲油性能都很好，但是最大的缺点是用后不能生物降解。作为溢油清洁物质，很多天然吸收剂，如棉花、羊毛、木丝绵和麦秆等，都已广泛被研究。比起人工吸收剂，这些天然材料都有很好的吸收能力，但是它们也会吸收水分，这在海洋油污染使用上是一个缺陷。

图6-9　吸附法

(3) 油拖把及其他设备。聚丙烯有亲油疏水的特性，对浮油有良好的吸附功能，所以油拖法通常由聚丙烯纤维制成。美国油拖把公司研制成的油拖把直径有10～90 cm六种规格，其吸油率随着直径的增大而提高。小规格的油拖把一般用于内河、港湾、码头，大直径的油拖把可用于大面积的溢油处理。此外，还有其他专门吸收与处理海上溢油的船舶或机械器材(图6-10)。

图6-10　机械设备除油

2) 化学方法

(1) 燃烧法。通过在油面上洒化学物品引燃、助燃来焚燃水面溢油，无需复杂装置，处理费用低，但是燃烧产物污染海洋环境，且产生的浓烟污染大气，所以这种方法在内河航道及港口的使用应慎之又慎，只能在离海岸相当远的公海才使用此法处理。

(2) 化学处理剂。利用油处理剂清除油污可直接使其乳化分散。这种药剂主要成分为表面活性剂。

① 分散剂。一般用量为溢油的1%～20%，它使用方便，效果不受天气、海况所影响，在许多不能采用机械回收或有火灾危险的紧急情况下，及时喷洒分散剂是消除水面浮油和防止火灾的主要措施。然而，长期的观测与研究表明，使用分散剂导致的污染往往比油本身造成污染更严重，在时间上更久远。基于上述原因，赫尔辛基公约规定，在波罗的海不准使用分散剂。美国政府规定，在淡水水源及重要的鱼、贝和海藻养殖场禁止使用化学药剂，只有在溢油发生火灾危险及在用物理方法清除后残留油薄膜时才允许使用，且只准使用对水生物毒性很小的化学药剂及在同一次处理中不得同时使用三种以上的化学药剂，而且药剂喷洒后在水中的浓度不得超过5 ppm。

② 凝油剂。当凝油剂沿着一片薄油膜的四周施放到水面上时，就在水面上扩展，压缩油膜。油膜受到压缩后，面积会大大缩小，厚度增加，它可使石油胶凝成黏稠物或坚硬的果冻状物。其优点是毒性低，不受风浪影响，能有效防止油扩散。

3) 生物方法

(1) 酵母菌去除溢油。美国亚特兰大大学曾在20世纪70年代进行了用酵母清除油污染的研究，发现某些酵母菌株天然存在于被石油污染的水中，其数量随油污染范围的扩大而增加，这表明它们是靠“吃”石油而繁殖的。酵母菌比细菌等微生物对紫外线和海水的渗透压具有更强的抵抗力，这是因为细菌受环境因素的影响较大，阳光能杀死细菌，海水的渗透压能破坏细菌的细胞壁，这些都有碍细菌分解石油效能的发挥，而酵母对阳光的杀菌效应和对海水的渗透压都具有较强的抵抗力，能钻到油滴中去并在其中繁殖。

(2) 微生物分解石油。采用能将碳氢化合物氧化的菌种可以处理舱底水、污泥和水面油膜。一些菌种能乳化分解约70%的石油，不能分解原油中的高沸点组分(石蜡除外)。微生物将碳氢化合物转变成较易溶解的酒精和有机酸，通过酶的催化作用，使其转变成二氧化碳和水(图6-11)。

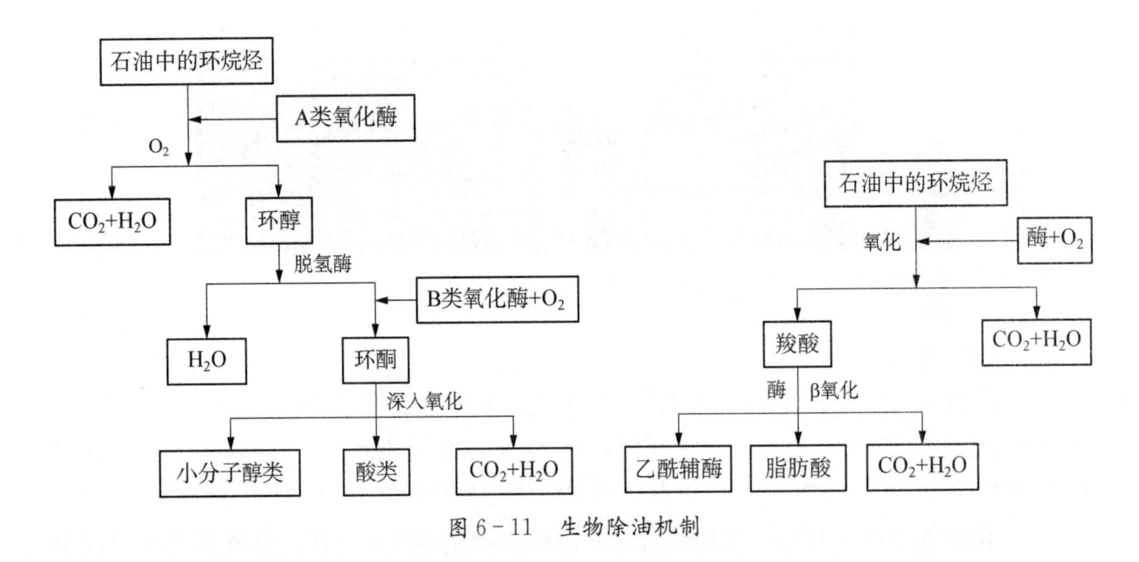


图6-11 生物除油机制

以上各种主要的溢油处理方法的优缺点见表6-6。总之，海上发生溢油后，应首先撒布凝油剂，防止溢油进一步扩散。然后用围油栏进行拦截，再用各种机械方法把围起来的油尽量回收，无法回收的部分，则用化学方法和生物方法处理，如外海的溢油可用焚烧法，深海区的溢油可用凝油剂使之沉降，由海底生物将之消化，降解。

表6-6 海洋水体油污染的治理方法比较

| 治理方法 | 适用场所 | 优　点 | 缺　点 |
| --- | --- | --- | --- |
| 围油栏 | 水面平静的海洋浮油溢油 | 设备简单、投资小、操作方便 | 需要机械方法来回收栏内的浮油，且最终回收的油水都需要采取进一步的分离措施，可能增加火灾或爆炸的危险 |
| 吸收剂 | 小规模溢油 | 能有效吸油 | 不能生物降解 |
| 分散剂 | 大规模溢油 | 更有利于油粒被水中溶解氧氧化或被生物降解，在波涛汹涌的水面也能处理 | 破坏生态平衡 |
| 凝油剂 | 小规模溢油 | 控制溢油扩散 | 需要机械方法进一步处理 |
| 焚烧法 | 海洋溢油 | 有助于消除沿海区较长期的污染损害 | 把水域的油污转移到空气中 |
| 激光法 | 海岸溢油 | 不产生生态产物，保持生态平衡 | 装置价格昂贵，处理工程复杂 |

## 6.3 咸潮入侵

### 6.3.1 基本概念

咸潮是一种发生在内陆淡水河流与海水交界地域的水文现象。每月农历初一和十五，海水涨潮，海洋大陆架高盐水团沿着河口的潮汐通道向上推进。当流入大海的淡水河流量不足时，就会发生海水倒灌，咸淡水混合造成河道水体变咸，河水咸度超过供水水源咸度上限250 mg/L，这就是咸潮。

咸潮的强度主要受河流流量和潮水上涨幅度的影响。冬末春初上游来水量减少，江河水位下降，受潮汐影响，海水沿河口上溯，造成内河水体含盐量升高变咸。咸潮的严重程度，以每升水所含氯化物浓度(简称“度”)来衡量。

咸潮灾害一般在枯季大潮期间发生，即每年十月至翌年三月之间出现在河海交汇处，如长三角、珠三角周边地区。咸潮影响城镇供水和工农业生产，给人民生活和经济发展带来很大不便和影响。据水利部资料显示，20世纪90年代以来，珠三角地区频频遭遇咸潮侵袭，咸潮的危害日益加剧。尤其是近几年由于气候与水文的变化，加上人类活动的干预及自然因素与人为因素的叠加作用，导致咸潮发生的频率有加密趋势，波及的范围和危害的程度也呈现不断扩大态势。

从1999年开始有报道广州水源受咸潮入侵影响以来，近年冬季咸潮灾害频繁侵袭珠江三角洲的近河口地区，造成该地区生活和生产用水困难，受影响人口达1 500万人。2004年9月中旬咸潮便早早地侵袭到广州市番禺区的海鸥岛（距珠江虎门河口上游约20 km），10月大潮期间测得最大盐度高达1.08%，已大大超过盐度0.3%的灌溉用水的盐度标准，往常这种盐度的咸水在这个季节一般只在虎门外的伶仃洋中活动。在珠江主要泄洪的磨刀门水道，在距磨刀门河口上游约50 km的中山市全禄水厂，2004年10月8日测到最高咸度达900 mg/L，2004年初曾测到3 500 mg/L的咸度。

2009年，珠江三角洲和长江口均多次遭遇咸潮入侵。10月以来，广东省西江、北江三角洲遭遇了4次严重的咸潮袭击。其间，西江下游磨刀门水道的珠海平岗泵站最大含氯度达3820 mg/L，其中最长连续8天含氯度超过250 mg/L，珠海、中山、澳门供水受到较大影响；东江三角洲的咸潮上溯已经影响到东江北干流的新塘水厂及东江南支流的东莞第二水厂。截至12月7日，东莞第二水厂取水点最大含氯度达650 mg/L。上海市宝钢水库取水口共发生咸潮入侵12次。上半年冬春季咸潮入侵发生在1—4月，共7次，平均持续5.2天；下半年秋冬季咸潮入侵出现在10—12月，共5次，平均持续5天。其中，持续时间最长、影响最严重的咸潮入侵过程出现在2月12—22日，持续9.7天，2月17日最大含氯度达1 334 mg/L。

### 6.3.2 影响咸潮的环境因素

引发咸潮发生的环境因素有很多，这些诸多环境因子也会因区域地理特征的不同而有所变化。

1) 影响咸潮的自然因素

(1) 降雨减少引起的持续干旱天气。

由于2003年全流域降雨比多年平均减少2成以上，广州市番禺区沙湾水道上游西江流域减少60%，加上2004年入冬以来降雨锐减，导致南粤各地江、湖、库水位急剧下降，2005年咸潮发生时广东省30座大型水库总蓄水量为$1.1\times10^{10}$ m$^3$，比干旱的2003年同期减少$3.3\times10^{9}$ m$^3$，减幅为23%。降雨减少导致江河流量严重减少，2005年初西江高要站的水位为−0.06 m。珠江上游少雨，源水水量减少，下游则受海水潮汐影响，形成咸潮。

受厄尔尼诺现象影响，从2004年7月上旬到年底，包括珠三角在内的广东全省有37个县市几乎滴雨未下，广东遭遇50年来最大的旱灾。根据珠江水利委员会的监测，2004年汛期（4—9月），珠江流域降雨量在700～1 000 mm，比往年偏少10%～30%。不仅如此，持续干旱天气还导致水库蓄水量锐减，放水冲咸的功能被极大限制，致使咸潮肆无忌惮，更加严重。

(2) 枯水期上游径流量减少。

径流是影响咸潮上溯距离最直接的因素。它直接阻碍潮波向上游的传播，消耗潮波的能量。径流量越大，对潮汐的削弱作用越强，潮波沿河道衰减得越快。咸潮上溯多发生在上游来水较少的枯水年份的枯水季节，这也是为什么咸潮多在12月至翌年2月成潮活动最为活跃的原因。实测资料表明：上游流量小时，测站的盐度增大；上游流量增大时，则测站的盐度变小，盐度与上游来水量呈幂函数关系。另外，由于人口规模不断扩大，城市化率提高，经济快速发展，城镇与工业供水不断扩大，因而利用当地水资源的调剂来压咸的能力相对不足。加上部分城市河段水污染严重，取水点分散，布局不合理等，近几年来，珠江河口地区的成潮对城镇供水影响就显得更加突出。

(3) 台风。

台风引发风暴增水，沿海沿江潮水位抬高，出现大波大浪，导致海水倒灌，洪水泛滥。如果出现天文大潮、台风、暴雨三碰头，则破坏性更大。例如，2012年9月，台风"达维"造成了广东沿海湛江、茂名、阳江、江门、汕尾5市19个县132个乡(镇)75.46万人受灾，入侵的海水使农作物受灾面积达113.66 $km^2$，其中成灾面积44.89$km^2$，绝收面积7.38 $km^2$，减收粮食1.34万t；水产养殖损失面积17.64 $km^2$，近1万t。海水入侵之后还引起当地严重的土地盐碱化问题。

(4) 天文潮汐作用。

由于天体间引力作用引起的潮汐，尤其是每逢朔(初一)、望(十五)前后，日、月、地三大天体接近一条直线，这时太阳与月亮的引潮力合在一起，对地球的引潮力比平时大得多，加剧了咸潮发生的概率。比如，2005年6月，太阳、地球和月球排成一条直线，珠江广州段出现了20世纪90年代以来潮位最高、潮差最大的天文潮汐。这次天文大潮，珠江最高潮位超过珠江基面达2.77 m，使得珠江三角洲抗击咸潮的形势变得格外严峻。

2) 影响咸潮的人为因素

(1) 非法挖沙。几乎各沿海城市都有报道披露非法挖沙活动，如海南省琼山非法挖沙使河床下降、水位下降、海水倒灌，不仅岸堤海基会受到损害，引起决堤危险，还会冲蚀近岸村落。吴宏旭等学者也指出东江下游及三角洲河道无序超量的采沙是 三角洲咸潮上溯的根本原因。在2005年，整个珠江三角洲河段约有100多艘非法采沙船，导致河段已基本没有河沙，过量滥采河沙造成河床严重下切，引发咸潮上溯。采沙不仅使网河区河床降低，也改变了南、北支流的分流情况，此外，非法挖沙严重破坏了海洋生态。在泉州湾海域的浅海滩涂中，栖息生长着大量的海洋生物，是多种鱼虾产卵、索饵、洄游的重要场所，盗采海沙很容易改变生态环境，直接威胁到海洋生物的生存。

(2) 航道疏浚。自20世纪90年代以来，航道疏浚、河道挖沙等人类活动不断加剧，大规模的航道整治，使得珠江三角洲及河口地区的河道河床普遍下切，主要潮汐通道的深槽加深，根据对20世纪80年代初与90年代末的河道及河口地形资料分析表明，珠江三角洲各河口与口外浅海区深槽不同程度地加深，使得珠江河口及三角洲地区的潮汐通道更加畅通，更有利于盐水向上游推进，加重了咸潮危害。

(3) 海平面上升。由于人类过度排放温室气体，导致全球变暖，加速冰川融化，最终引致海平面上升，所以笔者把它归入人为因素一类。海平面上升是近十余年来全球科学界关注的重要环境问题。它影响和制约着其他环境和灾害问题，咸潮灾害是其中之一。珠江河口区底坡降较平缓，海平面上升，咸潮入侵可能随之加剧，影响城镇用水、农田灌溉及水产业用水等。

(4) 用水增加。沿海地区随着经济急速发展，工业生产规模扩张，常住人口增长，生产和生活用水急剧增加，导致江河水流量减少，这也使当地咸潮入侵日益增加。

### 6.3.3 咸潮的危害及防治

1) 咸潮危害

(1) 咸潮的危害之一就是威胁群众的生产生活用水安全。2003 年 10 月，珠海市几个主要自来水厂取水泵站受到咸潮袭击，因水源含氯度高而相继停止抽水。供水部门只好全力利用天文潮汐抢取淡水，但收效甚微，市民饮用水受到严重影响。许多市民被迫抢购桶装水，珠海市紧急启动了防咸预案。由于咸潮对群众生产生活用水的影响程度取决于咸潮的咸度、持续时间及当地供水系统对河水的依赖程度。由于珠江三角洲属于冲积平原，没有大中型水库，其供水系统主要依靠河流供水。因此，咸潮上溯对珠江三角洲地区饮用水的影响是很严重的。

(2) 咸潮的危害之二是制约经济发展。咸潮上溯，使沿江沿河两岸的城市和乡村出现水质性缺水，各地为了确保群众的生活用水，必然会采取“先生活，后生产”的原则调配有限的淡水资源。因此，不少工厂由于缺水而减产或停产。此外，使用含盐分多的水会生产设备容易氧化，锅炉容易积垢，影响工业生产。咸潮还会造成地下水和土壤内的盐度升高，危害到当地的植物生存，进而影响农业生产。

(3) 咸潮的危害之三就是破坏生态环境。咸潮上溯，原来的淡水段变成了咸水河段，许多在此生存繁衍的物种失去原有的环境，生存受到威胁，甚至灭绝。如果咸潮灌进农田，原有的酸碱度发生变化，农田将会减产或不能耕种。

2) 咸潮防治

(1) 建立预警机制。加强对咸潮形成机理的研究，运用先进的超声波流速剖面仪等设备和技术，对咸潮实施同步的严密监测，并建立预警机制，设立协调机构，在咸潮到来之前做好防范。例如，2004 年 9 月中旬和 10 月上旬珠江口出现历史罕见提前来临的咸潮，先后袭击了珠海、中山之后，广东省水利、三防、水文部门就提前介入了咸潮的预测、预报、预警。这样，对罕见的咸潮入侵就应对自如、有条不紊、秩序井然。

(2) 加强河道管理。鉴于现今珠江三角洲河段过量滥采河沙造成河床严重下切，引发咸潮上溯，有关部门应对珠江全流域加强采沙的管理，用立法手段严厉打击违法采沙行为。

(3) 节约用水。用水的严重浪费导致河流水位下降，加重咸潮的危害。因此，应提倡人们节约用水，提高水的利用效率，以减轻咸潮的危害。

## 6.4　其他灾害类型

### 6.4.1　湿地滩涂缩减

滩涂就是潮滩，为高潮淹没、落潮出露之所，与潮间带含义相当，但其物质运动与潮上带和潮下带密切联系。潮上带上界为罕见的大潮漫滩所能及之处，在上海市和中国的许多其他地方，潮滩已为海堤所限，几无潮上带可言。潮下带在长江口约与－10 m 水深、最大混浊带的外界相当。在混浊带内，沉积物频繁再悬浮，随潮往复。湿地是水和陆地的过渡地带，与森林、海洋同为地球上的三大生态系统，分布广泛；按拉莫萨尔湿地公约，其下限为水下－6 m，河口湿地是它的一种类型。

中国滨海湿地主要分布于沿海 11 个省区和港澳台地区。海域沿岸约有 1 500 多条大中河流入海，形成浅海滩涂生态系统、河口湾生态系统、海岸湿地生态系统、红树林生态系统、珊瑚礁生态系统、海岛生态系统等六大类 30 多个类型。

湿地的消失有自然变迁的原因，但更多是由人为因素造成的。20 世纪 50 年代至 70 年代的围湖、围海、造田，加上泥沙淤积，使长江中下游丧失大面积的湖泊。20 世纪 80 年代以来，沿海地区填海造陆形成热潮，沿海滩涂被大量挤占用来种地或搞地产开发。我国沿海地区累计已丧失滨海滩涂湿地约 119 万公顷，又因经济建设占用湿地约 100 万公顷，也就是说，相当于沿海湿地总面积的 50%被“吃”掉了。

全国围垦湖泊面积达 130 万公顷以上，由于围垦湖泊而失去调蓄容积 350 亿 $m^3$ 以上，超过了我国现今五大淡水湖面积之和，因围垦而消亡的天然湖泊近 1 000 个。一些水利工程的修建隔断了自然河流与湖沼等湿地水体之间的天然联系，导致湿地水文变化，功能下降，湿地消失。中华人民共和国成立以来，仅长江流域就修建了近 4.6 万座水坝、7 千多座涵闸，但由于缺乏规划和措施，造成中下游大部分湖泊与江河隔断，长江的鱼、蟹、鳗苗种不能进入湖泊，湖区的鱼不能溯江产卵繁殖，使水产资源大大下降。而缺水则是目前我国湿地所面临的一个共同的难题。比如，扎龙湿地所在的黑龙江省西部地区年降水量 400 mm，年蒸发量却高达 1 100 mm，外部来水的多少决定着扎龙的兴衰。前些年，为了满足防洪、灌溉需要，在乌裕尔河中上游相继建起 60 多座水库，截流了大部分河水，使地处下游的扎龙湿地来水量大为减少，每年仅有 1 亿 $m^3$ 水流入湿地，与年需水量 4 亿 $m^3$ 相距甚远。水少了，湿地在一天天缩小、干涸。如今，扎龙湿地西部严重荒漠化，南部、北部缺水地区也严重沙化、盐碱化，部分中小湖泊干涸见底，部分沼泽变成干草地。

### 6.4.2　海水入侵与土壤盐渍化

人为超量开采地下水造成水动力平衡的破坏，发生海水入侵，海水入侵恶化淡水水质，影响生态环境。地质、构造、岩性、含水层渗透性、含水层补给条件、含水层在海底方向上的延伸状况、大气降水等这些因素对海水入侵的方式、途径、地点和速度起到一定的控制作用，但随着社会经济的快速发展、城市人口的迅速增多，需水量急剧增加，当有限的地表淡水资源无法满足需要时，大量开采地下水必然成为解决这一问题的首选途径，长期过量、掠夺性地开采地下水，严重破坏了沿海地区原有地下咸淡水之间的动态平衡，造成了海水入侵(图 6-12)。因此，人为因素成为海水入侵持续发生的诱发因素，受海水入侵影响的地下水其化学成分发生变化，含盐量增多，间接造成了淡水资源短缺，同时也是环境发展的不利因素，影响人体健康。抽取受海水入侵影响的地下水进行农田灌溉，水分蒸发和排放后，地表和土壤中积聚盐分，降低土壤肥力，影响土壤的通透性，导致和诱发土壤盐渍化。

图 6-12 海水入侵示意图

在国内，首先于 1964 年在大连市发现海水入侵，自然入侵面积仅 4 $km^3$，此后随着地下水开采量的逐渐增加，海水入侵面积已从 20 世纪 70 年代的 121 $km^3$ 上升到 1994 年枯水期的 496.1 $km^3$，此后仍然逐渐扩大。20 世纪 70 年代后期，又在莱州湾发现海水入侵。中国科学院地质所、南京大学地球科学系、山东省水利科学研究所和中国地质大学水文地质工程地质系等单位先后对莱州湾海水入侵进行了研究。进入 20 世纪 80 年代，海水入侵现象又发现多处，且海水入侵范围逐渐扩大、入侵速度逐年加快、危害越来越严重。

我国海水入侵严重地区主要分布在渤海、黄海沿岸。渤海沿岸海水入侵区主要分布在辽宁省营口市、盘锦市、锦州市和葫芦岛市，河北省秦皇岛市、唐山市、黄骅市，山东省滨州市、莱州湾沿岸，海水入侵区一般距岸 20～30 km。黄海沿岸海水入侵区主要分布在辽宁省丹东市、山东省威海市、江苏省连云港市和盐城市滨海地区，海水入侵距离一般在距岸 10 km 以内，其中以山东半岛的莱州湾地区海水入侵最为严重。海水入侵的一个重要影响就是土壤盐碱化(图 6-13)。截至 1995 年年底，莱州湾地区海(咸)水入侵面积达到 974.6 $km^2$，据不完全统计，已有 40 万人吃水困难、8 000 余眼农用机井报废、60 多万亩耕地丧失灌溉能力、粮食每年减产 3 亿 kg、工业产值每年损失 4 亿元。东海、南海沿岸海水入侵范围小，一般在距岸 2 km 以内。东海沿岸海水入侵区主要分布在浙江省温州市、台州市和福建省宁德市、福州市长乐区、泉州市、漳浦市。

图 6-13 辽宁省锦州市某地土壤盐渍化状况

## 思　考　题

1. 从灾害产生的原因考虑，海洋生态灾害与其他三种海洋灾害的区别是什么？
2. 赤潮灾害都是“赤”(红色)的吗？为什么？
3. 根据海上溢油发生原因及溢油扩散历程，考虑创新性防止海上溢油事故发生的措施或处理海上溢油的方法。
4. 咸潮、海水入侵的区别和联系是什么？
5. 可以采取哪些措施防止湿地滩涂缩减？
6. 为什么土壤盐渍化也是一种海洋灾害？

## 参考文献


[1] 陈泽浦，刘堃. 浅析赤潮灾害形成原因、危害与减灾工作[J]. 中国渔业经济，2010，28(1)：60-65.
[2] 黄小平，黄良民，谭烨辉，等. 近海赤潮发生与环境条件之间的关系[J]. 海洋环境科学，2002(4)：63-69.
[3] 赵冬至，赵玲，张丰收. 我国海域赤潮灾害的类型、分布与变化趋势[J]. 海洋环境科学，2003，22(3)：7-11.
[4] 宋伦，毕相东. 渤海海洋生态灾害及应急处置[M]. 沈阳：辽宁科学技术出版社，2015.
[5] 赵玲，赵冬至，张昕阳，等. 我国有害赤潮的灾害分级与时空分布[J]. 海洋环境科学，2003(2)：15-19.
[6] 张永宁，丁倩，李栖筠. 海上溢油污染遥感监测的研究[J]. 大连海事大学学报，1999，25(3)：1-5.
[7] 宫云飞，赵鹏飞，兰冬东，等. 我国海洋溢油事故特征与趋势分析[J]. 海洋开发与管理，2018(11)：42-45.
[8] 闰季惠. 海上溢油与治理[J]. 海洋技术，1996，15(1)：29-34.
[9] 濮文虹，周李鑫，杨帆，等. 海上溢油防治技术研究进展[J]. 海洋科学，2005，29(6)：73-76.
[10] 历军，汤翊，黄岁樑，等. 生物质对水体油污染吸附处理的研究进展[J]. 环境污染与防治，2014(10)：79-87.
[11] 李龙刚. 船舶油污染处理方法综述[J]. 天津航海，2010(2)：52-55.
[12] 茅志昌，沈焕庭，徐彭令. 长江河口咸潮入侵规律及淡水资源利用[J]. 地理学报，2000，55(2)：243-250.
[13] 李素琼，敖大光. 海平面上升与珠江口咸潮变化[J]. 人民珠江，2000(6)：42-44.
[14] 胥加仕. 罗承平近年来珠江三角洲咸潮活动特点及重点研究领域探讨[J]. 人民珠江，2005(2)：21-23.
[15] 陈荣力，刘诚，高时友. 磨刀门水道枯季咸潮上溯规律分析[J]. 水动力学研究与进展，2011，26(3)：312-317.

[16] 王津,陈南,姚泊.珠江三角洲咸潮影响因子及综合防治综述[J].广东水利水电,2006(4):4-6.
[17] 高宇,赵斌.人类围垦活动对上海崇明东滩滩涂发育的影响[J].中国农学通报,2006,22(8):475-479.
[18] 徐彩瑶,濮励杰,朱明.沿海滩涂围垦对生态环境的影响研究进展[J].生态学报,2018,38(3):1148-1162.
[19] 崔伟中.珠江河口滩涂湿地的问题及其保护研究[J].湿地科学,2004,2(1):26-30.
[20] 杨劲松.中国盐渍土研究的发展历程与展望[J].土壤学报,2008,45(5):837-845.
[21] 李建国,濮励杰,朱明,等.土壤盐渍化研究现状及未来研究热点[J].地理学报,2012,67(9):1233-1245.

hapter 7

# 第7章 海岸与海洋灾害预测与监控

风暴潮、海浪和海冰三种灾害是我们国家海岸与海洋灾害的主要类型。其中,海浪灾害预测与监控和风暴潮有类似之处,本章主要介绍风暴潮和海冰这两种灾害的预报方法。

## 7.1 风暴潮预报

风暴潮预报方法很多总体分为两大类:分别是经验统计预报方法和动力-数值预报方法。经验统计预报的主要思路是依据历史资料,用数理统计的方法建立起气象要素(如风、气压等)与特定地点风暴潮之间的经验函数关系,但是这种方法需要有足够长的观测资料,因此受到很大局限。动力-数值预报方法则是利用天气数值预报结果所提供的风暴预报资料或海面风和气压的预报场,在一定条件下,用数值方法求解控制海水运动的动力方程组,对特定海域的风暴潮进行预报,随着计算机技术的不断进步,世界各国均采用这种方法进行风暴潮预报。

### 7.1.1 风暴潮预报所需的资料

1) 实测潮汐资料

潮汐和风暴潮的观测通常是在沿岸、海湾及感潮河段等地方的固定验潮仪上进行的。风暴潮监测站点应满足下列条件:与外海通畅,没有因河水流动和地形影响造成潮汐性质变形;验潮站的水深应大于最低潮位时的水深;比较坚固的海底;不受风暴潮浪影响的地方;无泥沙淤积的地方。国家海洋局已初步建立了我国的风暴潮监测网,目前已有90多个站可以将分钟级的潮汐资料实时上传到各预报部门。

2) 风暴潮现场调查资料

一次强风暴潮过程过后,应及时对沿海发生灾害的地区进行现场调查,了解风暴潮在沿海和内陆空间上的形态。这些现场调查在预报技术研究、沿海核站工程和近海石油开发工程设计中均发挥了很好的作用。

风暴潮现场调查的内容主要有:①台风概况,即路径、强度和范围;②沿海风力的分布;③台风引发的各站风暴潮高度;④伴随而来的台风浪概况;⑤潮灾的特点和经济损失;⑥建议。

风暴潮现场调查报告包括验潮仪记录和现场调查结果两部分。

(1) 验潮仪记录主要包括:站名、经纬度、所属部门;本次过程最高潮位值和出现时间、最大风暴潮值及出现时间;本站年平均海平面及本站陆地高程(八五高程);最靠近台风中心气象站所观测到的最低海平面气压及时间;台风最大风速、风向及时间;台风影响期间的逐时潮位值和风暴潮值。

(2) 现场调查主要包括:调查的区域、时间、人员及单位;引发潮灾的一般说明;利用手持 GPS 定位仪、测距仪和卷尺,测量建筑物内壁水痕高度(重要建筑物的淹水痕迹应照相或摄像);淹没的范围(测量潮水退去后的垃圾线、遗留漂浮物的经纬度,来确定本次风暴潮灾害过程的漫滩范围);最大淹水的发生期间及高度(八五高程)。

3) 正常天文潮预报资料

在风暴潮发生期间,实测潮位资料减去对应的预报潮位,便获得风暴潮位。我国各预报部门的天文潮预报均由国家海洋环境预报中心提供,正常天气状况下绝大多数站的天文潮预报误差小于 30 cm,潮时预报小于 30 min。某些河口站由于受径流的影响,天文潮预报误差较大,使用时应注意。风暴潮使用的天文潮预报起算面均为各站水尺零点,便于计算风暴潮。国家海洋信息中心出版的潮汐表,使用的预报起算面为理论最低低潮面,潮汐表的主要作用是为航海使用。在风暴潮的计算中还需了解本站水尺零点与理论最低低潮面的值,加(减)一个常数才能获得正确的风暴潮值。

4) 气象资料

天气图、云图和其他气象图表是记录台风生长、消亡的重要气象资料。风暴潮数值计算中所需的台风参数(经度、纬度、最低气压、最大风速半径)中,只有最大风速半径是需要预报员自己来确定,因此数值预报结果的好坏与 $R$ 的取值非常关键。

台风最大风速半径($R$)是指台风中心到海面最大风速处的距离。$R$ 的取值通常采用以下几种方法。

(1) 由单站风的记录确定:将气象站风速记录曲线中,发生极值时台风的中心位置到气象站的直线距离,作为最大风速半径。

(2) 由台风眼的半径确定:最大风速出现在台风眼内半径以外 5~6 海里处,台风越强两者吻合越好。

(3) 由探空飞机侦察确定:探空飞机在 700 hPa 上所测得的最大风速半径就可以作为 $R$ 的值。

(4) 最大风速半径 $R$ 最简便的取值是将 7 级大风半径的 1/10 作为 $R$ 的值。

5) 其他资料

(1) 水深资料。为了改善风暴潮模式预报的准确度,需要有计算域准确的水深资料,风暴潮模式计算对海域的水深非常敏感,因此要做一套满足风暴潮数值模式计算的水深网格是重要的。

(2) 岸型资料。同时还要准确地了解预报海域的特征和海岸的几何形状,与平直海岸不同,曲折海岸不仅改变了最高风暴潮的出现位置,还影响到最大风暴潮的高度。若海岸深入陆地,形成喇叭形海湾,则有利于风暴潮的成长;反之,陆地深入海中形成海角,则不利于风暴潮的发展。对于风暴潮漫滩预报，则必须有最新的陆图，对陆上的格点要给出平均海平面以上的高度值，还要考虑格点上的障碍物，特别是海堤的高度。

(3) 径流资料。在河口地区的感潮河段，河流的径流也可升高风暴潮高度，不过大多数情况下，台风带来的洪水大多迟于最大风暴潮的发生时间。

### 7.1.2　风暴潮的经验预报方法

风暴潮经验预报方法包括预报员的主观经验和经验统计预报方法。前者取决于预报人员经验积累的多寡和对风暴潮复杂物理本质理解的程度。后者取决于选取物理意义清楚的气象因子与风暴潮建立相关关系(数值模式计算可为因子的选择提供科学依据)。数理统计方法要以大量的符合要求的观测样本为基础，但并不是所有的海区都具备这种历史资料的统计样本。尽管就全球而言数值方法在风暴潮预报中正发挥着越来越大的作用，但经验预报对提高风暴潮预报准确度的作用仍不可低估。

1) 相似对型预报法

此方法的基本思路是：建立每次典型风暴潮过程的资料档案，当预报的台风路径、强度、尺度和移速与历史上某次台风相同或相似是时，参考历史上与其相似台风的各站增水值，并将其叠加到各站天文潮预报上发布本次风暴潮过程预警报。

2) 单站经验统计方法

(1) 台风风暴潮。本书介绍四种单站经验统计预报公式：①利用气压示度来预报本站最大增水；②利用最大风速来预报本站最大增水；③在预报风速和气压增水时增加了波浪对风暴潮的贡献；④台风增水过程预报方程。

单站最大增水的经验预报公式为

$$\zeta = A\Delta P_0(1 - e^{-\frac{r_0}{r}}) + C \tag{7-1}$$

式中　$\zeta$——最大增水值(单位：cm)；

$\Delta P_0 = P_\infty - P_0$，其中 $P_\infty$ 为正常气压、$P_0$ 为台风中心气压(单位：hPa)；

$r_0$——台风最大风速半径；

$r$——本站最大增水发生时，台风中心到测站的距离；

$A$、$C$——待定系数。

式(7-1)的本质是用本站最大气压下降量来预报这个站的最大增水值。它的缺陷是：由于登陆点的气压下降量最大，对于正面登陆的台风，最大增水应出现在登陆点右边最大风速半径的地方，因此按照式(7-1)计算登陆点处的最大增水偏大。

“杰氏风暴潮经验预报方法”就是式(7-1)的具体应用。

“杰氏”统计相关预报方程为

$$\Delta H = a \times \Delta P_0(1 - e^{-\frac{0.64}{R}}) + b \tag{7-2}$$

式中　$\Delta H$——预报方程计算出来的风暴潮增水值；

$\Delta P_0 = P_\infty - P_0$，其中 $P_\infty$ 为台风外围气压取值为 1 008 hPa 或 1 010 hPa、$P_0$ 为台风中心气压；

$R$——台风中心位置到预报点出现最大增水时的距离；

$-0.64$——平均纬距；

$a$、$b$——待定系数。

单站最大增水的经验预报公式为

$$\zeta = a(p - P_0) + bw^2\cos\theta \tag{7-3}$$

式(7-3)也可用于预报某测站的台风过程最大增水值。式中，$p$、$P_0$ 分别代表月平均气压和台风过程本站最低气压；$w$ 为本站最大风速；$\theta$ 为海面主风向与本站最大风速之间的夹角(在海湾，通常取海湾的主轴方向为主方向，在开阔海，则取与海岸的垂线为主方向)；$a$、$b$ 为待定系数。该方程对于湾顶及其附近站点的风暴潮预报比较有效，不能预报振荡效应，只是统计的包括了一些非平衡效应。

单站最大增水的经验预报公式为

$$\zeta = A(p - P_0) + bw^2\cos\theta + Ch_i \tag{7-4}$$

在岸边常常可以看到，伴随台风而来的台风浪一个一个接踵而来，因波浪作用而产生的海水堆积被称为波涌水，式(7-4)给出的就是考虑波涌水后的预报方程。其中，$C$ 为待定系数；$h_i$ 表示波涌水的增水效应；$h_i$ 取决于拍岸浪处的水深。

单站过程增水的经验预报公式为

$$h^i = H^i \times (\Delta P_p^i / \Delta P_0^i) \tag{7-5}$$

具体做法是：列出历史台风的逐时过程增水值 $H^i$，标出逐时台风气压值(非正点气压值由正点气压值内插)，进而给出台风中心逐时气压示度 $\Delta P_0^i$，根据预报的台风中心气压值，计算出台风逐时气压示度 $P_p^i$，那么利用式(7-5)便可预报出本次台风逐时过程增水值 $h^i$。

(2) 温带风暴潮。目前用于温带风暴潮的常规预报方法包括相似对型预报法、单站极值预报和过程预报方法。过程预报方法首先是将引发风暴潮的天气系统分型，采用逐步回归正交筛选法，来建立气象因子(主要是气压)和单站风暴增水的经验回归预报方程。该方法依据的模型属于线性回归模型。从某种意义上讲，它等价于线性动力模型。方程包含了诱发风暴潮的诸力，因此预报的单站风暴增水包含惯性振荡效应，甚至共振、长波增水也能被预报。该方法在美国被用于温带风暴潮预报。

### 7.1.3 风暴潮数值预报

从 20 世纪 70 年代开始，美国有专职的研究机构海洋模拟与分析处和气象学技术开发实验室发展专业化的海洋气象数值预报，并负责把模式产品转化应用到业务中，业务单位负责评估和检验并反馈给研究机构改进模式，形成研发→业务转化应用→评估→再研发的循环机制。

随着计算机技术的不断进步，数值预报方法已经成为世界各国进行风暴潮预报采用的主要方法，风暴潮的数值计算始于20世纪50年代，70年代达到昌盛时期。进入21世纪，风暴潮模式的研究主要集中于近岸浪-风暴潮-潮汐和洪水的多向耦合数值预报研究、风暴潮漫堤漫滩风险预报研究，以及应用这些模式进行沿海重要区域和城市的风暴潮灾害风险评估和区划工作。在美国，Jelesnianski进行了不考虑和考虑底摩擦的风暴潮数值计算，并于1972年建立了著名的SPLASH模式。进入20世纪80年代，美国在SPLASH模式的基础上又进行了SLOSH模式的研究，这个模式能预报海上、陆地及大湖区的台风风暴潮，在风暴潮防灾减灾中发挥了较大作用，该模式在全世界广泛使用，并于20世纪80年代末由国家海洋环境预报中心引入中国。英国的自动化温带风暴潮预报模式"海模式"(Sea Model)于20世纪70年代问世，"海模式"是Bidston海洋研究所在Heaps的二维线性模式的基础上发展起来的。日本气象厅于1998年开始业务化运行台风风暴潮数值预报，并在风暴增水耦合了天文潮预报。近几年，日本气象厅发展了基于多台风路径的风暴潮集合预报系统并投入业务化运行。

中国是西北太平洋沿岸风暴潮灾害最严重的国家。中华人民共和国成立以来，中国风暴潮理论、预报和防灾减灾能力得到很大提升，因风暴潮灾害造成的死亡人数大幅减少。1970年，国家海洋环境预报中心开始发布风暴潮预报，国内风暴潮研究也逐步开展。秦曾灏和冯士筰建立的浅海风暴潮理论，为中国风暴潮预报奠定了理论基础。孙文心等基于该理论首次开展了风暴潮的数值模拟。1982年，冯士筰著的《风暴潮导论》系统论述了风暴潮理论和预报方法。1990年前后，王喜年等开始了中国第一代业务化台风风暴潮数值预报工作。21世纪以来，国内风暴潮数值模拟研究逐步从二维数值模拟技术向三维数值模式发展。王宗辰、于福江等利用区域海洋模式ROMS，运用三维结构和四维变分同化进行了数值计算。此外，ADCIRC的不同种模式(环流模式、垂向积分水动力数学模式等)被用来建立高分辨率风暴潮模式。集合预报模式、三维POM海流数值模式、非结构化网格、第三代海浪数值模式和三重网格嵌套技术的运用，为研制开发高分辨率浪-潮-流耦合数值预报系统提供良好的基础。我国在风暴潮数值模拟、精细化预报等方面逐步接近国际水平。

风暴潮模式(表7-1)主要包含台风和温带风暴潮模式，采用三角网格，在沿岸风暴潮敏感区域的分辨率可达几百米，模式采用干湿网格判别方法，可以模拟风暴潮漫滩过程。从调查表格中可以看出有国家气象中心、辽宁省气象局、河北省气象局、天津市气象局、山东省气象局、上海市气象局、广东省气象局七家单位运行风暴潮模式，但是采用的基础模式也有7种之多，各个模式之间没有开展模式性能的比较。参加风暴潮模式研发的有中国气象局数值预报中心、中国气象局台风海洋预报中心、中国海洋大学、上海台风研究所、广州热带海洋气象研究所、天津市气象科学研究所(简称"天津市气科所")。仅黄渤海风暴潮模式有国家气象中心、辽宁省气象局、河北省气象局、天津市气象局、山东省气象局、上海市气象局6家单位运行，且模式的核心版本、分辨率、气象背景场不同。

表 7-1 风暴潮数值模式

| 模式运行单位 | 基础模式 | 区域范围 | 预报时效 | 分辨率 | 气象背景场 | 开发单位 | 主要产品要素 |
| --- | --- | --- | --- | --- | --- | --- | --- |
| 国家气象中心 | FVCOM | 黄渤海及东海<br>黄渤海及东海<br>南海区域 | 72 h<br>72 h<br>72h | ~0.5 km<br>~0.5 km<br>~0.5 km | T213<br>ECMWF 细网格<br>ECMWF 细网格 | 中国气象局数值预报中心<br>中国气象局台风海洋预报中心 | 风暴潮增水表层海流分布<br>验潮站点增水序列图 |
| 辽宁省气象局 | HAMOSM | 渤海 | 84 h | 7.3 km<br>1.8 km | WRF 模式输出 | 中国海洋大学 | |
| 河北省气象局 | WRF 模式 | 渤海 | 48 h | 10 km | MM5 | 天津市海洋气象台 | |
| 天津市气象局 | ADI<br>ECOM<br>HAMSOM | 黄、渤海<br>黄渤海区域<br>渤海 | 72 h<br>72 h<br>48 h | 10 km<br>1 km<br>黄渤海 7.4 km×4.6 km 渤海 4.6 km<br>渤海湾 0.9 km 天津 0.2 km<br>11 km | WRF 模式输出<br>WRF 模式输出<br>MM5 模式输出 | 天津市气科所<br>天津市气科所<br>天津市气象台与中国海洋大学 | |
| 山东省气象局 | HAMSOM | 黄渤海 | 48 h | 7.5 km | T639 模式输出 | 中国海洋大学 | |
| 上海市气象局 | POM | 南海、东海、黄海和渤海；长三角和上海黄浦江 | 48 h | 20 km，50 m~3 km | AVN+STI−WRF | 上海市台风研究所 | |
| 广东省气象局 | JMA | 中国近海 | 48 h | 3.3 km | 广州台风模式及主观预报 | 广州热带海洋气象研究所 | |

风暴潮的致灾机理、风暴潮相关因子的测量、计算机技术的进步决定了风暴潮研究的精度。随着 GIS 等测量技术的发展,风暴潮相关因子的测量数据将更为精准和完备,风暴潮灾害研究的统计方法也将随之改善。建立精度高、计算快捷的风暴潮数值预报模式仍将是研究主流。未来随着跨学科交流和融合,风暴潮灾害的研究将形成相应的分支,趋于精细化。风暴潮数值预报四维同化技术，风暴潮漫滩数值预报技术,风暴潮集合数值预报技术,GIS、遥感与风暴潮风险评估模型集成技术的进步将促进建立统一标准的风暴潮灾害损失评估和监测预警，并进一步促进风暴潮灾害损失防灾减灾工作和提高政府应急管理能力。

## 7.2　海冰预报

根据海冰和水文气象观测资料,对某海区未来一定时段内的海冰状况做出预测和报告,是海洋水文预报的内容之一。其主要依据大气环流形势、气温、冷空气活动及海水温度、盐度、海流等相关气象、水文资料,采用经验统计方法和数值预报方法计算和预报海冰。

经验统计方法是指在收集分析大量预报海区的冰情与气象、水文观测资料基础上,应用数理统计工具,建立预测冰期、冰厚、冰密集度和海冰范围等海冰要素的计算公式,对海冰要素变化或冰情演变趋势进行定性或定量预报。

数值预报方法是指根据海冰热力学、动力学和流变学原理,结合预报海区的气象、水文和冰情特点,建立海冰数值预报模式,与数值天气预报模式联结,形成海冰数值预报系统。24～120 h 的业务化海冰数值预报产品包括海冰厚度、海冰密集度、海冰速度和海冰边缘线等。

### 7.2.1　海冰预报所需的资料

1）卫星遥感资料

自 20 世纪 80 年代起,我国先后建立了卫星遥感海冰图像的接收和分析系统。每年冬季,我国的渤海及黄海北部均有结冰。冰情直接影响海上油气资源的开发、交通运输、港口海岸工程的正常作业。卫星遥感技术应用于监测,可以获取连续、大范围、实时的海冰监测资料;卫星遥感海冰资料与海面现场、航空海冰观测和实验研究相结合,能够有效提高我国业务化海冰数值预报水平。高时效性的卫星遥感海冰监测信息服务,可以直接为结冰期间渤海海上油气开发及海洋航运提供安全保障，为冬季预防和减轻海冰灾害服务。

2）航空监测资料

海冰航空监测以飞机作为平台观测渤海冰情,利用飞机飞行速度快的特点,达到监测海区范围大、时效快的效果。由于卫星遥感信息对云层敏感,而飞机机动性强,恰恰可以在高层云之下观测海冰,有效排除云层遮挡海冰观测的干扰,因此航空海冰监测成为卫星遥感海冰监测的补充手段，它与卫星遥感监测技术相辅相成。我国的业务化航空遥感航线覆盖辽东湾、渤海湾、莱州湾和黄海北部。航空监测要素包括浮冰外缘线、冰温、冰型、冰厚、海冰光谱、海冰几何特征、海水光谱、海温等。

3）海洋站观测资料

冬季观测海冰的海洋站包括温坨子、鲅鱼圈、龙口、老虎滩、葫芦岛、芷锚湾、秦皇岛、塘沽、小长山和东港。每日海洋站观测信息，除了海冰密集度、冰量、冰块大小、冰类型等外，还有气压、气温、表层海水温度等与海冰监测和预报相关的重要资料。

4）海冰现场调查资料

冬季寒潮过程后，应及时对渤海和黄海北部冰情、水文、气象条件及海冰灾害进行现场调查。海冰现场调查资料在海冰预报技术研究、冬季港口建设、海洋航行及渤海石油开发工程设计中均具有重要作用。

海冰现场调查的内容主要有：

（1）海冰环境：水温、盐度。

（2）气象条件：天气、气温、风速、风向。

（3）冰情实况：密集度、冰厚、堆积、重叠、固定冰范围、冰速。

5）逐日雷达资料

冬季通过岸基雷达，以营口鲅鱼圈港为中心，对附近海域实施海冰雷达监测、同步气象要素观测和现场海冰冰上订正测量，每天两次定时雷达监测，获取海冰监测雷达图像和报告。

6）气象资料

气象资料主要包括海冰数值计算需要的气象数值预报结果：逐日气压场、风场、气温、湿度等；寒潮、冷空气过程信息：时间、路径、风速、风向、降温幅度等。

7）其他资料

（1）水深资料：为了改进海冰数值预报模式的计算精度，需要有计算海域准确的海底地形和水深资料，必须建立一套满足海冰数值模式精度要求的水深网格资料。

（2）岸型资料：海冰漂移及固定冰、搁浅冰的预报，均需要准确的预报海域的海岸线分布特征资料。

### 7.2.2 海冰的经验统计预报方法

海冰是大气和海洋相互作用的结果，其生成、发展和融消的物理过程相当复杂。海冰预报方法主要有海冰计算公式、数理统计方法、海冰趋势预报方法（也称“背景分析预报方法”）。

海冰计算公式可以参考《工程海冰技术规范》（HY/T 047—2016）进行计算，主要包括结冰范围计算、冰厚计算、流冰漂移计算和冰脊龙骨深计算等。

数理统计预报方法主要包括相关回归预报方法和谐波分析方法，其中相关回归预报方法是根据大气环流和各大洋海温因子普查与渤海海冰冰级进行相关分析。谐波分析方法将500 hPa高度场沿纬圈$\varphi$对经度$\lambda$展成傅氏级数，用谐波分析展开高度场，得出一系列谐波系数变量。据此，进行相似比较，预报出这一系列的系数，最后再复原到高度场，由高度场预报气温场，最后预报海冰。

海冰趋势(背景分析)预报方法主要是从以下几个方面研究：

1）海冰与气候

渤海沿岸气温从1970年以来，总趋势是缓慢上升的，与全球气候变暖趋势相符。而渤海冰情趋势比20世纪50年代和60年代减少大约1级，这意味着气候背景对冰情趋势预报具有重要意义，可做海冰长期和超长期预报。

2）海冰与太阳活动和厄尔尼诺

近年来，随着空间技术的发展，太阳活动对地球大气的研究越来越引起人们的重视，太阳活动周期对渤海海冰的影响是十分显著的，这里选择了太阳黑子相对数的变化与渤海海冰的变化进行了分析研究，同时，赤道东太平洋的厄尔尼诺事件对全球气候的影响极大，对中纬度的渤海地区的影响也是如此。经研究发现，厄尔尼诺的发展过程，其时间及强度对渤海的异常冰情起着主导地位，根据它们三者之间的关系所建立的预报方法可运用到超长期的冰情预报。严重的冰情都是由太阳活动和厄尔尼诺事件的共同作用结果而发生的。

3）海冰动态趋势分析预报

根据北半球副热带高压的季节变化特点，用3—4月15°N、5—6月和10—11月20°N、7月和9月25°N、8月30°N纬圈500 hPa月平均高度的动态过程分析预报渤海冬季冰情趋势。海冰数理统计预报方法在一些结冰海洋国家海冰预报业务中仍然是主要的方法，如美国阿拉斯加北冰洋航线预报就是以海冰与海洋、气象资料进行相关分析建立的统计预报方法做出冰期和通航日数预报。

### 7.2.3 海冰数值预报

1）目前现状

在自然条件下，海冰的物理演变过程大致可分为热力和动力两个部分。其中，海冰的热力过程主要决定海冰的生消规律、季节性变化和海域分布特点，而海冰的漂移、形变、断裂、重叠和堆积过程则主要受动力过程控制。在海冰动力学和热力学基础上，针对不同的研究目的，分别建立了海冰动力模式和海冰热力模式。在一般情况下，海冰的热力过程和动力过程又密切地耦合在一起。一方面，海冰在热力因素影响下，引起海冰的温度、厚度、密集度、盐度及内部结构的变化，使得海冰的强度、断裂韧性等力学性质的改变，从而影响海冰断裂和堆积等力表现形式；另一方面，在动力作用下的海冰漂移、断裂、重叠堆积过程中，海冰因速度、冰类型和密集度的变化而影响着它的热力作用过程。因此，要准确地模拟海冰的生消、演化过程，特别是在气象、水文条件差别较大的海域，必须同时考虑海冰的热力过程和动力过程建立合理的海冰热力模式和动力模式。

从20世纪80年代初期开始，在借鉴国外海冰数值模式的基础上，我国逐渐发展了适合渤海的中小尺度海冰数值模式。王仁树等建立了第一个模拟渤海海冰生消过程的动力-热力模式，该模式除了含有一般常用的海冰热力动力学过程外，还增加了海冰漂移到暖水中的融解过程，试验并讨论了个别海洋、气象等因子对海冰生消过程的影响。苏洁等结合渤海水文、气象和冰情特点，以国家海洋环境预报中心的渤海海冰预报模式和POM海洋模式为基础，开发了海冰-海洋耦合模式，对渤海整个冬季海冰生消和演变进行了模拟。

当前模式主要是利用卫星遥感为主的客观分析来构建海冰初值场，而遥感反演得到的只有海冰的面积和范围，是不足以提供模式初值场的。海上平台的定点观测是当前解决海冰初值场和模式验证的主要手段，大连海事大学利用航海雷达在辽东湾石油平台上进行现场实时海冰监测与海冰数值预报业务。海洋大学在渤海平台上安装了一个坐底式声呐观测冰厚的系统获取数据，为初值场的参数化和结果比较提供了大量的实测资料。这些为海冰的精确数值模拟奠定了基础。

除了进行渤海海冰的数值模拟研究之外，我们引进国际先进的海冰-海洋耦合模式，完成了南北极区域计算设置、气候态模拟和后报试验，改进了海冰反照率参数方案，设计并实现了集资料下载前处理、初始化、模式预报、预报结果后处理、产品可视化处理于一体的业务预报流程，建立了我国首个极地海冰数值预报子系统。该子系统是我国首次建立的具有自主业务化运行能力并投入实际应用的极地海冰数值预报系统，并在我国多次南极和北极科考海冰预报保障中得到成功应用。

海冰数值预报产品包括平整冰厚场、堆积冰厚场、冰密集度场、冰漂移、冰区外缘线和分类冰厚面积等。通过Email、Internet网络、传真等手段将海冰数值预报产品及时传送到中国海洋石油公司等冬季涉冰生产用户。

为了检验海冰数值预报结果和客观评价模式，根据卫星遥感实况，采用统计学方法对数值预报结果进行客观检验。检验项目包括冰厚均方根误差、海冰外缘线平均误差和预报保证率。通常采用误差精度标准：冰厚预报均方根误差为5 cm，冰外缘线预报平均误差小于5海里。

2) 未来展望

经过多年努力，我国的海冰监测预报事业取得了长足的发展，立体化的常规观测和经验统计预报、数值预报为我国的航运、石油开发等海洋经济活动提供了基本的保证，但随着渤海海洋经济的迅速发展，现有的监测和应用技术、海洋卫星和飞机监测的频率、预报的客观化程度、预报时效、分辨率、精度和产品类型及海冰监测预报产品的在防灾减灾中的使用研究等还远远不能满足我国海洋经济活动特别是海洋石油开发的需要，这些迫切需要解决的问题日益突出。

(1) 海冰监测技术有待提高。海冰监测为冰区海洋活动、海冰预报和防灾减灾对策提供最基本的数据，是做好海冰预报研究和防灾减灾工作的重要环节。我国的海冰飞机航测资料分辨率和精度较高，但监测频率和范围受到限制，船舶预报资料有限，还难以用于每日的业务预报，目前的业务监测主要依赖于沿岸海洋站和卫星遥感资料，但资料的分辨率较低，可获取的海冰要素主要是海冰厚度和密集度，精度也有待于进一步提高。

(2) 海冰预报和预测技术亟待改进和发展。根据国际发展趋势和国内海洋工程开发和海上生产、运输对防冰抗灾的迫切需求，必须发展分辨率高、时效长、精度高、产品种类多的海冰预报预测技术和系统。其关键技术在于采用先进的手段和方法，研制高分辨率高精度海冰模式，发展冰-海洋耦合模式和海冰资料同化技术，另外还必须发展制约着海冰预报精度的海面气象要素场(风、温、湿)的精确预报和应用。

(3) 冰与气候变化关系的研究。开拓与大气、海洋等相关领域环境模式的联合或耦合研究是海冰监测预报发展的重要方向，也是防灾减灾的必然需求。海上生产和航运活动的安排及预防措施需要在事件发生前相当的事件内进行，需要进行旬、月，甚至整个冰季、跨年度的海冰预报。而海冰的发展变化及其严重程度和气候的变化关系密切，特别是我国海冰的生消受大气、海洋热力动力作用的影响非常显著，海冰的迅速发展与寒潮大风有密切的关系。同时，由于相关领域的科技发展未能适应海洋预报本身的需求对全球海洋预报技术的研究注重得不够，如海洋环境要素的预报对气象要素中“风”的预报依赖性很强，而海面风场的预报目前满足不了海洋模式的要求，为提高风场的预报精度，研究冰-气的相互作用也是必需的。另外，我国的海洋环境业务预报主要侧重于近海海域及其邻接大洋的边缘海域，因而远洋预报技术的发展没有引起足够的重视。随着我国综合国力的提高，远洋预报技术的发展已提到议事日程，特别是我国的南极和北极调查的开展，迫切需要拓展预报区域，发展区域性的大洋或全球海冰预报。因此，研究冰与气候的关系，发展冰-气、冰-海或冰-气-海耦合模式是进行长时间尺度海冰数值预报的必然要求，对于区域性和全球气候模式及模拟的研究也有重要意义。

(4) 加强海冰预报产品的使用研究。我国海冰灾害主要影响海上的航运和近年来得到大力发展的海洋石油开发，为防止和减轻海冰对船舶、石油平台及近岸工程的影响，除了了解基本的海冰环境参数外，研究实时海冰对结构的作用方式、强度等和研究如何将预报的海冰环境参数应用于海上工程实际的方法和技术。例如，研究海冰对海上结构的作用主要表现在两方面：首先冬季海上钻井船勘探作业、生产采油作业和工程船舶的施工作业等会因海冰而造成被迫停产或撤离井位，这将影响生产计划和作业进度。因此，为了管理安排好生产就需要及时了解海冰的动态和发展趋势，即要求有准确的预报。另外，对于海上建造的工程设施结构物必须考虑海冰的碰撞、挤压等作用于结构物的冰力学参数，因此必须了解冰的力学特性，以便给出合理恰当的工程设计参数。国际上在中高纬度地区，海冰已作为海上工程设计所需考虑的一个主要因素而得到了普遍的重视。

关于海冰预报产品的使用研究内容很多，而且随着海洋活动进一步发展，使用研究的内容也将进一步拓展。目前迫切需要解决的是海冰数值预报产品在海洋石油开发和工程设计中的使用研究、海冰历史数据库的完善和恢复等。

## 思　考　题

1. 为预测风暴潮，在收集气象资料时，如何确定台风最大风速半径？

2. 试解释相似对型预报法的基本思路。
3. 动力-数值预报方法是如何预报风暴潮的?
4. 海冰预测所需的资料有哪些?
5. 太阳活动和厄尔尼诺是如何影响海冰的?
6. 海冰监测主要依据哪些指标?

## 参考文献


[1] 国家海洋环境预报中心. 风暴潮、海浪、海冰、海温预报技术指南征求意见稿[R]. 北京:国家海洋环境预报中心,2009.

[2] 魏泽勋,郑全安,杨永增,等. 中国物理海洋学研究 70 年:发展历程、学术成就概览[J]. 海洋学报,2019,41(10):23-64.

[3] 黄彬,阎丽凤,杨超,等. 我国海洋气象数值预报业务发展与思考[J]. 气象科技进展,000(003):57-61.

[4] 金雪,殷克东,孟昭苏. 中国沿海地区风暴潮灾害损失监测预警研究进展[J]. 海洋环境科学,2017,36(1):149-154.

[5] 刘清容,于建生,韩笑. 风暴潮研究综述及防灾减灾对策[J]. 应用科技,2009(12):233-234.

[6] 张占海,白珊. 渤海海冰业务数值预报系统[J]. 海洋预报,1994,011(002):11-18.

[7] 国家海洋局. 工程海冰技术规范:HY/T 047—2016[S]. 北京:国家海洋局,2016.

[8] 林毅,吴彬贵,解以扬,等. 渤海海冰数值模式的研究进展[J]. 气象科技,2012(3):76-82.

[9] 王辉,万莉颖,秦英豪,等. 中国全球业务化海洋学预报系统的发展和应用[J]. 地球科学进展,2016(10):1090-1104.

[10] 杨清华,刘骥平,张占海,等. 北极海冰数值预报的初步研究——基于海冰-海洋耦合模式MITgcm 的模拟试验[J]. 大气科学,2011,35(3):473-482.

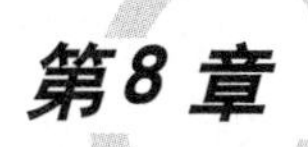

# 第8章 海岸防护与海洋防灾管理体系

我国大陆海岸侵蚀现象发生较为普遍，已经严重影海洋经济的可持续发展。海岸侵蚀的防护与修复应运而生，在此之前海岸大多采用硬性防护，如海堤、防波堤、丁坝及少数软性防护。随着绿色环保深入人心，同时贯彻和响应我国“开展蓝色海湾整治行动”，未来的防护与修复将会是以生态防护与修复为主。灾害应急管理是体现国家或地方政府灾害应对能力和管理水平、维护社会稳定、减少国家财产损失、保障人民生命财产安全的重要措施。为了有效应对海洋灾害，最大限度地减少海洋灾害带来的损失，近些年来我国不断加强海洋灾害应急管理工作，并在实践中取得了显著成就。本章将主要介绍目前海岸防护和海岸修复的措施及海洋灾害应急管理体系。

## 8.1 海岸防护

海岸防护的目的是保护岸滩不受侵蚀和防止不利的淤积发生，海岸防护可分为硬防护和软防护两类，硬防护设施主要有护岸、丁坝、离岸堤等，软防护主要有人工养滩、人工输沙、新型生态护岸等。海岸硬防护是传统的海岸防护方法，由于其施工相对容易、造价低、使用期长等特点，被海岸工程界广泛使用。但海岸硬防护改变了海岸原有的泥沙运动的动平衡状态，带来了新的海岸侵蚀或淤积且使海岸原有的自然面貌由于建造物的出现而被人为地被改变了，破坏了海岸的自然景色，影响了观瞻。海岸软防护是以海岸的自然状态的恢复为出发点，顺其自然，而不是进行硬性人为干预，改变海岸自然状态。

### 8.1.1 海岸硬防护

岸滩侵蚀包括两种：

第一种是短期的或季节性的，主要是大风浪期间波浪将泥沙向离岸区搬运而使海滩上部甚至陆地遭到冲刷侵蚀，这种搬运通常是横向的，垂直于海岸方向发生的。

第二种是长期的，是由于沿海岸纵向输沙不平衡所引起，表现为整个海滩剖面遭到侵蚀，海岸线持续后退。

因此，对应着以上两种不同类型海岸侵蚀，海岸硬防护的功能和目的也可大致分为两类：一类是通过护岸、海堤等结构物隔断波浪的作用来阻止岸坡的横向侵蚀；二是利用丁坝、离岸堤、人工岬角等阻挡沿岸纵向的输沙，来阻止海岸泥沙流失，防止海岸整体侵蚀后退。常见的海岸硬防护如下。

1）护岸

护岸是直接与岸相贴的建筑物(图 8-1)，作为海滨陆域与海域的边界，其作用之一是使岸滩不能向其后侧蚀退，作用之二是保护其后侧岸滩的后滨部分或填筑陆地。护岸依据断面形式可分为斜面式、台阶式、混合式和直立式。各种形式的适用性及特征见表 8-1。

图 8-1 护岸

表 8-1 护岸类型

| 断面形式 | | 断面形式 | 形态与适用性 | 游憩行为 | 特征 |
|---|---|---|---|---|---|
| 斜面式 | 陡坡斜面式 | | 坡面坡度陡于 1∶3；适用于前滩太小，漂沙显著或设置缓坡会有大量越波的地区 | 堤顶散步、观景等 | 建筑不适用缓坡堤处，亲水性较好，成本较低 |
| | 缓坡斜面式 | | 堤面坡度陡于 1∶3；适用于具有前滩、海堤坡度极为平缓或有离岸堤或其他保护设施的海岸 | 堤顶散步、观景等 | 确保水陆的连续性，亲水性高，防灾能力与堤顶稳定度好，成本较高 |
| 台阶式 | 阶梯式 | | 适用较陡坡海堤或前有沙滩处，一般以居住性使用较多，海滩坡度为 1∶1.5～1∶3 时可采用 | 在阶梯上休闲观景、走下海堤活动 | 属陡坡堤，但防灾力、亲水性比陡坡堤好 |
| | 阶段式 | | 属于缓坡堤，适用性与缓坡堤大致相同，但海滩坡度缓于 1∶30 时都可采用，适用性较高 | 休闲和观景等 | 亲水性较高，在应用上也有较多变化，成本高 |

（续表）

| 断面形式 | | 断面形式 | 形态与适用性 | 游憩行为 | 特 征 |
|---|---|---|---|---|---|
| 混合式 | 阶梯混合式 | | 与台阶式相同，适用于海岸空间利用率较高的地区 | 休闲、观景、走下海堤活动，或者帆船等 | 混合式综合了两者的优点，但在合并处应考虑工程上协调性的问题 |
| | 阶段混合式 | | | | |
| 直立式 | 直立式 | | 用于堤前水深大或不适宜建立缓坡斜堤的海岸地区 | 休闲、观景、钓鱼或乘坐游艇等 | 建筑物前水深大的海岸等，亲水性较低，只有视觉上的亲水效果 |

护岸各断面外形的优缺点：

（1）直立面或接近直立面（陡墙）的护岸有时称为海墙。海墙的优点是在无风浪时期可作为岸壁停靠小船；缺点是波浪反射大，波浪反射导致堤前水域波高是入射波的两倍，波浪能量加倍增大，会造成堤前海底和临近海岸冲刷较严重。

（2）凹曲线外形的护岸不但外形美观，也有利于降低越浪量。在海滨旅游区或护岸后侧有道路时，此种形式的护岸常为考虑的主要方案。

（3）斜坡式护岸可采用具有消波性能好的材料建造，如采用抛石结构、四角锥体或扭工字块体混凝土块体等。斜坡式护岸前岸滩的冲刷也较直立式时为小。

（4）台阶形护岸适宜于建造在海滨旅游区，在低潮时可利用台阶方便地从后方陆域到达海滩。台阶也有利于减弱波浪回落造成的冲刷。

2）海堤

海堤是与岸线平行的建筑物，其基底标高通常在平均低潮位以上。建造海堤的主要目的是在风暴潮和大浪期间，保护其后侧的陆域及陆上建筑物免遭海水浸淹和海浪破坏，使堤内低洼地为人们所利用。我国苏浙闽粤沿海有悠久的建造海堤的历史。海堤在浙江和苏南一带又称海塘，而在苏北一带又称海堰。最早的有关海堤工程的记载距今已近2000年。海堤通常用填土筑成，其内外坡及顶面用混凝土块体或块石保护。海堤的主要结构由堤体、胸墙、面层混凝土、基础保护抛石、消波块、基础等部分组成。

海堤的顶部标高要以能防止波浪越顶为标准。建筑物的基脚都应有抛石或异形块体保护，以防止基础被掏空而使建筑物破坏。在平面定线时要尽可能避免突然的内折角，以免波能集中发生严重的冲刷。海堤只能对海岸起到消极的保护作用。在侵蚀性海岸上，这种建筑物不能防止建筑物前面的海滩被继续侵蚀。相反地，建筑前面会形成反射波，常常会加重侵蚀。为了减小反射波，可在直立墙前抛筑抛石棱体和人工块体，并使其顶面与墙顶面基本齐平，以减弱波浪对墙的作用，降低越浪量和减少墙前冲刷的有效措施。

3）丁坝

丁坝为垂直于岸线布置、突入海中的堤坝。丁坝断面构造类型类似于海堤。丁坝的作用是使泥沙在坝格内淤积，从而使海滩增宽，达到保护海滩的目的。丁坝还广泛用在淤积性海滩上，以加速海滩的淤积，达到围滩造地的目的。丁坝的坝格内犹如一个小型的滩头湾，在斜向波的作用下，坝格内的岸线倾向于与波峰线交成较小的角度，使沿岸输沙率减小，达到与上游来沙相平衡，从而使坝格内的岸线趋于稳定。丁坝用在斜向波浪为主的海岸上有较好的淤积效果。但是对于正向波浪的效果很差，当正向波浪来袭时，丁坝不能保护海岸免遭冲刷。

丁坝可依透水性的功能分类为非透水性丁坝与透水性丁坝。非透水性丁坝使漂沙无法透过堤体，原则上可由长度来控制漂沙量，但须注意堤基掏刷问题；而透水性丁坝虽难以估计漂沙量，但在施工及维护上较前者简单。建造丁坝的用材有木头、天然块石及混凝土消波块等。

丁坝在平面形态上，根据实际情况需要，可设置成直线型、T 型、L 型、Z 型等形式（图 8－2）。另外，近年来，丁坝的平面形式渐趋弧形化和多样化，如鱼尾型、船锚型及半圆弧形等。

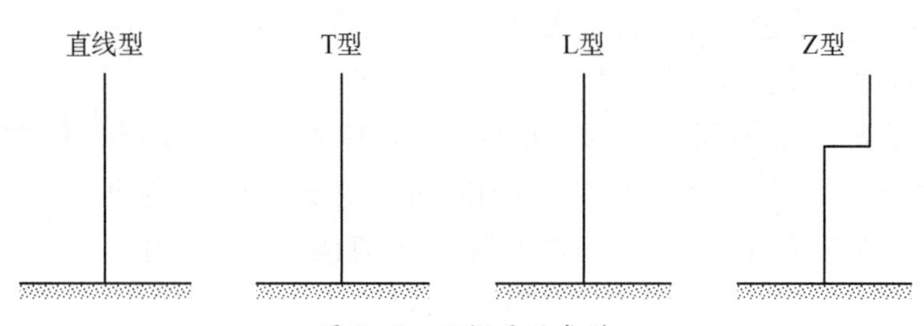

图 8－2　丁坝平面类型

丁坝的设计和建造需要注意以下关键问题：第一、丁坝长度对沿岸输沙率的拦截率影响最大；第二、因为沿岸输沙率几乎全部发生在碎波带内，所以对沿岸输沙的拦截率起决定作用的是丁坝长度与碎波带宽度的比值；第三、在决定丁坝长度时应充分考虑对下游的允许冲刷程度。依据实验研究，丁坝淤沙的效果以其在海中的长度为滩线至破波点间距离的 40％～60％时为最佳。

为保护一整段海岸，丁坝很少单个使用，常常用多个丁坝组成建筑群。丁坝群中丁坝的长度与丁坝的间距有关，美国《海滨防护手册》中推荐的确定丁坝间距的一般规定为：丁坝的间距应等于丁坝总长度（包括自滩肩前缘线伸入岸侧的部分）的 2～3 倍。堤顶宽度通常为能抵抗波力的作用为原则，越宽效果越佳，但越不合乎经济效益，一般最小宽度为 1～2 m，该宽度还应考虑施工时作为通道等要求。丁坝坝身的边坡一般为 1∶1.5～1∶2，坝头的边坡宜放缓至 1∶3～1∶5。

丁坝群适宜于建造在以沿岸输沙为主，且输沙主导方向明显为单向输沙的情况，丁坝群对横向泥沙运动为主的海岸基本无效。

4）离岸堤

离岸堤是建造在离岸水域中平行于海岸的堤坝(图8－3)，其与岸保持一定距离，用以消减波能、保护海岸。

图8－3　离岸堤

离岸堤后面海岸常常发生淤积，逐渐形成沙嘴，这主要是因为当波浪传播到离岸堤之后发生绕射，在离岸堤与岸线间的掩护区内波高减小，方向偏向掩护区，导致沿岸和横向两方向输沙改变，沿岸输沙能力将减弱，促使上游进入波影区的泥沙淤积下来，并形成沙嘴或连岛坝，因此可有效保护该段海滩免遭海浪侵蚀。

当离岸堤的长度相对其离岸距离足够大时，沙嘴将发展成为与堤相连的连岛沙坝。在上游有足够来沙的情况下，粗略地说，当单道离岸堤的离岸距离与堤长的比值在1～2时，堤后将形成由岸伸向海的沙嘴；当离岸堤的长度相对其离岸距离足够大时，沙嘴将发展成连岛坝。

离岸堤的长度及间隔由绕射效果决定，为使在遮蔽区内沉淀，堤长最短不得小于波长。一般离岸堤的堤顶，在高潮累积频率10%的潮位或大潮平均高潮位以上，应有1.0 m左右的高度。实际中由于海岸线较长，且需要考虑堤内外的水体交换，离岸堤多采用分段式形式，如图8－4所示。

图8－4　分段离岸堤

日本是世界上建造离岸堤最多的国家，资料统计表明，最常用的堤长为100～110 m；建堤水深90%在5 m以内，最常见的水深为3～4 m；堤顶高程在平均海平面以上1～2 m者占总数的65%；最常用的离岸距离为20～80 m，占总数的63%；堤后形成连岛坝的实例占总数的60%。每一段堤长可取为 2～6 倍波长，相当于 60～200 m；堤与堤间的口门宽度可取为 20～50 m。

5）潜堤

潜堤是指突出海底且潜没于水面下的离岸堤。由于其堤顶水深小，可强制波浪提早破碎，减弱入射波能量。顶部允许部分波浪通过，其消能效果不如离岸堤，但因潜堤其阻挡的水流断面积较离岸堤有限，对海水循环和生态环境影响较小。特别是结构物不露出水面，无损于视觉景观，因此在日益重视海岸景观与生态环境的维护与创造的今天，逐渐被推广采用。

潜堤的形式大致分为单列式与系列式潜堤。单列式潜堤仅有一道潜堤，属于“线”防御。波浪经潜堤碎波后波能降低，水流流速减缓有助于海滩稳定。

6）人工岬角

人工岬角是海岸防护新的设施，主要建造于有海湾的海域。建立人工岬角目的是使入射的主要波浪最后能相对岸线正向入射到达湾岸内各点（海岸线与波峰线几乎平行），从而把沿岸漂沙量降低到最低。因此，在湾岸上游零输沙的条件下，该湾岸仍能保持平衡。

由于人工岬角基本不拦截上游来沙，因此通常不会加剧下游岸滩的侵蚀。因岬角内的岸线为稳定海岸，其仍有沿岸输沙。只是对某一海岸地段而言，从沿岸输沙方向的上游进入该地段的泥沙量，与输向下游的泥沙量相等，因而不会使海岸泥沙亏空。

### 8.1.2 海岸软防护

海岸软防护是以海岸的自然状态的恢复为出发点，顺其自然，而不是进行硬性人为干预、改变海岸自然状态。海岸软防护的概念在 20 世纪 60 年代被提出，其后出现了各种各样的提法，如海岸线管理计划、顺应自然过程的工法等。其宗旨是采用亲近自然的防护方法，尽量降低防护工程对环境的影响，并获得更佳的长期海岸防护效果。典型的海岸软防护工法包括人工养滩、人工输沙等。

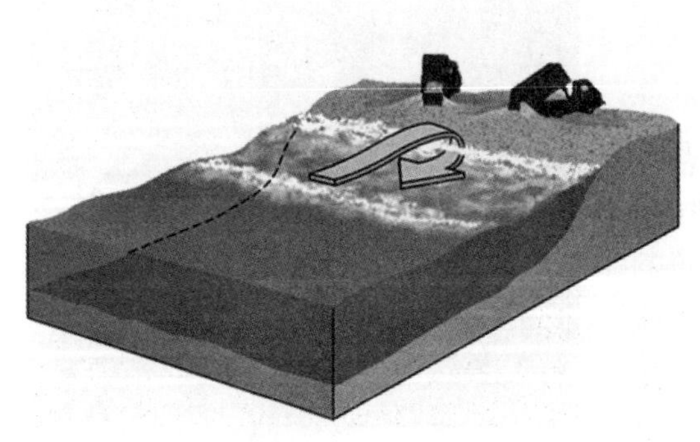

图 8-5 人工养滩

1）人工养滩

人工养滩通常是用于侵蚀型海岸防护的一种工程措施，即从海中或陆上的沙源采沙后填筑于海滩上（图 8-5），以弥补被侵蚀的泥沙。

人工养滩是最自然而简单的海滩防护方式，已日益普遍地被各国所采用。一般而言，如有充分的泥沙补给来源，人工养滩是最佳且应优先考虑的海岸保护方式。图 8-6 是迈阿密海滩在采用人工养滩前后的效果对比。

(a) 实施前

(b) 实施后

图 8-6　迈阿密海滩的人工养滩效果

人工养滩中的补沙可以采用机械或水力方法，方法有迂回供沙法、外海抛沙法、连续细沙补给法、沙土侧渡法及海滩堆沙法等，借波浪及流等天然力使之往下游搬运或以机械力搬运。人工养滩设计步骤包括：①地貌评估，即评估当地海滩及欲补给的土沙性质、需要量等；②波浪计算，一般海滩特性因波浪而异；③沙滩设计，一般需要应用海岸平衡剖面概念。人工补沙所需沙的中值粒径约可取原来海滩上的 1.0～1.5 倍。除了粒径以外，沙的组成对填沙的稳定性也是重要因素。

海滩补沙通常不是一劳永逸的。人工填筑于滩面上的泥沙会被海浪冲刷。沙的组成中的细颗粒泥沙大量流向海中，因此还必须考虑超量填沙，即使得在大量细颗粒泥沙流失后，仍能保持所要求的填沙剖面。一般来说，每年流失沙量不超过 10%的填筑量，即为较成功的标志。人工养滩方法一般都和其他结构物相互配合使用，藉由如丁坝、离岸堤或潜礁等，用以保住养滩，将水下潜堤与人工养滩相结合的方式进行海岸修复。

几十年的实践表明，人工养滩是当前防护海滩侵蚀最有效的措施之一，不但可以保护海岸，减缓海岸侵蚀，降低台风带来的海岸带风暴潮灾害，而且在改善海岸环境，推动旅游业发展方面作用巨大。我国大陆海岸，如青岛、茂名一带，20 世纪 70 年代已开展了养滩工作，但规模小，且由于设计不充分，连年补沙，连年被侵蚀。我国最早成规模的人工养滩工程始于 1990 年香港的浅水湾。2005 年以后，全国各地陆续开始实施了数起不同规模的养滩工程。今后将有更多与旅游和休闲结合的海岸养滩工程。如图 8-7 所示，在大连星海湾建造的人工海滩就是一个成功的案例。

图 8-7　大连星海湾的人工海滩

2）人工输沙

人工输沙使用水力机械(如岸边吸泥泵站和输泥管线)将截断沿岸输沙通路的海岸工程建筑物上游的泥沙输到下游去,从而避免了上游淤积及下游的冲刷。

人工输沙主要有四种方法:

第一种是在导堤上游侧形成一个蓄沙区,即用抽沙设备将泥沙送到下游海滩上,为避免阻碍航行,输泥管应在航道的底部通过。这种形式因为蓄沙区在敞开的海岸上,对风浪没有掩护,因而不能用挖泥船,一般用固定的泵站;其缺点是吸泥的工作范围不大,因而常常会有一部分泥沙绕过导堤而进入航道。

第二种是在导堤上侧修建一离岸堤,利用离岸堤的波影区形成蓄沙区。这种形式因为有掩护,可以用挖泥船工作,工作面积几乎不受限制,全部泥沙都可抽走,但是离岸堤的造价较高。

第三种是利用泥沙绕过突堤堤头沉积下来形成的蓄沙区。这种方式可以用挖泥船抽沙,但在蓄沙区的外侧,掩护较差,缺点是在抽沙停顿时期,可能会有一部分泥沙落入航道。

第四种是在导堤或突堤的近岸堤段做成低槛或堰的形式,槛顶标高要容许导堤或突堤上游的沿岸漂沙能从槛顶进入堤后的蓄沙区。这种方式的蓄沙区掩护条件较好,可以用挖泥船抽沙,但是槛顶标高不能定得太低,以防止波浪进入掩护区。另外,也要防止潮流由此进入,以免分散航道内的潮流流速,这对建导堤的河口及潮汐通道口尤为重要。槛顶标高一般可取在低潮位或中潮位附近。这种方式的低槛往往不能将上游的沿岸输沙全部纳入堤后,因而可能会有一部分泥沙绕过堤头进入航道或港区。

3）其他软防护方法

海岸软防护还可以采用人工沙丘、人工植被、人工礁石等方法。

人工植被是在沿海岸滩上较大范围种植红树林、芦苇、大米草等植物,可以显著地消波缓流促淤,积极地保滩护岸(图 8-8)。这种方法适于亚热带、热带种植,在中国福建、广东、广西、海南、台湾都很有发展前景。防护植物中,大米草可以扩展到温带种植,江苏以南海岸都生长良好。芦苇适应范围很宽,北方辽宁一带种得很多,江苏、上海、浙江甚为普

图 8-8 人工植被护滩

遍，但限于较高滩涂以上才能播种。同时，防护岸滩的植物多是很好的经济作物，因此综合利用效益十分显著，目前已为沿海地区广泛重视。

海岸防护设计中的注意事项：

(1) 丁坝群适宜于建造在以沿岸输沙为主，且输沙主导方向明显(即主要为单向输沙)的情况。丁坝群对以横向泥沙运动为主的海岸防护基本无效。

(2) 离岸堤主要适用于以横向泥沙运动为主的海岸，对于拦截沿岸输沙也是有效的。

(3) 人工海滩补沙主要适用于横向泥沙运动为主，而不适用于沿岸输沙强的情况。

(4) 为了海岸防护的目的，护岸不宜单独采用，而是常与丁坝系统或是人工海滩补沙措施等综合使用。

表8-2～表8-4为各种海岸防护方法适用性的详细对比。

表8-2　针对方法本身的海岸防护方法的比较

| 防护方法 | 优　　点 | 缺　　点 |
|---|---|---|
| 海堤 | 施工容易，防潮防浪 | 堤前反射，海滩容易消失 |
| 丁坝 | 拦截沿岸漂沙 | 可能造成下游海滩侵蚀 |
| 离岸堤 | 堤后形成沙舌或连岛沙坝 | 易造成堤趾冲刷，维护不易 |
| 潜堤 | 堤前消减波浪能量 | 船只航行不易 |
| 人工岬角 | 海湾形成静态平衡 | 台风波浪易造成海岸侵蚀 |
| 人工潜礁 | 1. 不必经常维护<br>2. 形成共振而消减波能<br>3. 滩前波能变小，海岸漂沙随之减少 | 实际应用仍不多 |
| 人工养滩 | 形成自然海滩，对邻近海岸影响较少 | 沙源不易取得，成本较高 |

表8-3　针对泥沙运动方式的海岸硬防护方法的比较

<table>
<tr><th colspan="4">海岸防护方法</th><th>海堤</th><th>护岸</th><th>丁坝</th><th>离岸堤</th><th>人工岬角</th><th>人工养滩</th></tr>
<tr><td rowspan="5">泥沙运动方式</td><td rowspan="4">沿岸输沙为主</td><td rowspan="2">沿岸输沙强</td><td>单向为主</td><td></td><td>E</td><td>A</td><td>D</td><td>A</td><td>A</td></tr>
<tr><td>双向</td><td></td><td>E</td><td>D</td><td>C</td><td>A</td><td>A</td></tr>
<tr><td rowspan="2">沿岸输沙弱</td><td>单向为主</td><td></td><td>D</td><td>A</td><td>D</td><td>A</td><td>A</td></tr>
<tr><td>双向</td><td></td><td>D</td><td>D</td><td>B</td><td>A</td><td>A</td></tr>
<tr><td colspan="3">横向泥沙运动为主</td><td></td><td>C</td><td>D</td><td>B</td><td>C</td><td>A</td></tr>
</table>

注：A——最适宜；B——适宜；C——次要；D——较差；E——不当。

表8-4 针对环境因素的海岸保护方法的比较

| 项目 | 离岸堤(群) | 丁坝(群) | 人工岬角 | 潜堤(礁) |
| --- | --- | --- | --- | --- |
| 降低波高功能 | 佳 | 无 | 对固定波向较有效 | 佳(较大波高时需采用加宽堤宽或多列潜堤) |
| 对景观冲击程度 | 大 | 大 | 小 | |
| 堤后设施利用改变程度 | 有影响 | 有影响 | 可能有影响 | |
| 经费 | 高 | 普通 | 高 | 普通 |
| 施工性 | 海上 | 普通 | 高 | 海上 |
| 配合措施 | 人工养滩(沙源不足时) | | 人工养滩 | 人工养滩(沙源不足时) |
| 渔民安全 | 夜间配警示标志 | 影响低 | 夜间配警示标志 | 有影响 |

## 8.2 海洋防灾管理体系

近年来,随着全球气候变化和沿海经济社会的发展,海洋灾害呈严重多发态势,已成为沿海地区经济社会发展和人民群众生命财产安全的巨大威胁。一个国家关于海洋灾害的防灾减灾管理体系的建设至关重要,包括中国在内的众多沿海国家及有关国际组织,都愈发重视海洋灾害防御。

1989年12月,第44届联合国大会通过决议,指定每年10月的第二个星期三为"国际减灾日"。确立"国际减灾日"的目的是敦促各国把减轻自然灾害列入工作计划,推动各国采取措施减轻自然灾害的影响。

2009年,经国务院批准,将5月12日确定为全国"防灾减灾日",一方面顺应社会各界对我国防灾减灾工作关注的诉求,另一方面也是为了进一步提高国民防灾减灾意识。

1) 各国管理体系现状

美国和日本,作为世界两大经济强国,也是属于海洋灾害高发的国家,他们在防灾减灾的基础性工作方面都有大量投入,并且在技术上也具有领先优势。

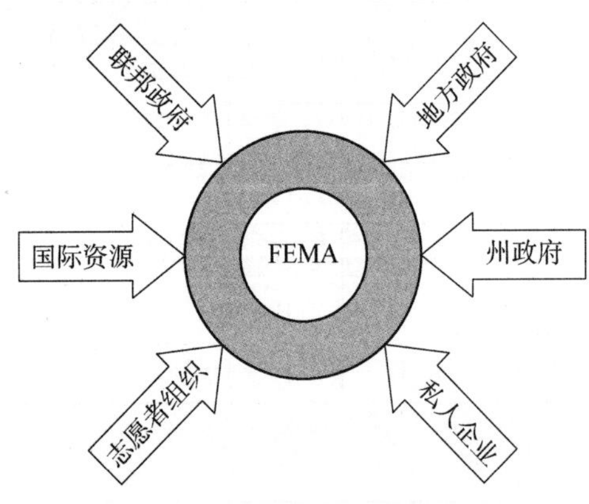

图8-9 美国国家灾害反应体系

(1) 美国管理体系现状。

美国拥有着比较完善的防灾减灾管理体系。在灾害应对管理机构上美国政府在1979年创设了美国联邦应急管理署(federal emergency management agency, FEMA),是一个从中央到地方,统合政、军、警、消防、医疗、民间组织及市民等一体化指挥、调度,并能够动员一切资源进行防灾减灾的管理体系(图8-9)。通过这个体系可对自然灾害进行有效的管理与控制，将灾害造成的损失减少到最低程度。

在灾害应对流程上，美国联邦应急管理署根据美国政府管理部门承担的紧急突发事件反应的职责，把美国划分成十个应急管理区。这些应急事务管理区是联邦紧急事务管理署的派出机构。

在海洋灾害管理技术支撑上，美国的海洋灾害管理实行以 NOAA 为核心，与其他相关机构高效协作的管理体制。它们主要负责海啸、海冰、风暴潮、赤潮等海洋灾害预报的管理，并在全球海洋观测系统和全球海洋生态学计划等国际组织中起重要的作用，为世界其他沿海国家树立了海洋环境监测预报管理的典范。

(2) 日本管理体系现状。

日本是世界上地震、台风、海啸等自然灾害最多的国家之一。日本把预防和应对危机看得同等重要，在与自然灾害的长期抗争中，建立了具有世界领先水平的防灾、减灾、抗灾、救灾综合应对体系。

日本关于防灾、减灾及紧急状态等危机管理的法律法规约 200 多部，主要分为基本法、灾害预防和防灾规划法、灾害应急法、灾后重建和恢复法、灾害管理组织法等五大类。

日本成立了全国性防灾组织“灾害对策本部”，建立了完整的防灾预警预报机制；加强政府管理部门、防灾研究机构、地区民众三者之间的联系和沟通，形成了政府、社会团体、企业和志愿者等多种主体共同行动的防灾救灾应急机制(图 8-10)。

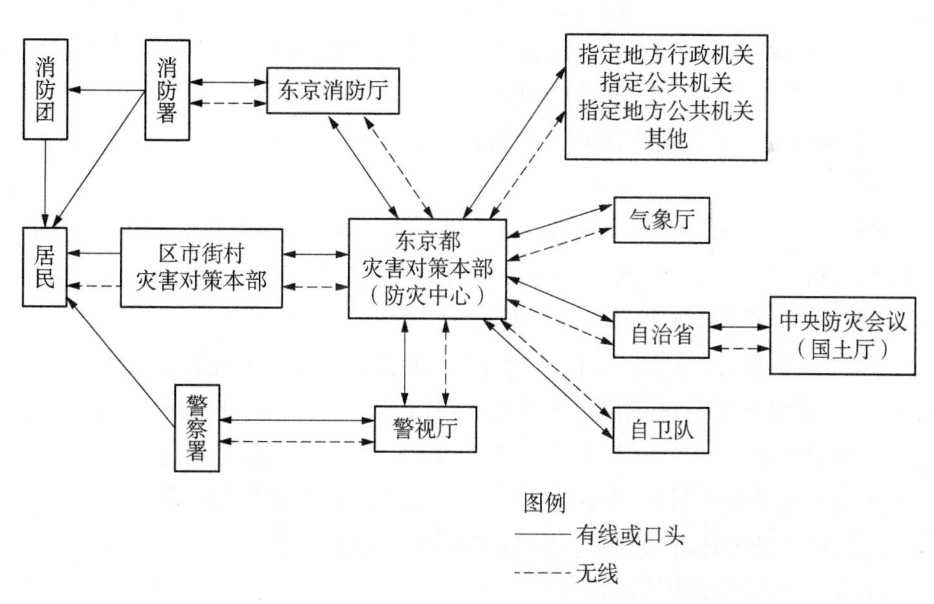


图 8-10　东京都灾害应急指挥体系示意图

对于灾后救助措施，日本政府实行救助物资储备管理，保证充足的物资供应和储备，如防灾仓库、家庭紧急避难用品包等。消防、警察、自卫队和医疗机构组成的较为完善的灾害救援体系。

在国民防灾教育体系方面，日本实行防灾减灾普及教育，主要通过报纸、广播、电视等多渠道普及和宣传防灾减灾知识，中小学大多开设灾害预防教育课及防灾演练等。此外，日本的非政府志愿者组织也发挥积极作用，灾害志愿者变得大众化；志愿者登记网络比较完善。

(3) 中国管理体系现状。

目前，我国在海洋防灾减灾管理体制上实行统一领导、综合协调、分级负责、属地为主的管理体制，国务院负责统筹协调全国的海洋防灾减灾工作。各相关部委根据自身职责承担相应的海洋防灾减灾工作。其中，自然资源部负责海洋灾害监测预警，水利部负责海堤建设和运行管理，交通运输部负责海上交通安全监督管理和突发事件应急处置，农业农村部负责海洋渔业防灾减灾和灾后生产恢复工作，民政部负责灾害救助工作，公安部、卫计委、住建部、应急管理部等部门负责本领域相关的灾害应急处置工作。沿海各级人民政府负责本行政区域内海洋防灾减灾工作。

在海洋灾害应急工作机制上：经过多年的发展，目前我国已形成了包括监测预警、应急处置与救援、事后恢复与重建等环节在内的海洋灾害应急工作机制。各相关部门结合自身职责制定了本部门应急预案。一旦海洋灾害来袭，海洋部门会提前向各级政府及其相关部门和社会公众发布海洋灾害预报信息，公安、安监、卫生、住建等相关部门也会加强值班，随时处置各类突发事件。

在海洋灾害预报系统建设方面：20 世纪 80 年代以来，我国海洋部门在风暴潮、赤潮、灾害性海浪、海冰等主要海洋灾害的监视、监测、调查研究、分析预报及警报技术系统的建设方面都做了许多工作。目前，我国已成功建成较发达的海洋监测监视网络，并且海洋管理系统，海洋资料服务系统及海洋环境预报系统也正逐步迈向世界先进水平。其主要包括两个方面：

① 立体海洋观测网。现已组建起由海洋站网、海洋资料浮标网、海洋断面监测、船舶和平台辅助观测、沿岸雷达站、航空遥感飞机、海洋卫星等多种遥感系统组成的海洋观测网，基本实现了立体观测，成为全球海洋观测系统的重要组成部分。

② 三级海洋预报、预警体系。目前，我国已建成了以国家海洋预报中心、3 个海区预报中心和 11 个省级海洋预报机构为主体的三级海洋预报体系。通过遍布沿海省(区、市)的海洋环境预报台站，我国逐步建立了一个从中央到地方、从近海到远海、多部门联合的海洋灾害预报预警系统。目前，我国海洋环境预报部门自主开发的多项科技成果，已经在风暴潮、海浪、海啸和海冰等海洋灾害防御中发挥了重要作用。

2) 海洋灾害预警应急机构

(1) 世界各国主要机构。世界各国主要的海洋灾害预警应急机构主要的机构有美国地质调查局地震灾害中心、国际海啸信息中心、太平洋海啸预警中心、美国国家海洋与大气管理局海啸研究中心、美国海洋大气局国家飓风中心、日本气象厅等。

(2) 我国主要机构。我国主要的海洋灾害预警应急职能主要归属自然资源部和应急管理部管理。自然资源部负责海洋灾害监测预警，主要下属机构有国家海洋环境预报中心、国家海洋环境监测中心、国家海洋信息中心、国家卫星海洋应用中心、自然资源部海洋减灾中心等；应急管理部负责海洋灾害事件应急处置，其下属的中国地震局主要负责地震的灾害预警。

## 思　考　题

1. 岸滩侵蚀中短期性侵蚀的主要因素有哪些？
2. 常见的护岸类型有哪些？对比它们的优缺点。
3. 丁坝、海堤、护岸分别适用于哪些海岸侵蚀类型？
4. 海岸软防护相较于海岸硬防护有哪些优势？有哪些常见的海岸软防护措施？
5. 人工养滩中有哪些补沙方法？人工养滩设计有哪几个环节？
6. 简述我国海洋防灾管理体系现状。

## 参 考 文 献

[1] 吉学宽，林振良，闫有喜，等．海岸侵蚀、防护与修复研究综述[J]．广西科学，2019，26(6)：604－613．
[2] 祝贺新，孟祥吉，于林平，等．海岸硬防护与海岸软防护综述[J]．山西建筑，2018，44(15)：235－237．
[3] 庄振业，曹立华，李兵，等．我国海滩养护现状[J]．海洋地质与第四纪地质，2011，31(3)：133－139．
[4] 左书华，李九发，陈沈良．海岸侵蚀及其原因和防护工程浅析[J]．人民黄河，2006，28(1)：23－25．
[5] 戚洪帅，刘根，蔡锋，等．海滩修复养护技术发展趋势与前景[J]．应用海洋学学报，2021，40(1)：111－125．
[6] 贾春磊．浅谈海岸防护工程技术[J]．中国水运，2010，10(11)：169－170．
[7] 张甲波，杜立新．人工养滩工程的综合防护原则及设计方法[J]．海洋地质前沿，2013，29(2)：10－16．
[8] 黎树式，戴志军．我国海岸侵蚀灾害的适应性管理研究[J]．海洋开发与管理，2014(12)：17－21．
[9] 魏巍，李培英，杜军．中国海岸带灾害地质查询及风险评价系统的设计与实现[J]．海洋环境科学，2007，26(3)：241－245．
[10] 张慧．美国海洋灾害应急管理制度研究[J]．法学研究，2019(4)：105－106．
[11] 曾剑，金新，陈甫源．海洋灾害"四级联动"应急管理体系研究与应用[J]．海洋开发与管理，2018(5)：77－82．
[12] 陈新平，曾银东，李雪丁，等．海洋灾害应急管理体系研究——以连江海洋减灾综合示范区

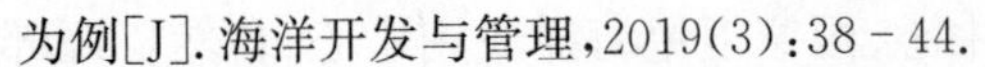

为例[J]. 海洋开发与管理,2019(3):38-44.
[13] 张建东,董肇伟,高廷. 面向市级和县级海洋防灾减灾的综合管理系统设计和应用[J]. 海洋开发与管理,2018(4):81-85.